电力行业"十四五"规划教材

高等教育新型电力系统系列教材

Green Power Grid and
Low-Carbon
Energy System

绿色电网
与低碳系统

黄冬梅　主　编

李晓露　胡　伟　李东东　副主编

马行驰　时　帅　肖　勇

胡安铎　孙锦中　孙　园　编　写

龚春阳　杨　帆　王玥琦

王志新　主　审

中国电力出版社
CHINA ELECTRIC POWER PRESS

内 容 提 要

本书为电力行业"十四五"规划教材，新型电力系统系列教材。

在全球能源革命与"双碳"目标交汇的时代背景下，本书构建了绿色电网与低碳能源体系的认知框架，系统阐述了绿色电网与低碳能源体系的核心技术与实践路径；以中国能源发展战略为立足点，深度融合国际前沿动态与人工智能等新兴技术，全面阐释新型电力系统的底层逻辑、技术图谱与协同创新范式，旨在为读者提供兼具专业深度与实践指导的综合性知识框架。全书共分为6章，采用"理论架构—关键技术—产业应用—政策设计"的递进式体系，设有概述、绿色低碳发电技术、储能技术、电力系统调度运行技术、电动交通系统、低碳能源系统6大知识模块。

本书立足学科交叉，融入"课程思政"案例和最新的科研成果，通过特高压输电工程、电动汽车智能驾驶平台、绿色电网实践等众多课程思政案例，激发读者家国情怀与创新意识。本书内容编排突破传统学科边界，兼具专业性与科普性，图文并茂，案例丰富，既涵盖电力系统、储能、调度等核心技术，又延伸至政策机制与市场设计，为读者构建多维度知识体系，实现了抽象理论与工程实践的深度融合。

本书作为交叉学科通识教育的创新载体，适合作为高校电气工程、计算机、自动化、化工、材料、电子信息、数理、经管等专业的通识教材，也可为能源企业技术升级、政府部门政策制定提供决策参考。同时，本书也可作为高校"新工科"建设的特色教材，培养解决电力系统"源网荷储"复杂工程问题的综合型人才，提升读者在绿色技术创新、能源系统优化等领域的核心竞争力。

图书在版编目（CIP）数据

绿色电网与低碳系统 / 黄冬梅主编；李晓露，胡伟，

李东东副主编. -- 北京：中国电力出版社，2025.8（2025.9重印）.

ISBN 978-7-5239-0184-7

Ⅰ. TM727

中国国家版本馆 CIP 数据核字第 2025484W56 号

出版发行：中国电力出版社
地　　址：北京市东城区北京站西街 19 号（邮政编码 100005）
网　　址：http://www.cepp.sgcc.com.cn
责任编辑：牛梦洁（010-63412528）
责任校对：黄　蓓　王小鹏
装帧设计：郝晓燕
责任印制：吴　迪

印　　刷：三河市万龙印装有限公司
版　　次：2025 年 8 月第一版
印　　次：2025 年 9 月北京第二次印刷
开　　本：787 毫米 ×1092 毫米　16 开本
印　　张：16.25
字　　数：363 千字
定　　价：49.00 元

前　言

随着全球气候变化和环境问题的日益严峻，发展绿色低碳经济已成为国际社会的共识。传统高碳能源模式制约了社会、经济的可持续发展，能源绿色低碳转型是大势所趋。中国作为全球最大的能源消费国和碳排放国，有责任也有义务在能源转型方面发挥引领作用。

2020年9月，中国明确提出了碳达峰、碳中和的目标，承诺二氧化碳排放力争于2030年前达到峰值，努力争取在2060年前实现碳中和。为实现能源高质量发展、保障能源安全和推动绿色低碳转型，中国将加快规划建设新型能源体系，提出构建新型能源体系的具体措施，包括推动能源清洁高效利用、提升电力系统的调节能力等。

在可再生能源领域，风电、光伏等技术的不断进步使得能源成本持续下降、效率不断提高，为可再生能源的大规模应用奠定了坚实的基础。中国已建成全球规模最大、产业链最齐全的新能源产业体系，光伏发电成本下降80%，风电光伏产品出口帮助其他国家减碳8.1亿吨。2024年我国碳强度持续下降，截至2024年年底，非化石能源消费占比达到19.8%，煤炭消费占比降至53.2%，森林蓄积量超过200亿立方米。风电、太阳能发电总装机容量达到14.1亿千瓦，提前实现2030年装机容量目标。

同时，储能技术、智能电网技术等的发展也是实现能源高效利用、提高系统灵活性和稳定性的关键。市场机制是推动能源绿色低碳转型的重要手段。通过完善电力市场、碳市场等市场机制，可以形成合理的能源价格体系，反映能源的真实成本和价值，引导能源生产和消费向绿色低碳方向转变。同时，市场机制还能够促进能源资源的优化配置和高效利用，进一步提升能源系统的整体效率和灵活性。在此背景下，本书对绿色电网与低碳系统建设的关键技术进行了全面而系统的介绍。

全书共分为6章：第1章介绍了绿色电网与低碳系统的基本概念，第2章讨论了绿色低碳发电技术，第3章聚焦于储能技术的原理与进展，第4章分析了新型电力系统的调度及相关技术，第5章介绍了电动交通领域的电动汽车技术，第6章阐述了低碳能源系统相关技术。

第1章：概述，首先对电力系统的基本概念、组成和运行要求及交流系统与直流系统进行了简要介绍，为后续章节的深入讨论奠定了基础。本章还介绍了新型电力系统的特征与发展路径，强调了发展绿色电网与低碳系统的必要性和紧迫性。

第2章：绿色低碳发电技术，介绍了各种低碳发电技术，包括水电、光伏发电、风力发电、核能发电及氢能发电等。这些技术各具特点，具有广泛的应用前景。本章不仅分析了这些技术的原理和工作机制，还对其经济性、环保性和可行性进行了评估，为选择适合的低碳发电技术提供了科学依据。

第3章：储能技术，介绍了储能技术的分类和我国储能产业发展现状，并着重介绍了电化学储能、机械储能、热储能、电磁储能、氢储能等储能技术，分析了储能技术在绿色电网与低碳系统中的应用前景和挑战，为储能技术的进一步发展和应用提供了有益参考。

第4章：电力系统调度运行技术，介绍了智能电网调度自动化系统的关键技术，包括电网调度技术、需求响应技术、微电网技术、虚拟电厂技术等。这些技术的应用，能够实现对电网的实时监测、控制和优化，提高电网的可靠性和经济性，为实现绿色电网与低碳系统提供了有力保障。

第5章：电动交通系统，介绍了电动汽车的关键技术，包括电池技术、电机技术、智能网联技术以及电动汽车充电基础设施等。同时，本章还介绍了车网互动技术，实现电网与电动汽车的协调发展。

第6章：低碳能源系统，介绍了低碳能源系统的内涵、组成结构及建模方法，深入剖析低碳能源系统的能效提升技术、能源供应与用能技术、多能互补（供应）技术，分析了电力市场、碳市场及绿证市场三者间的交互影响和相互协调机制，为推动能源结构的优化和可持续发展提供了新思路。

本书前言由黄冬梅编写，第1章由黄冬梅、李晓露、李东东负责编写，第2章由胡伟、杨帆、贾锋、刘建全负责编写，第3章由马行驰、时帅、杨帆、辛志玲负责编写，第4章由李晓露、黄冬梅、王玥琦负责编写，第5章由胡安铎、孙锦中、杨帆、张传林负责编写，第6章由孙园、龚春阳、肖勇负责编写。黄冬梅负责全书的统稿。上海交通大学王志新教授担任本书的主审，在此向王志新教授及本书参考文献的所有作者表示衷心的感谢。

本书从多个维度与层面深入探讨了绿色电网与低碳系统，内容全面且富有深度，不仅传授专业知识，还融入课程思政元素，案例丰富，激发了学生的家国情怀。本书适合作为多学科、跨专业的通识基础课程教材，能够为培养解决复杂工程问题的复合型人才提供坚实的理论基础与实践指导。

由于编者水平有限，加之编写时间仓促，书中不妥之处在所难免，敬请读者批评指正。

编　者

2025 年 3 月

目 录

第 1 章

概　　述

为应对全球气候变化、推动能源转型，构建新型电力系统已成为必然趋势。作为新型电力系统的核心载体，绿色电网以其清洁低碳、安全高效、灵活智能的特征，成为实现"双碳"目标的关键支撑。本章将介绍绿色电网相关的基本概念，为读者理解绿色电网与低碳系统的构建奠定基础。

本章共分为 4 节。1.1 节"电力系统的基本概念"介绍电力系统的形成和发展，表征电力系统的基本参量，电力系统运行的特点与基本要求；1.2 节"电力系统的组成"介绍了构成电力系统的发电厂、电力网、电力用户等；1.3 节"交流系统与直流系统"概述了交流输电系统和直流输电系统；1.4 节"新型电力系统与绿色电网"阐述了"双碳"目标下新型电力系统的重要特征，以及绿色电网的建设现状。通过本章的学习，读者不仅能够对电力系统有整体了解，还能深刻理解新型电力系统建设在推动能源结构的转型与升级方面的重要作用。

1.1　电力系统的基本概念

1.1.1　电力系统的形成和发展

电能是清洁的能源，易于远距离传输和控制，已经成为人类现代社会最主要的能源形式。

人类有关电的最早活动是从研究自然界的摩擦生电、云层闪电开始的。1831 年，法拉第发现了电磁感应定律。这个具有里程碑意义的发现，为发电机的发明奠定了理论基础。之后很快出现了原始的交流发电机、直流发电机和直流电动机。但把电能作为主要的动力来源，即电力的广泛使用开始于 19 世纪 70 年代。1882 年，爱迪生在纽约珍珠大街设计并建造了一座火力发电厂和供配电系统，110V 的直流电为当地居民和商业提供照明和电力，这是世界上第一个商用照明供电系统。珍珠大街电力系统的成功运营证明了电力作为能源的可行性和实用性。

随着工农业生产规模不断扩大，人们对电力输送功率和输送距离的要求不断提高，直流输电逐渐难以满足这些需求。基于电磁感应定律制作的变压器使电能的远距离传输成为可能。1891 年于法兰克福举行的国际电工技术展览会上，在德国人奥斯卡·冯·密勒主持下展出的输电系统奠定了近代输电技术的基础。

随着变压器、多相系统和交流输电的不断发展，输电电压、输送距离和输送功率不断增大，更大规模的电力系统不断涌现。到 20 世纪 50 年代，电力系统的特点是小机组、低电压、小电网，电压等级一般在 220kV 及以下水平，电网安全和供电可靠性低。从 20 世纪 50 年代至 20 世纪末，发电机组单机容量大幅提升，输电电压等级升高至 330 ～ 750kV 的超高压水平，电力系统的规模快速扩张，逐步形成交直流混合大规模互联电网，在一些国家出现了全国性和跨国性的电力系统。此阶段电力系统的特点是大机组、超高压和大电网，安全性和可靠性得以提升，但大电网停电风险依然存在，且仍然高度依赖化石能源，是一种不可持续的发展模式。从 21 世纪初开始，随着风、光、水等可再生能源发电快速发展，特高压输电和智能电网技术飞跃进步，电力系统的发展趋势正逐步转向以可再生能源和清洁能源发电为主体，实现骨干电源与分布式电源的有机结合，以及主干电网与局域配电网和分布式微电网的集成。与此同时，电力系统的智能化转型显著加速。云计算、大数据、物联网、移动计算、人工智能、区块链等数字技术的逐步普及，使得电网能够实时感知"源网荷储"各环节的运行状态。"物理电网 + 数字孪生"的融合形态，标志着电力系统开始具备自感知、自决策、自优化的能力。这种可持续的发展模式使得电力系统的供电可靠性大幅提高，为经济社会可持续发展提供坚实可靠的绿色动力支撑。

1.1.2 电力系统的功能

电力系统是由发电、输电、变电、配电、用电设备及其相应的辅助系统，按照规定的技术和经济要求组成的统一整体，在安全、优质、经济、环保的要求下完成电能的生产、输送、分配、消费四个职能。电力系统通常覆盖广阔的地域。发电厂将一次能源转换为电能，经过输电线路进行远距离输送，在变电站内进行电压等级的转换及线路的投切与保护，送至负荷所在区域的配电系统，再由配电变电站和配电线路把电能分配给负荷，即终端用户。

图 1-1 为一个包含多种电源、多种负荷的电力系统示意图。图中的发电厂包括火力发电厂（简称火电厂）、水电站、核电站等。火电厂的锅炉将化学能转变为热能；核电站的反应堆将核能转变为热能，再由汽轮机将热能转变为机械能，燃气轮机还可以将化学能直接转变为机械能；水电站的水轮机将水流的动能和势能转化为机械能，再由发电机将机械能转变为电能。为了充分利用动力资源，降低发电成本，发电厂往往远离城市和电能用户，这就需要将发电厂发出的电能经过升压、输送、降压和分配送到用户。输电线连接发电厂和配电系统，以及与其他系统实行互联。配电系统连接供电区域内的负荷。电力负荷包括电灯、电热器、电动机（感应电动机、同步电动机等）、整流器、变频器或其他装置。这些电力负荷设备又将电能转变为光能、热能、机械能等能源形式。

1.1.3 电力的形式

电力系统的电分为交流电和直流电。图 1-2 给出了交流电和直流电两种电力形式。

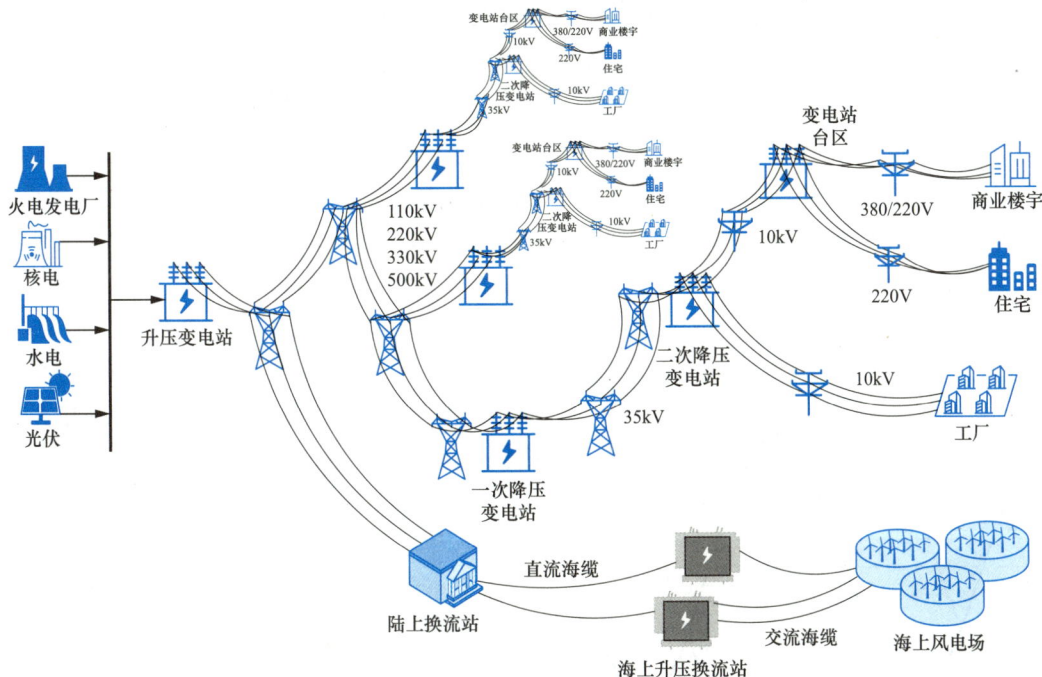

图 1-1　电力系统示意图

交流电（Alternating Current，AC）的大小和方向随时间做周期性变化。在交流发电过程中，发电机的转子在磁场中旋转，根据电磁感应定律，定子绕组中会产生感应电动势，由于转子的持续旋转，感应电动势和电流的方向和大小不断周期性地变化。对于三相交流系统，发电机通常有三个定子绕组，它们在空间上相差 120°，产生的三相电动势在时间上也相差 120°，这种三相结构具有很多优势，如三相交流系统在相同的线电压和线电流下，能够传输

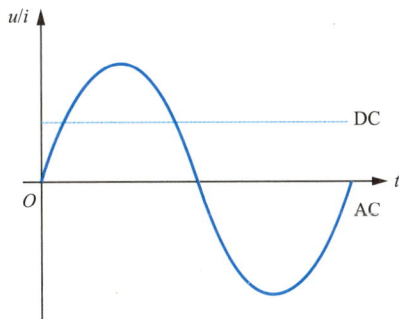

图 1-2　两种电力形式

比单相交流系统更多的功率；在长距离输电线路中，使用三相交流输电可以有效降低线路电阻产生的损耗；对于给定的传输功率和电压等级，三相交流输电系统相比单相系统节省导线材料等。

直流电（Direct Current，DC）的大小相对于时间是恒定的。直流电源（如电池、直流发电机等）能够提供稳定的电动势，使电路中的电流保持恒定方向。在直流发电过程中，直流发电机通过换向器将交流电动势转换为直流电动势。现代直流系统，更多是通过整流装置将交流电转换为直流电。整流技术有很多种，如单相半波整流、单相全波整流、三相桥式整流等，这些整流电路利用二极管等半导体元件的单向导电性，将交流电转换为直流电。

1.1.4　电力系统的基本参量

在电力系统的设计和运行过程中，必须遵循一系列的基本要求，以确保系统的稳定

3

性和可靠性。这些要求涵盖了从电力系统的基本参量到整体运行的各个方面。

电力系统主要的电气参量包括电压、电流、频率和功率等。这些参量是电力系统运行的基础，必须在规定的范围内保持稳定。电压和电流的稳定是确保电气设备正常运行的前提，频率的稳定则关系到电力系统的同步运行，而功率的平衡则是保证电力系统供需平衡的关键。这些基本参量的监测和控制也是电力系统运行的核心任务之一。若无特殊说明，交流输电系统参数的功率（有功功率、无功功率、视在功率）是指三相功率，电压是指线电压，电流是指线电流；直流输电系统电压是指线对地电压。

（1）电压。电压是电力系统的关键参量之一。电压，又称电位差，是两点之间的电势差。在静电学中，电压是将电荷从一个位置移动到另一个位置所需的单位电荷的功。在国际单位制中电压的单位是伏特（V）。

交流系统的电压随时间交变，图1-3为三相交变电压。线电压是多相交流电路中在给定点的两相导体间的电压，如线电压 $u_{AB}=u_A-u_B$。

电力系统的额定电压是根据技术经济性上的合理性、电气制造工业的水平和发展趋势等各种因素而规定的。电气设备在额定电

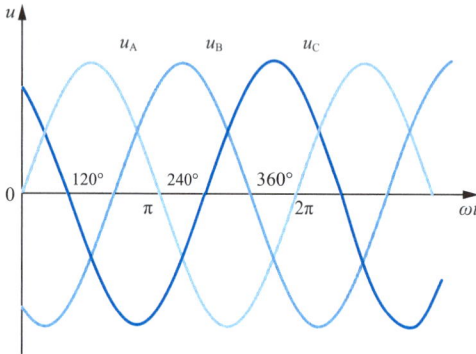

图1-3 三相交流电压

压下运行时，能获得最高效率和经济性。

我国交流系统的电压等级有1000、750、500、330、220、110、35、20、10、6kV和380V，直流电压等级有±1100、±800、±500kV。

（2）电流。电流是由电荷的定向移动形成的，其大小取决于电路中的电阻、电压等因素。在国际单位制中电流的单位是安培（A）。在电力系统中，电流的大小与负载的功率需求相关。在输电过程中，为了减少电能损耗，通常采用高压输电来降低电流。同时，过大的电流会使电气设备过载，可能引发设备过热、绝缘损坏等问题，因此需要对电流进行监测和控制，确保其在额定范围内。

（3）频率。频率是交流电力系统的重要特性，它表示交流电在单位时间内周期性变化的次数。我国电力系统的额定频率是50Hz。频率的稳定对于电力系统的正常运行意义重大，它反映了发电机转子的转速。频率偏差会影响电气设备的运行，对于一些对频率敏感的电子设备和工业生产过程，频率波动可能导致设备故障或产品质量问题。

（4）功率。

1）有功功率。交流系统由于电压、电流是随时间交变的，其瞬时功率（电压 u 与电流 i 的乘积）也是交变的（如图1-4所示），该瞬时功率在一个周期的平均值即为有功功率，基本单位为瓦（W）。有功功率是实际用于做功的功率，它是电能转换为其他形式能量（如机械能、热能等）的速率。有功功率可用电流、电压有效值乘以功率因数角 φ 的余弦值来计算，即 $P = UI\cos\varphi$。

在电力系统中，有功功率的平衡至关重要。发电厂的发电机产生有功功率，而用户

的用电设备消耗有功功率。当发电有功功率与用电有功功率相等时，系统频率稳定；若发电功率不足，会导致频率下降，反之则上升。工业中的电动机、电炉等设备消耗大量的有功功率，其运行状态直接影响电力系统的有功功率平衡。

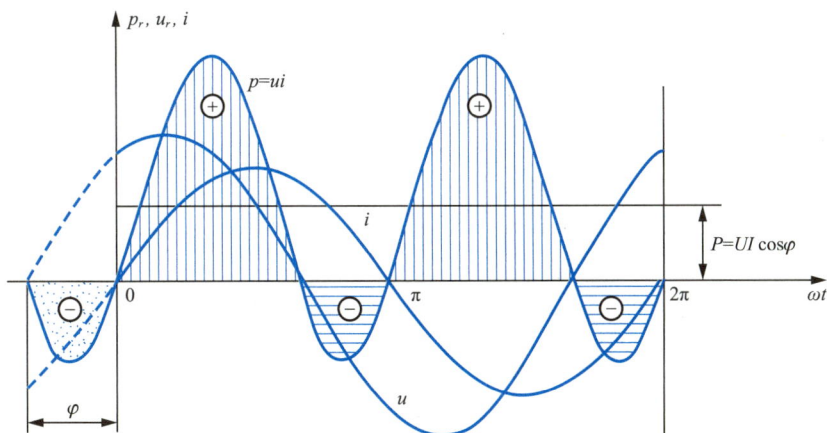

图 1-4　瞬时功率波形图

2）无功功率。无功功率用于建立电场和磁场，在电气设备中起到能量交换的作用，但并不直接对外做功。它主要与电感和电容元件相关，如变压器、电动机等感性负载需要无功功率来建立磁场。无功功率可用电流、电压有效值乘以功率因数角 φ 的正弦值来计算，即 $Q = UI\sin\varphi$，单位为乏（var）。

无功功率的合理配置对于维持电力系统的电压水平至关重要。如果无功功率不足，会导致电压下降；过多则可能引起电压升高，影响系统的稳定性和电能质量。通过无功补偿装置（如电容器、电抗器等）可以调节无功功率，保证电压稳定在合理范围内。

3）视在功率。视在功率为电压有效值和电流有效值的乘积，$S = UI$，单位为伏安（VA）。视在功率乘以功率因数等于有功功率，$P = S\cos\varphi$。

可以用总装机容量、年发电量、最大负荷、额定频率和最高电压等级等基本参量对电力系统有初步的认识。

（1）总装机容量。电力系统的总装机容量是指该系统中实际安装的发电机组额定有功功率的总和，以千瓦（kW）、兆瓦（MW）、吉瓦（GW）计。2006—2024 年我国电力累计装机容量快速增长，2024 年全国发电装机容量达到 33.49 亿 kW，如图 1-5 所示。

（2）年发电量。电力系统的年发电量是指该系统中所有发电机组全年实际发出电能的总和，以兆瓦时（MWh）、吉瓦时（GWh）、太瓦时（TWh）计。2004—2024 年我国年发电量快速增长，2024 年发电量达到 10.09 万亿 kWh，如图 1-6 所示。

（3）最大负荷。最大负荷一般是指规定时间，如一天、一月或一年内，电力系统总有功功率负荷的最大值，以千瓦（kW）、兆瓦（MW）、吉瓦（GW）计。2024 年全国最高负荷为 14.5 亿 kW。

（4）额定频率。按国家标准规定，我国交流电力系统的额定频率为 50Hz。国外有额定频率为 60Hz 或 25Hz 的电力系统。

图 1-5　2006—2024 年我国发电机总装机容量及增长率（国家能源局）

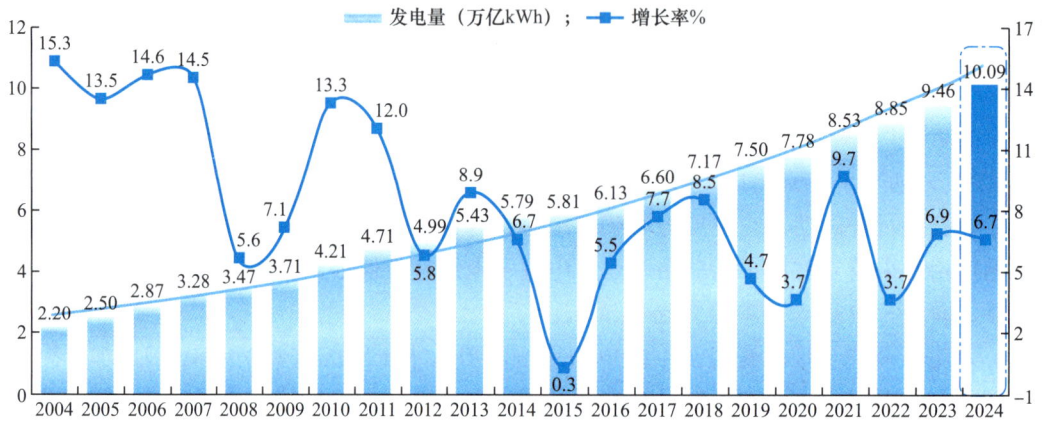

图 1-6　2004—2024 年我国年发电量及增长率（国家统计局）

（5）最高电压等级。同一电力系统中的电力线路往往有几种不同电压等级。电力系统的最高电压等级是指该系统中最高电压等级电力线路的额定（线）电压，以千伏（kV）计。

我国特高压交流输电最高电压等级为 1000kV，特高压直流输电最高电压等级为 ±1100kV。

1.1.5　电力系统运行的基本要求

电能的生产、输送、分配及消费环节与其他工业不同，具体有以下特点：

（1）电能与国民经济各部门之间关系密切。电能是清洁的二次能源，能够与其他能量进行方便的转换，便于大量生产、集中管理、远距离输送和自动控制，电能供应的中断或减少将对国民经济的各个部门产生严重影响。

（2）电能不能大量储存。电能的生产、传输与消费过程是同时进行的，与煤炭、石油等其他能源形式不同，电能目前还难以被大规模储存。这一特性决定了电力系统必须时刻保持发电与用电之间的平衡。例如，在某个时刻，发电厂发出的电能必须等于用户消耗的电能加上电网中损耗的电能。当发电功率超出用电功率时，系统频率将上升；反之，则会频率下降。因此，必须采取多种措施（如负荷预测、发电调度等）确保电能供需的实时平衡。

（3）电力系统的暂态过程非常迅速。电力系统发生故障（如短路、断线）或受到扰动时，会引发暂态过程。这些暂态过程往往在极短的时间内（如几秒甚至更短）就会对系统产生严重影响。例如，短路故障会导致故障点电流急剧增大、电压骤降；若不及时处理，可能会使故障范围扩大，损坏电气设备。电力系统中的保护装置和控制设备需要能够快速检测并应对这些暂态变化，以保障系统的安全稳定运行。

（4）电能质量的要求严格。电能质量的好坏对国民经济生产影响巨大。电压、频率偏离要求值过多或波形畸变严重，可能导致设备的损坏，甚至大面积停电。因此，对电压偏移、频率偏移及谐波含量都有一定的限额。

根据上述电力系统的特点，电力系统运行时必须保证安全可靠性、保证供电的电能质量、保证运行的经济性，还要保证对环境和生态的保护。

（1）保证安全可靠地持续供电。供电中断将导致生产停滞、社会秩序混乱，甚至危及人身和设备安全，给国民经济造成巨大的损失。因此，电力系统运行首先要满足可靠的持续供电要求。

供电可靠性是电力系统对负荷持续供电的能力，常用的供电可靠性衡量指标有供电可靠率、用户平均停电时间、用户平均停电次数。目前，一般城市地区供电可靠率达到了99.9%（俗称3个9）以上，用户年平均停电时间少于8.76h；重要城市中心地区供电可靠率达到了99.99%（俗称4个9）以上，用户年平均停电时间少于53min；个别特别重要的区域供电可靠率已经达到了99.999%（5个9），甚至99.9999%（6个9）。

影响供电可靠率的因素有电网稳定事故、电气设备的故障率及修复时间、电网结构、电气作业停运率及停运时间、人为因素等。电力系统需要从多个方面入手提高供电可靠性，包括提升设备的可靠性、网络结构的合理性以及配置备用电源等。例如，在城市供电网络中，采用双回路供电或环形供电网络结构，可以在一条线路故障时，通过切换开关使另一条线路继续供电，减少停电范围和时间。同时，电力系统需要具备应对各种故障（如短路、过载、接地故障等）和自然灾害（如地震、洪水、台风等）的能力。安装先进的继电保护装置，可以快速检测和隔离故障设备或线路，防止故障蔓延。对于自然灾害易发地区，电气设备的设计和安装需要考虑抗灾能力，如在沿海地区采用加强型杆塔和电缆输电抵御台风，在洪水易发地区提高变电站的防洪标准。此外，还需要建立完善的应急抢修机制，在事故发生后迅速恢复供电。

并非所有的负荷都绝对不能停电。按对供电可靠性的要求，负荷分为三级：

1）一级负荷。对这一级负荷中断供电，将造成人身事故，设备损坏，产品报废，使生产秩序长期不能恢复，人民生活产生混乱等。对于这一类负荷要求具有双电源，不允许断电。

2）二级负荷。对这一级负荷中断供电，将造成大量减产，将使人民生活受到影响等。这一类负荷须有两回线供电，尽可能做到不断电。

3）三级负荷是所有不属于一、二级的负荷，如工厂的附属车间、小城镇等。这一类负荷可以单回线供电，允许断电。

（2）保证满足要求的电能质量。电能质量是指供电装置正常工作情况下不中断和不干扰用户使用电力的物理特性。衡量电能质量的指标包括电压、频率和波形。

电压质量一般以偏移是否超过给定值来衡量。电压偏差应符合国家标准，一般规定在额定电压的 ±5% ～ ±10%（不同电压等级和用户类型有不同标准）。为了保证电压质量，除了合理配置无功补偿设备外，还需要通过变压器分接头调整、电压调节器等手段对电压进行实时调控。电压波动和闪变，通常是由大型电动机启动、电弧炉等冲击性负载引起的，可通过安装动态无功补偿装置和滤波器等措施来改善。

频率质量也是以是否超过给定值来衡量。系统频率要求维持在额定频率附近，我国规定电力系统频率偏差不得超过 ±0.2Hz ～ ±0.5Hz，根据不同的运行情况而定。通过调节发电机的有功功率输出等方式，实现有功功率的平衡以满足频率的要求。

波形质量以畸变率是否超过给定值来衡量。畸变率或正弦波形畸变率是各次谐波有效值平方和的均方根值与基波有效值之比，见式（1-1）。

$$V_{THD} = \frac{\sqrt{\sum_{n=2}^{\infty} V_n^2}}{V_1} \qquad (1\text{-}1)$$

式中：V_{THD} 为畸变率；V_n 为第 n 次谐波的有效值；V_1 为基波的有效值。

随着电力系统中非线性负载（如电子设备、电弧炉等）的增加，谐波问题日益突出。谐波会使电压和电流波形发生畸变，增加电气设备的损耗、发热，甚至可能引起设备故障。通过安装谐波滤波器、采用有源电力滤波器等技术，可以对谐波进行抑制，提高电能质量。

（3）保证良好的经济性。电能生产的规模很大，消耗的一次能源在国民经济一次能源总消耗中占的比重约为 1/3，而且电能在变换、输送、分配时的损耗绝对值也相当大。因此，降低每生产 1kWh 电能所消耗的能源和降低变换、输送、分配时的损耗，具有极其重要的意义。

电力系统运行经济性的两个重要指标是煤耗率和线损率。煤耗率是指每生产 1kWh 电能所消耗的标准煤重，以 g/kWh 为单位，标准煤是指含热量为 29.31MJ/kg 的煤。线损率（或网损率）是指电力网络中损耗的电能与向电力网络供应电能的百分比。

为保证系统运行的经济性，应在发电环节选择合适的发电能源和发电技术，以降低发电成本。例如，在有丰富煤炭资源的地区，合理建设高效的火力发电厂；在水资源丰富的地区，充分利用水力发电。同时，要提高发电厂的运行效率，通过优化发电机组的运行参数，采用先进的燃烧技术或水轮机调速技术等，降低单位发电成本。

在输电和配电过程中，合理选择输电电压等级、优化输电线路和配电网络的布局，可以减少电能损失。例如，采用高压输电可以降低电流，从而减少输电损耗（根据 $P_{loss} = I^2R$）。同时，对老化和高损耗的线路和设备进行更新改造，定期对输电和配电系统进行维护，保证其处于良好的运行状态，也有助于减少电能损失。

科学的电力系统调度，可以实现发电资源的优化配置。根据负荷预测结果，合理安排不同类型、不同容量发电厂的发电计划，使发电成本最低。例如，在负荷低谷时，优先安排成本较低的发电方式（如水电）；在负荷高峰时，可安排启动成本相对较高，但能满足负荷需求的发电方式（如燃气发电）。同时，考虑到不同发电厂的位置和输电成本，合理调度电能的传输路径，可提高电力系统的整体经济性。

（4）保证对环境和生态的保护。电力系统在建设和运行过程中，必须严格遵守环保法规，减少对环境的负面影响。这包括减少温室气体排放、控制污染物排放、降低噪声污染等。电力系统在选址和设计时，要充分考虑对自然生态的影响，避免破坏生态平衡，保护生物多样性。此外，电力系统应积极采用可再生能源发电，推动能源结构的绿色转型，为实现可持续发展贡献力量。

◇◇ 习题

1．电力系统运行的特点是什么？
2．电力系统运行的基本要求是什么？
3．如何保证电力系统运行具有良好的经济性？
4．如果想对一个电力系统有大致的认识，可以了解其哪些基本参量？
5．我国电力系统的电压等级有哪些？
6．简述电力系统中的有功功率和无功功率，并说明它们在电力系统中的作用。

1.2　电力系统的组成

1.2.1　发电厂

电能是由自然界中的一次能源加工转换而成的能源，是二次能源。根据发电厂所取用的一次能源不同，主要有火力发电、水力发电、核能发电、太阳能发电、地热发电、潮汐发电、风能发电等发电形式。本节以火力发电厂为例阐述能源的转换过程。

火力发电作为现代电力工业的重要组成部分，在电能生产领域有举足轻重的地位。火力发电是基于能量转换原理实现的，图 1-7 为火力发电厂工艺流程示意图。其核心流程是将化石燃料（如煤炭、石油或天然气）蕴含的化学能通过燃烧释放出来，转化为热能。在火力发电厂的心脏——锅炉内，燃料与空气充分混合并燃烧，产生的高温火焰和烟气将热量传递给受热面中的水，使其转化为高温高压的蒸汽。这一过程中，燃烧室的结构设计、燃烧方式的选择及受热面的布置都至关重要，它们共同决定了燃料燃烧的效率和蒸汽产生的质量。

随后，高温高压蒸汽携带巨大能量冲向汽轮机。汽轮机如同一个精密的能量转换器，蒸汽在其内部高速流动，冲击叶片，使汽轮机转子高速旋转，从而将蒸汽的热能转化为机械能。汽轮机的叶片设计、转子的强度和动平衡，以及汽缸的密封性等，都是保证其稳定高效运行的关键因素。这些复杂的机械结构和技术细节确保了从热能到机械能的高效转换。

最后，与汽轮机同轴相连的发电机将机械能进一步转化为电能。发电机依据电磁感应原理，当汽轮机带动转子旋转时，转子磁场切割定子绕组，在定子绕组中产生感应电动势，进而形成交流电。发电机的定子和转子的设计、制造精度，以及冷却系统的有效性，都直接影响着电能的产生和发电机的使用寿命。

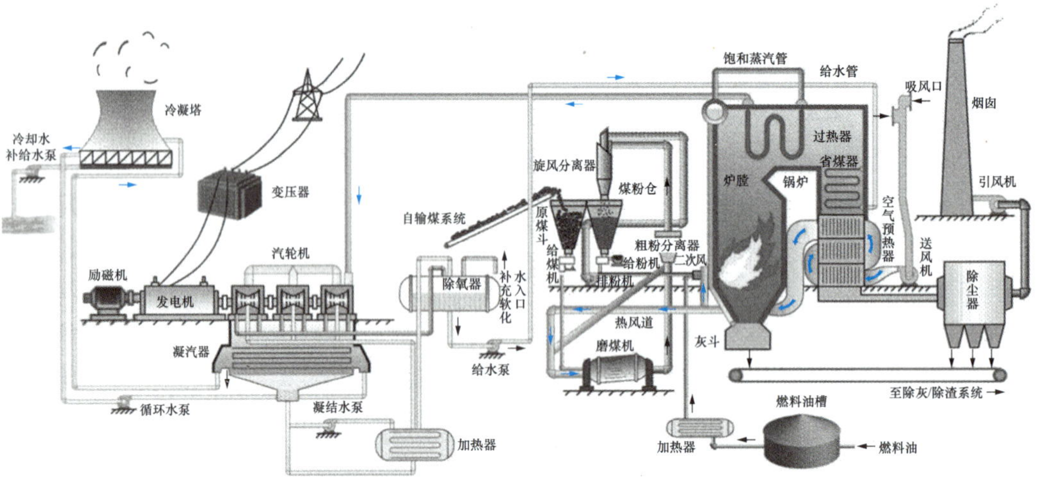

图 1-7　火力发电厂工艺流程示意图

火力发电的优势在于技术成熟度高，经过长期的发展和实践，从电厂的设计、建设到运行维护都有一套完善的体系，能够保障稳定的电力供应。而且，火力发电不受天气、时间等自然因素的限制，可根据需求持续发电。此外，火力发电厂的规模可灵活调整，能满足不同地区、不同规模的用电需求。

然而，火力发电也存在一些不可忽视的问题。一方面，燃烧化石燃料会产生大量污染物，包括二氧化碳、二氧化硫、氮氧化物和颗粒物等。这些污染物对环境和人类健康有严重的危害，如二氧化碳导致全球气候变暖，二氧化硫和氮氧化物形成酸雨，颗粒物影响空气质量和人体呼吸系统。另一方面，火力发电依赖于有限的化石燃料资源，随着资源的逐渐减少，其可持续性面临挑战，并且燃料价格的波动会影响发电成本和经济效益。

在当前能源转型的大背景下，火力发电也在不断发展和变革。高效清洁技术成为发展重点，超超临界机组技术不断进步，提高蒸汽参数以提升热效率。同时，各种污染物减排技术如烟气脱硫、脱硝和除尘设备的广泛应用，有效降低了污染物排放。此外，火力发电还积极探索与其他能源的耦合互补，如与可再生能源联合运行，以及发展更加灵活的发电模式，以适应电力市场的变化和能源发展的新趋势，共同构建一个可靠、高效、清洁的电力供应体系。

1.2.2　电力网

电力网是电力系统中负责电能传输和分配的重要组成部分，它包括了各电压等级的输配电线路、变电站和其他相关设施。电力网的主要功能是将发电厂生产的电能安全、高效地输送到各个用电区域，满足不同用户的需求，包括输电网络和配电网络。

电力网加上发电厂、负荷组成的统一整体称为电力系统；如再将发电厂的动力部分计入，则将这个整体称为动力系统。图 1-8 为动力系统、电力系统、电力网的整体架构示意图。

图 1-8 动力系统、电力系统、电力网的整体架构示意图

（1）电力网的构成。输电网络是电力网的"高速公路"，主要承担将发电厂产生的电能输送到较远的负荷中心的任务。它由高压输电线路和变电站组成，电压等级通常在 220kV 及以上，高电压是为了减少长距离输电时的电能损耗。配电网络相当于电力网的"分支道路"，负责把输电网络送来的电能分配到各个具体的用户。它包括中低压配电线路、配电变压器和配电箱等。图 1-9 为输配电网示意图。

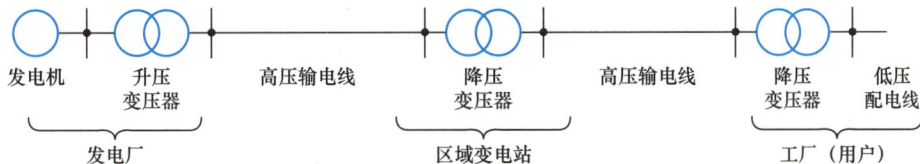

图 1-9 输配电网示意图

电力网通过调节有功功率和无功功率、控制电压波动等手段，维持电压和频率的稳定，保证电能质量。例如，在变电站中使用无功补偿装置来稳定电压，减少谐波、电压闪变等对用户设备的影响。

电力网配备了各种控制和保护设备，如继电保护装置。当系统出现故障（如短路、过载）时，能迅速检测并隔离故障，保护电气设备和人员安全，同时通过自动化控制系统实现对电力网的合理调度。

电力网的构成要考虑可靠性、经济性和灵活性等因素，通过合理的网络拓扑结构（如放射式、环式等），可以提高电力供应的可靠性，减少停电事故对用户的影响；同时，要根据不同地区的负荷密度和发展规划来设计电力网的规模和布局。

（2）电力线路。电力线路是电力网的重要组成部分，用于传输电能。

根据电压等级可分为：

1）低压线路，电压等级在 1kV 以下，常见的有 220V 和 380V。220V 主要用于居民家庭的单相供电，为各种家用电器如电灯、电视、冰箱等提供电能。380V 一般用于

三相动力设备，像小型的工业电机、商业场所的三相空调设备等。

2）高压线路，电压等级在 1 ～ 330kV 之间。例如 10kV 线路主要用于城市配电网，为城市中的多个小区、工厂等区域供电。35kV 线路常用于一些小型工业区域或城镇的供电。110kV 和 220kV 线路是比较常见的区域输电线路，能将电能从变电站输送到较远的地区。

3）超高压线路，电压等级在 330 ～ 750kV 之间。330kV 及以上的超高压线路主要用于长距离、大容量的电能输送，如我国的一些大型水电站（如三峡水电站）产生的大量电能，需要通过超高压线路送往远方的用电负荷中心。

4）特高压线路，电压等级在 750kV 以上。特高压输电技术能够实现更远距离、更大容量的电能传输。例如 ±800kV 及以上的直流特高压线路和 1000kV 交流特高压线路，可以将西部、北部能源基地的电力输送到东部沿海等经济发达但能源相对匮乏的地区。

按线路结构可以分为：

1）架空输电线路，如图 1-10 所示，通过支撑结构将导线架设于空中。支撑结构主要包括水泥杆和铁塔等多种类型。导线材料通常选用铝绞线或钢芯铝绞线等。架空输电线路具有建设成本较低、施工及维护便捷的优势，能够跨越山脉、河流等复杂地形。然而，架空输电线路易受强风、雷电、冰冻等气象因素的影响。

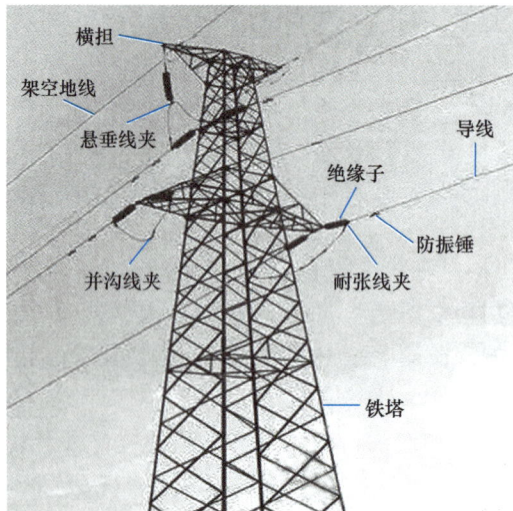

图 1-10　架空输电线路示意图

2）电缆线路，敷设在地下、水底或建筑物内部的线路。电缆一般由导体、绝缘层、屏蔽层和保护层等部分组成，图 1-11 为电缆线路截面示意图。电缆线路占地少，受外界环境干扰小，供电可靠性高，适用于城市中心区域、工厂内部等对景观要求较高或需要避免架空线路安全隐患的地方。例如在城市的繁华商业街区，为了不影响城市景观和交通，通常采用电缆线路供电。不过，电缆线路成本较高，维修难度较大。

按电力线路所使用的材料可分为：

1）铜线路。铜具有良好的导电性，电阻率低，能够有效减少电能在传输过程中的损耗。但是铜的成本相对较高,在一些对线路性能要求较高的场合会使用铜线路,如高精度的电子设备供电线路、部分短距离但高负载的电力线路等。

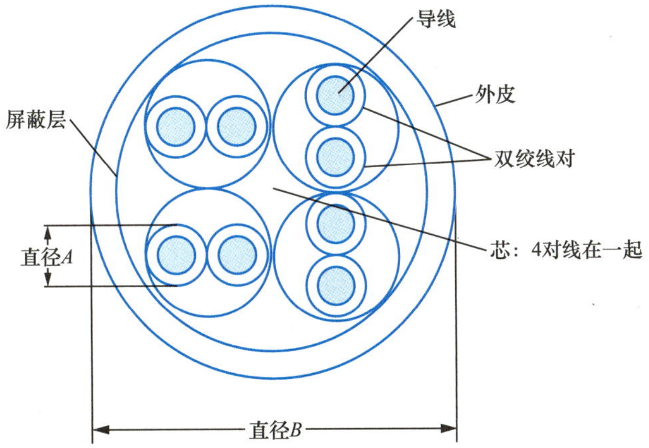

图 1-11 电缆线路截面示意图

直径 A=0.914mm;直径 B=5.08mm

2)铝线路。铝的导电性能略逊于铜(导电率为铜的 61%),但具有密度较低(2.7g/cm³)和成本效益显著的特性。因此在架空线路等对质量荷载和经济性要求较高的工程场景中广泛使用。例如在中低压架空配电线路中,基本都采用 LJ 型铝绞线或者 LGJ 型钢芯铝绞线。

3)钢线路。钢的导电性较差,但它的机械强度高。一般不会单独使用钢作为导电材料,而是作为加强芯使用,如钢芯铝绞线,利用钢的高强度来支撑铝绞线,使其能够承受更大的张力,适用于长距离、大跨度的架空输电线路。

(3)变电站。变电站是电力系统中极为关键的组成部分,它在电能的传输、分配和控制过程中发挥着核心作用,是保障电力供应稳定、安全和高效的重要枢纽。图 1-12 为变电站示意图。

图 1-12 变电站示意图

1）变电站的功能包括电压变换、电能汇集与分配、电力控制与保护。变电站的主要功能之一是实现电压的变换。在电力传输过程中，发电厂所产生电能的电压通常较低，为了减少电能在长距离传输中的损耗，需通过升压变压器将电压升至较高的电压等级后再送入输电网络。而电能输送至用户终端区域时，需经多级降压变压器将高电压逐步降低到适合用户使用的电压等级，满足工业、商业和居民等不同类型用户的用电需求。

变电站能够汇集来自不同电源（如多个发电厂或不同输电线路）的电能，并将其分配到各个不同的输电线路或配电线路中。例如，在一个大型枢纽变电站中，可能有多条来自不同发电厂的输电线路接入，变电站将这些电能进行汇集后，根据电网的负荷情况和调度指令，通过母线等设备将电能分配到相应的输出线路，送往不同的地区或用户。母线作为变电站内电能汇集和分配的关键导体，将各个进出线回路连接在一起，使得电能能够在变电站内有序地流动和分配。

变电站配备了先进的控制设备，可以对电力的流向、电压水平、无功功率等进行控制。控制设备通过控制开关设备（如断路器、隔离开关等）开合状态，改变电力网络的拓扑结构，实现对电能传输路径的调整。例如，电网进行检修或故障处理时，可以通过操作隔离开关和断路器来隔离故障区域或改变供电方式。同时，变电站还可以通过调整变压器的分接头位置来控制输出电压，以满足电网运行的电压要求。此外，无功补偿设备（如电容器、电抗器等）的投切，可以控制电网的无功功率平衡，从而稳定电压水平，提高电能质量。

变电站内还设有完善的继电保护装置，其主要目的是在电力系统发生故障（如短路、过载、接地等）或不正常运行情况（如过电压、欠电压、频率异常等）时，迅速、准确地检测出故障，并将故障设备或线路从电力系统中切除，以防止故障的扩大，保护电气设备和人员的安全。同时，变电站的保护系统还具有一定的自动重合闸功能，在某些瞬时性故障消除后，可以自动重新合上断路器，恢复供电，提高供电的可靠性。

2）变电站的主要设备。

图 1-13　变压器示意图

a．变压器。变压器是变电站的核心设备，由铁心、绕组、绝缘材料、油箱、冷却装置等部分组成。铁心是变压器的磁路部分，通常由硅钢片叠成，以减少铁心中的涡流损耗。绕组是变压器的电路部分，分为高压绕组和低压绕组，它们绕在铁心上，并且相互绝缘。当变压器的一次绕组接入交流电源时，在铁心中会产生交变磁通，这个交变磁通会在二次绕组中感应出电动势，从而实现电压的变换。根据变压器的工作原理，其电压比等于一次绕组和二次绕组的匝数比。图 1-13 为变压器示意图。

在变电站中，常见的变压器类型有升压变压器和降压变压器。此外，还有自耦变压器等特殊类型的变压器，它的一次绕组和二次绕组有部分共用，具有体积小、损耗低等优点，但在使用上有一定的局限性。需要根据具体的电网情况来选择变压器。变压器的容量大小根据变电站的规模和所承担的负荷来确定，从几千千伏安到数百万千伏安不等。

b. 断路器。断路器是一种能够在正常和故障情况下切断或接通电路的开关设备。它主要由触头、灭弧室、操作机构等部分组成。当断路器接到合闸指令时，操作机构驱动触头闭合，使电路接通；当接到跳闸指令（如发生故障）时，触头在极短的时间内分开，切断电路。断路器的关键在于其灭弧能力，因为在切断电路时，触头间会产生电弧，若不能及时熄灭电弧，将会导致电路故障的扩大。不同类型的断路器（如油断路器、真空断路器、六氟化硫断路器等）采用不同的灭弧原理。例如，真空断路器是利用真空环境下电弧易于熄灭的特点来灭弧，六氟化硫断路器是利用六氟化硫气体的高绝缘强度和灭弧性能来熄灭电弧。

断路器在变电站中的地位至关重要，它是保障电力系统安全运行的关键设备之一。在选型时，需要考虑断路器的额定电压、额定电流、开断电流、短路关合电流等参数，以确保其能够满足变电站所在电力网络的运行要求。例如，对于高压变电站，需要选用额定电压高、开断电流大的断路器，以应对可能出现的高电压、大电流故障情况。图 1-14 为断路器示意图。

c. 隔离开关。隔离开关的主要作用是隔离电源，保证检修安全。图 1-15 为隔离开关的外观图，它在结构上与断路器相似，但没有灭弧装置，不能用于切断或接通负荷电流和短路电流。在变电站进行设备检修时，需要将隔离开关打开，将需要检修的设备与带电部分可靠地隔离开，防止检修人员触电。隔离开关的操作顺序有严格的规定，在停

图 1-14 断路器示意图

图 1-15 隔离开关的外观图

15

电操作时，必须先断开断路器，再拉开隔离开关；在送电操作时，顺序则相反。隔离开关的类型多样，有户内型和户外型之分，根据电压等级和使用环境的不同，其结构和尺寸也有所不同。

　　d. 互感器。互感器是变电站中用于测量和保护的重要设备，包括电压互感器和电流互感器。图 1-16 为电压互感器，图 1-17 为电流互感器，其工作原理与变压器相似。互感器可以将高电压、大电流转换为测量和保护设备能够处理的信号，同时还能起到隔离高电压、大电流的作用，保障人员和设备的安全。

图 1-16　电压互感器

图 1-17　电流互感器

　　互感器的精度对于电力系统的测量和保护非常重要。根据不同的应用需求，互感器有不同的精度等级。在测量回路中，需要使用精度较高的互感器，以保证测量结果的准确性；在保护回路中，互感器的精度要求相对较低，但需要有足够的容量和快速的响应特性，以确保在故障发生时能够及时准确地向保护装置提供信号。

e. 母线。母线是变电站内汇集和分配电能的导体，通常采用铜或铝制成，有矩形、圆形、槽形等多种形状。图 1-18 为变电站内的管型母线。母线将各个进出线回路连接在一起，使电能能够在变电站内自由地流动和分配。在大型变电站中，母线可能会分成几段，通过母线联络断路器连接，这样可以提高供电的灵活性和可靠性。例如，当某一段母线或连接在该母线上的设备发生故障时，操作母线联络断路器可将故障段母线隔离，保证其他部分的正常供电。

管型母线

图 1-18　管型母线

母线的选型需要考虑通过的电流大小、短路电流水平、环境条件等因素。在布置方面，母线可以是户内布置或户外布置，户内母线通常安装在开关柜内或母线桥架上，户外母线一般安装在杆塔或构架上。母线的绝缘方式也有多种，如空气绝缘、绝缘子支撑绝缘等，应根据电压等级和环境条件选择合适的绝缘方式。

f. 电抗器。电抗器在变电站中有多种用途，其中一个主要的功能是限制短路电流。当电力系统发生短路故障时，短路电流会急剧增加；如果不加以限制，可能会对电气设备造成严重损坏。电抗器通过其电感特性，对电流的变化产生阻碍作用，从而限制短路电流的幅值。此外，电抗器还有无功补偿、滤波等功能。例如，在高压输电系统中，串联电抗器可以限制合闸涌流和短路电流；并联电抗器可以吸收无功功率，维持系统电压稳定，减少电压波动和闪变。

根据功能和结构，电抗器可分为空心电抗器、铁心电抗器、油浸电抗器等多种类型。空心电抗器没有铁心，电感值相对较小，主要用于限制短路电流；铁心电抗器有铁心，电感值较大，可用于无功补偿等功能。在变电站中，电抗器的应用场景根据其功能和电网需求而定，例如在变电站的进出线端可能会安装串联电抗器，在母线侧可能会安装并联电抗器。图 1-19 为电抗器示意图。

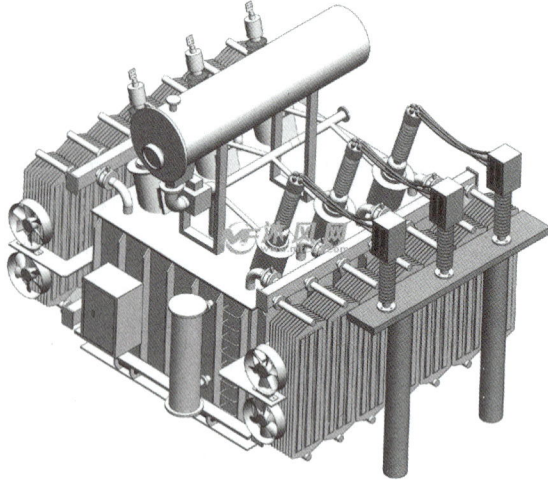

图 1-19　电抗器示意图

g. 避雷器。避雷器是变电站保护电气设备免受雷电过电压和操作过电压侵害的重要设备。它的工作原理是当作用在避雷器两端的电压超过其动作电压时，避雷器会迅速导通，将过电压引入大地，从而限制被保护设备上的电压幅值，保护设备绝缘不受损坏。当过电压消失后，避雷器又能迅速恢复到高阻状态，停止导通，不影响电力系统的正常运行。

常见的避雷器类型有氧化锌避雷器。它具有良好的非线性伏安特性，即在正常工作电压下，避雷器呈现高电阻状态，通过的电流极小；而当遇到过电压时，其电阻急剧下降，能够快速泄放雷电流。这种特性使得氧化锌避雷器具有保护性能好、通流容量大、结构简单等优点，在现代变电站中得到广泛应用。图 1-20 为 1000kV 瓷外套金属氧化物避雷器。

图 1-20　1000kV 瓷外套金属氧化物避雷器

3）变电站的类型。变电站可分为枢纽变电站、中间变电站和终端变电站。

枢纽变电站位于电力系统的主要输电干线上，是连接多个大型发电厂和输电网络的关键节点。它的电压等级高（一般为 500kV 及以上）、容量大，承担着大量电能的汇集、分配和转送任务。枢纽变电站的运行可靠性对整个电力系统的稳定运行至关重要，一旦其发生故障，可能会导致大面积停电。因此，枢纽变电站通常配备有先进的设备和完善的保护措施，并且有多条输电线路进出，以保证电能的可靠传输。枢纽变电站一般占地面积较大，站内有多组大型变压器、高压断路器、隔离开关等设备。母线系统通常采用双母线或 3/2 断路器等复杂的接线方式，以提高供电的可靠性和灵活性。同时，枢纽变电站还配备有完善的通信、监控和自动化控制系统，以便对变电站的运行状态进行实时监测和控制。

中间变电站处于输电网络的中间环节，它的主要作用是对电能进行进一步的汇集、分配和电压变换。它连接不同电压等级的输电线路，将高压输电线路的电能降压后分配到较低电压等级的输电线路或配电网络中。中间变电站可以对电能进行一定程度的调节和控制，保证电能在输电过程中的质量和稳定性。中间变电站的电压等级一般在 220～500kV，其设备配置根据其功能和电压等级而定。中间变电站通常有变压器、断路器、隔离开关、互感器等基本设备，其规模和复杂程度介于枢纽变电站和终端变电站之间。中间变电站的运行需要与上级和下级变电站及输电网络和配电网络密切配合，根据电网的负荷变化和调度指令调整运行状态。

终端变电站靠近用户端，是电力系统向用户供电的最后一个环节。它的主要任务是将输电网络或上级配电网络送来的电能降压到适合用户使用的电压等级，并分配给各个用户。终端变电站直接关系到用户的用电质量和可靠性，需要满足用户的用电需求，同时要考虑用户的负荷特性和用电安全。终端变电站的电压等级较低，设备相对较小，但同样需要具备完善的保护和控制功能。由于其靠近用户，可能会受到周围环境（如城市环境、工业环境等）的影响，因此终端变电站在设备选型和变电站设计上需要考虑环境适应性。例如，在城市中的终端变电站可能需要采用小型化、无油化设备，以减少占地面积和对环境的污染；在工业环境中，需要考虑设备的防腐、防尘等性能。

变电站作为电力系统的核心环节，其稳定运行对于保障电能供应的质量和可靠性至关重要。随着电力技术的不断发展，变电站正朝着智能化、自动化的方向发展，通过采用先进的通信技术、传感器技术和控制算法，进一步提高变电站的运行效率和安全性，更好地适应现代电力系统的发展需求。

1.2.3　电能用户

电能用户作为电力系统的终端环节，其类型多样且特性各异，对电力的需求和使用方式直接影响着电力系统的运行和发展。近年来，随着技术的进步，柔性负荷和电动汽车等新兴元素成为电能用户领域的重要组成部分，为电力系统带来了新的变化。

（1）电能用户的传统分类与特点。

1）工业电能用户。工业是电力消耗的大户，其生产过程高度依赖电能。不同工业有不同的用电需求。以冶金工业为例，其钢铁生产流程涵盖矿石冶炼至轧制成型全过程，具有显著的能源密集型特征。生产过程中，电弧炉与轧钢机等关键设备需消耗大量电能，此类高功率设备通常需接入高压供电系统，且对供电可靠性的要求极高；因为生产过程的连续性要求很强，任何非计划性停电均可能导致炉内金属凝固、设备损毁等重大生产事故，造成巨大的经济损失。在化工领域，涉及化学反应工程、物料传输系统及分离工艺等关键生产环节均需稳定的电力供应，尤其电解工艺过程高度依赖持续稳定的直流电源。对于现代制造业的自动化生产线完全依赖于电动机驱动系统及精密过程控制装置，对电能质量（包括电压波动、谐波畸变率等参数）及供电连续性具有严苛的技术指标要求。工业电能用户的用电负荷相对稳定，但也存在一定的波动性，如在新产品投产或生产规模调整时，用电负荷会发生变化。

2）商业电能用户。商业领域涵盖了商场、写字楼、酒店、超市等多种场所。商业电能用户的用电设备主要包括照明系统、中央空调、电梯、通风设备、冷藏设备及各种办公电器等。其用电特点具有明显的时段性，例如商场在营业时间内，照明、空调和展示设备等全部开启，使负荷达到高峰；而在非营业时间，负荷则大幅降低。写字楼在工作日的白天用电负荷高，工作日的夜晚和周末则较低。商业电能用户对电能质量较为敏感，电压波动可能导致照明闪烁、电脑等电子设备损坏，影响正常营业。因此，商业电能用户通常需要可靠的供电，一般通过 10kV 及以下的配电线路供电，并配备一定的备用电源以应对突发停电情况。

3）居民电能用户。居民电能用户是数量庞大且分布广泛的电能用户群体。家庭中的用电设备多种多样，如照明灯具、电视、冰箱、洗衣机、空调、电热水器、微波炉等。居民用电负荷相对较小且分散，但随着生活水平的提高，大功率电器的使用越来越普遍，使得居民用电负荷呈上升趋势。居民用电具有明显的季节性和时间性特征，夏季空调使用频繁，冬季电暖器使用增加，都可能导致用电高峰的出现，尤其是在高温或寒冷天气持续期间。此外，居民用电在一天内也有高峰和低谷，如晚餐时间前后，各种电器集中使用。居民供电电压一般为 380/220V，电力供应的稳定性直接关系到居民的日常生活质量。

（2）柔性负荷——电能用户的新型互动模式。柔性负荷是现代电力系统中一种具有可调节特性的用电负荷。与传统的刚性负荷不同，柔性负荷可以根据电力系统的运行状态、电价信号、激励机制等因素，在一定范围内灵活调整其用电功率和用电时间，而不会对其自身功能的实现产生实质性影响。这种可调节性使得柔性负荷成为电力系统与用户之间互动的关键环节，为电力系统的优化运行提供了新的途径。

柔性负荷可以有如下几种形式：

1）可中断负荷，在工业和商业领域，一些非关键生产或运营环节的用电设备可以被设置为可中断负荷，如某些工业企业中的备用生产线、商业场所中的部分照明或空调设备等。在电力系统出现紧急情况或需要进行负荷调节时，这些设备可以根据电力公司或系统调度的指令暂时中断运行，待系统恢复正常后再继续工作。通过这种方式，可中断负荷可以快速响应电力系统的需求，有效缓解电网的供电压力。

2）可调节功率负荷，许多现代设备具备可调节功率的功能，这也是柔性负荷的重要表现形式。以智能家电为例，一些新型的空调、冰箱等设备可以通过内置的智能控制系统与电力系统通信。在电网负荷高峰时段，它们可以自动降低运行功率，减少电能消耗；而在负荷低谷时段，则可以适当增加功率，实现设备的优化运行。在工业领域，一些电机驱动系统可以通过变频调速等技术实现功率的灵活调节，根据生产计划和电力系统的要求，合理调整设备的用电功率。

3）储能参与的柔性负荷。储能技术的发展为柔性负荷的实现提供了新的手段。在一些配备了储能系统（如电池储能）的用户端，无论是工业、商业还是居民用户，储能设备可以在电价较低的时段储存电能，在电价较高或电网负荷高峰时段释放电能。此外，储能技术还可以在电网出现短时故障或电压波动时，为关键设备提供临时电力支持，提高供电的可靠性。

对于电力系统，柔性负荷提供了电能用户与电网的新的互动模式，主要作用有：

1）优化电网负荷平衡。柔性负荷能够根据电网的负荷情况进行动态调整，有效降低电网的峰谷差。在电网高峰负荷期间，柔性负荷减少用电功率，相当于增加了电网的供电能力；在低谷负荷期间，柔性负荷适当增加用电，提高了电网资产的利用率。这种动态平衡作用有助于减少电网建设中为满足高峰负荷而过度投资的情况，提高电力系统的整体经济效益。

2）提高电力系统的可靠性和稳定性。当电力系统受到突发干扰（如发电机故障、输电线路跳闸等）时，柔性负荷可以迅速响应，调整用电行为，避免系统因负荷过大而崩溃。例如，在局部电网出现故障时，通过控制柔性负荷的中断或功率调整，可以维持电网的频率和电压稳定，保障电力系统的安全稳定运行。

3）促进可再生能源的消纳。随着可再生能源在电力系统中的比例不断增加，其间歇性和波动性对电网的稳定运行带来了挑战。柔性负荷可以与可再生能源发电配合，在可再生能源发电充足时（如太阳能发电高峰时段）增加用电，在可再生能源发电不足时减少用电，从而提高可再生能源的利用率，促进电力系统的低碳发展。

（3）电动汽车——移动的电能用户与储能单元。电动汽车作为一种环保、高效的交通工具，近年来在全球范围快速发展。纯电动汽车（BEV）和混合动力电动汽车（HEV）等多种类型在市场上日益普及。在政策支持和技术进步的推动下，电动汽车的性能不断提升，续航里程增加、充电时间缩短、成本逐渐降低。除了私人乘用车领域，电动公交车、电动物流车等也得到了广泛应用，这使得电动汽车成为电能用户中一个不可忽视的新兴力量。

电动汽车的充电方式主要分为慢充和快充。慢充一般使用交流充电桩，充电功率相对较低，通常在 3 ～ 7kW，适合夜间在停车场长时间充电。这种充电方式对电网的冲击较小，但充电时间较长，一般需要几个小时甚至一整夜。快充使用直流充电桩，充电功率可高达几十千瓦甚至上百千瓦，能够在短时间内为电动汽车补充大量电能，一般用 30 ～ 60min 的时间可使电动汽车的电量大幅提升。然而，快充会对电网产生较大的瞬时功率冲击，需要电网具备较强的承载能力。此外，还有一些新兴的充电技术，如无线充电，正在发展和应用，其充电效率和便捷性也在不断提高。

电动汽车的充电负荷具有明显的时空分布特性。从时间上看，充电高峰通常出现在下班后的傍晚时段和夜间，这与居民的出行和停车习惯有关。大量电动汽车同时充电会增加电网的负荷需求，加剧电网的峰谷差，给电网的调峰带来压力。从空间上看，电动汽车的充电需求在城市中心、居民区、商业区和交通枢纽等区域，可能导致局部电网的过载问题。如果不加以合理管理，电动汽车的大规模无序充电可能会影响电网的电压质量和稳定性，增加电网的运行风险。因此，电动汽车到电网（V2G）技术是电动汽车作为特殊电能用户的一个重要发展方向，使电动汽车从单纯的电能消耗者转变为电力系统中的一种灵活性资源，为电力系统的运行和管理带来新的模式和机遇。

总之，电能用户在传统类型的基础上，随着柔性负荷和电动汽车等新兴元素的加入，呈现出更加复杂和多样化的特点。了解这些电能用户的特性和行为对于优化电力系统的规划、运行和管理具有至关重要的作用，也是实现电力系统可持续发展和智能化转型的关键所在。

习题

1. 什么是电力系统？
2. 简述电力系统的基本组成部分及其功能。
3. 简述火力发电的原理。
4. 简述变电站的功能。
5. 列举变电站中的主要设备。
6. 电力网的组成包括什么？
7. 简述电力系统中的变电环节，并说明变压器在其中的作用。
8. 什么是柔性负荷？柔性负荷对电力系统的作用是什么？

1.3 交流系统与直流系统

电能通过输电系统和配电系统传输至终端用户，根据电能的形式，电力传输有交流输电、直流输电、无线电能传输等，它们各自具有独特的原理、特点和应用场景。本节主要介绍交流输电和直流输电两种主要形式。

1.3.1 交流输电系统

交流输电是目前电力系统中电能传输的主要方式。交流系统广泛应用在发电厂到变电站，再到各级配电网络中。交流电压可以通过变压器方便地进行升高或降低，不同电压等级的交流输电线路（如110、220、500、1000kV等）构成了复杂的电网架构，将电能分配到城市、乡村的各个角落，为工业、商业和居民用户供电。

随着大容量、长距离输电的应用，输电电压逐年提高。高压系统分为高压（35～220kV）、超高压（330～750kV）和特高压（1000kV及以上）。

（1）高压交流输电（HVAC）与特高压交流输电（UHVAC）。由于输电线上的功率损耗正比于电流的平方，在远距离输电时通常采用高压或特高压交流输电，即通过大型电力变压器提升电压以降低电流，减少输电线发热和电能在输电线上的损失量。特高压交流输电电压等级通常在1000kV及以上，具有工作电压高、输电距离长、线路损耗小和充电功率大等特点。

（2）灵活交流输电系统（Flexible AC Transmission Systems，FACTS）。灵活交流输电系统又称为柔性交流输电系统，出现在 20 世纪 80 年代末期。大功率电力电子元器件的高速发展，为 FACTS 的实现和发展提供了条件。FACTS 装置是利用大功率电力电子元器件构成的装置，调节和控制交流输电系统的网络参数和运行参数，如电压、相角、电抗等，从而改善电力系统运行特性，提高系统的输电能力。

FACTS 装置可分为串联型、并联型和综合型。串联型装置有晶闸管串联电容补偿器（Thyristor Controlled Series Compensator，TCSC）、静止同步串联补偿器（Static Synchronous Series Compensator，SSSC）等，主要用于改善系统的有功潮流分布，提高系统暂态稳定性和抑制次同步谐振、阻尼电力系统振荡等。并联型装置有静止无功补偿器（Static Var Compensator，SVC）、静止同步补偿器（Static Synchronous Compensator，STATCOM）等，主要用于改善系统的无功功率分布，进行电压控制等。综合型装置有统一潮流控制器（Unified Power Flow Controller，UPFC），能够实现灵活的电压和潮流控制，改善系统稳定性以及抑制振荡等。

典型的 FACTS 装置主要有：

1）静止无功补偿器。通过晶闸管快速调整并联电抗器的大小、投切电容器组，维持电压稳定、消除电压闪变、抑制系统振荡等，提高电力系统稳定性。图 1-21 为 SVC 原理结构示意图。

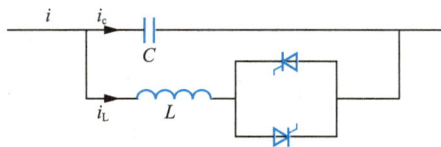

2）晶闸管串联电容补偿器。图 1-22 为 TCSC 原理结构示意图。基于 TCSC 的可控串补技术通过连续调节线路电抗可以控制潮流、改变电网潮流分布，阻尼因系统阻尼不足或系统大扰动引起的低频功率振荡，并在系统受到大的冲击时，通过调整晶闸管触发角改变串联电容的补偿度，提高系统暂态稳定性。当系统发生次同步振荡（SSR）时，由于次同步频率呈感抗特性，TCSC 通过调整串联电容器容抗至最小值来有效抑制SSR。TCSC 提高了交流输电线路输送能力、增强了系统稳定性，因而也可减少输电走廊占地面积。2008 年，当时世界串补度最高、串补容量最大的 500kV TCSC 伊冯工程投运，提高输送能力达到 35%。

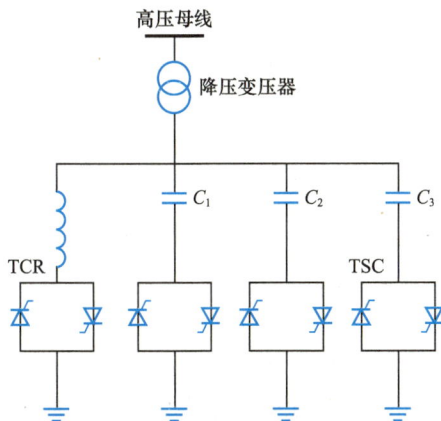

图 1-21　SVC 原理结构示意图　　图 1-22　TCSC 原理结构示意图

23

3）静止同步补偿器。STATCOM 属于第二代 FACTS 装置，基于电压源换流器发出或吸收无功，控制输配电系统动态电压，调节输电系统功率振荡阻尼，提高电力系统暂态稳定性。图 1-23 为 STATCOM 原理图。

4）统一潮流控制器。UPFC 属于第三代 FACTS 装置，由两台共用直流侧电容的电压源换流器组成，如图 1-24 所示，并联换流器通过变压器并联接入系统，除了向串联换流器提供有功功率外，还可以通过变压器吸收或注入无功功率。串联换流器串联接入系统，因此 UPFC 综合了 FACTS 元件的多种灵活控制手段，包括电压调节、串联补偿和移相等功能，可以同时、快速、独立控制输电线路的潮流分布，提高系统稳定性。2003 年美国电力公司联合美国电科院、西屋电气研制出世界上第一套 UPFC 装置，并安装在肯塔基州的 INEZ 变电站；纽约电力公司联合美国电科院、西门子公司研制出世界上第一套可重构静止补偿器 CSC（也称广义 UPFC），安装在纽约州 Marcy 变电站。2017 年，全球电压等级最高、容量最大的 UPFC 工程——江苏苏南 500kV 示范工程正式投运，实现了 500kV 电网电能流向的精准控制。

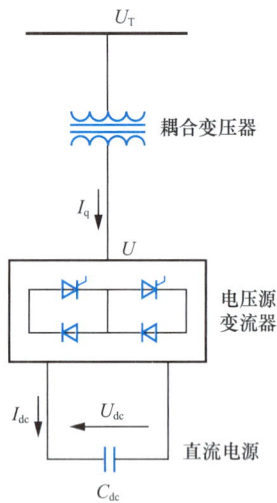

图 1-23　STATCOM 原理图

图 1-24　UPFC 原理结构示意图

图 1-25　SSSC 原理图

5）静止同步串联补偿器。SSSC 串联接入输电系统，由电压源换流器、耦合变压器、直流环节及控制系统组成，如图 1-25 所示。其中，耦合变压器与输电线路串联；直流环节包含电容器、直流电源或蓄能器，采用电压补偿或电抗补偿控制方式；电压源换流器通过向输电线路注入可控电压，调节电压幅值、相位，实现输电线路、邻近电网潮流重新分配与优化。

（3）分频输电（Fractional Frequency Transmission System，FFTS）。交流输电除了常用的工频输电形式外，还包括分频输电。分频（50/3Hz）输电方式由中国科学院院士王锡凡于 1994 年提出，是一种兼顾输送容量与工程经济性的新型输电方式。分频输电通过降低输电频率减轻线路电感、电容的影响，在距离较远时可以成倍提升架空输电线及电缆的输送容量。分频输电技术作为新型电力系统构建的先进输电技术之一，与同电压等级交、直流系统相比，具有汇集范围广、控制灵活、易于组网、支撑能力强、输送容量大、可远距离送出等诸多优势，适用于弱电网广域新能源送出等场景。

以图 1-26 所示的海上风电分频输电系统为例，海上风电机组通过背靠背 VSC 换流站（如倍频变压器）将风电变换为 50/3Hz 交流电、升压、接入集电系统，经海底电缆输送至陆上变频站，再将 50/3Hz 交流电变换为 50Hz 工频交流电并网。采用较低的频率进行远距离输电，有利于大幅度提高线路的输送能力，用电侧采用较高的频率可显著减小设备体积和质量。

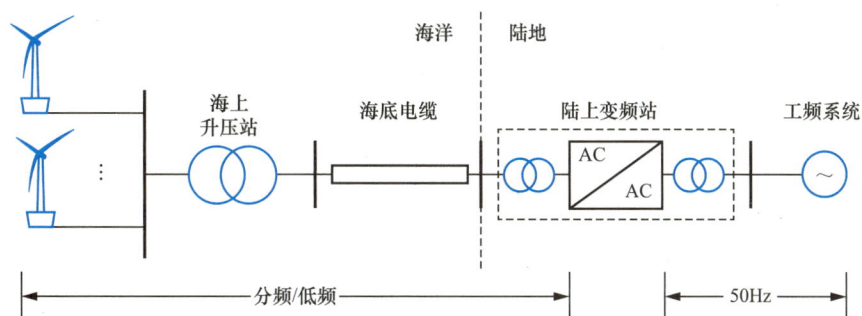

图 1-26　海上风电分频输电系统

交流输电系统输送的有功功率极限值为

$$P_{\mathrm{m}} = \frac{EU}{X} \tag{1-2}$$

式中：E 为海上风电发电厂电压；U 为系统额定电压；X 为输电系统综合电抗。

可见，最大输送的有功功率与输电系统电抗成反比。同时，交流输电系统综合电抗上的电压降落约为

$$\Delta U = \frac{QX}{U} \tag{1-3}$$

式中：Q 为输送的无功功率。在输送无功功率一定的情况下，电压降与输电系统电抗成正比、与系统电压成反比。

由式（1-2）和式（1-3）可知，减小压降，既可以通过提高系统的额定电压 U，又可以通过减小输电系统电抗 X 提高输送的有功功率 P。电抗 X 与频率 f 成正比，即 $X=2\pi f L$，L 为交流输电系统对应的电感值，因此降低频率可减小电抗 X，输送的有功功率也相应增大，电压降低。可见，在同等电压等级下，降低频率，线路等效电抗也相应减小，有利于降低线损和提高输送功率。

1.3.2　直流输电系统

直流输电主要采用高压直流（±330 ～ ±750kV）和特高压直流（±800kV 及以上）的输电方式，分别对应于高压直流输电（High Voltage Direct Current，HVDC Transmission）

和特高压直流输电（Ultra-High Voltage Direct Current，UHVDC Transmission）。

随着技术的发展，直流输电在电力系统中的应用越来越广泛。特别是在长距离、大容量输电，以及不同频率交流系统的互联等方面，直流输电具有独特的优势。例如，±800kV 特高压直流的输电能力可达 700 万 kW，是 ±500kV 超高压直流线路输电能力的 2.4 倍；我国的特高压直流输电工程，可以将西部的水电、风电等清洁能源远距离输送到东部负荷中心，减少了输电过程中的能量损失和对交流电网的干扰。

（1）高压直流输电（HVDC）与特高压直流输电（UHVDC）技术。HVDC 和 UHVDC 具有输送容量大、输电线路成本低、功率调节特性灵活、可实现区域电网异步互联等特点，在输电临界距离以上比交流输电更经济，已广泛应用于长距离输电、区域能源互联和可再生能源输送与并网等工程领域。

图 1-27 为高压直流输电原理图，采用晶闸管等半控型电力电子器件构成电流源型换流器 HVDC（current sourced converter based HVDC，CSC-HVDC），其换相依赖交流电网电压，因此也称为线路换相换流器 HVDC（line commutation converter based HVDC，LCC-HVDC）。尽管 LCC-HVDC 相比传统高压交流输电技术具有输电距离更远、容量更大、可实现潮流快速双向控制，以及异步电网互联等优势，但在实际运行中仍暴露出诸多不足。例如，需要吸收大量无功进行电流换相，当交流电网强度和网架结构比较薄弱时，易发生 LCC-HVDC 换相失败事故，需要交流侧提供换相电流；谐波含量高，需要配置滤波装置；无法向无源网络供电；基于 LCC-HVDC 技术构建的直流电网在进行潮流反转时，控制相当复杂，且 LCC 无法独立控制有功功率和无功功率，在构建直流电网时存在一定的局限性。

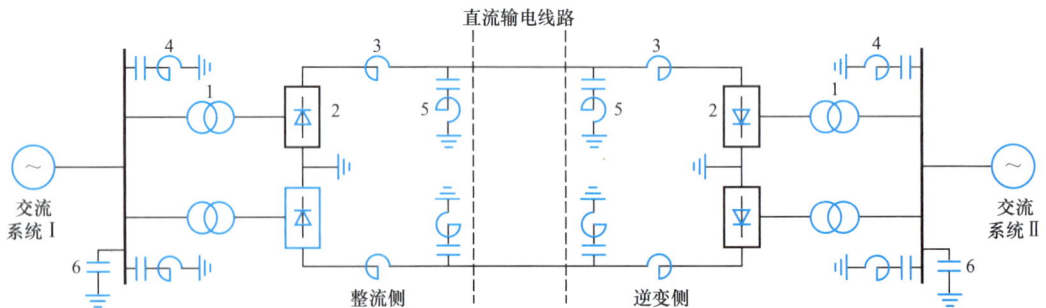

图 1-27 高压直流输电原理图

1—换流变压器；2—换流器；3—平波电抗器；4—交流滤波器；5—直流滤波器；6—无功补偿装置

（2）柔性直流输电（voltage source converter HVDC，VSC-HVDC）。1990 年加拿大学者首次提出了基于 PWM 的 VSC-HVDC 概念（柔性直流输电）；在此基础上，ABB 提出了轻型高压直流输电（HVDC light）概念，并于 1997 年 3 月在瑞典进行了第一例工业性试验。国际大电网会议（CIGRE）和 IEEE 将柔性直流输电统称为 VSC-HVDC。图 1-28 为两端接有源网络的 VSC-HVDC 系统原理图。

柔性直流输电具有潮流反转方便快捷，事故后可快速恢复供电和黑启动，向无源电网供电；受端系统可以是无源网络，无须滤波器提供无功功率；紧凑化与模块化设计，便于扩展至多端直流输电应用；双极运行，不需要接地极且无需注入地下电流等特点，适合向城市中心、弱交流系统和孤岛供电，并用于输送风电、光伏等可再生能源。

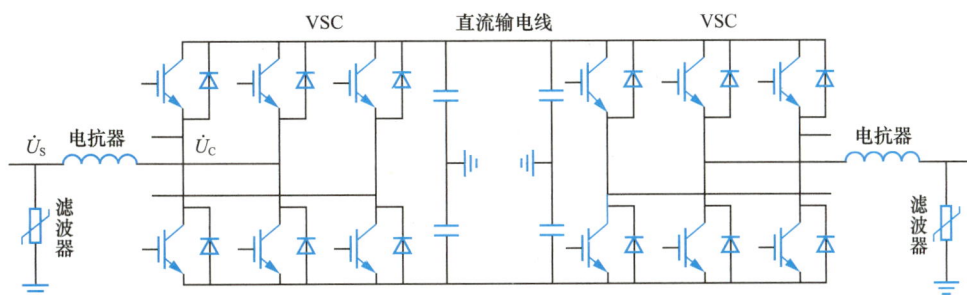

图 1-28　两端接有源网络的 VSC-HVDC 系统原理图

柔性直流输电具有很强的功率和电压调节能力，势必成为未来实现大规模清洁能源灵活稳定送出的主要方式。柔性直流输电已逐步由超高压发展至特高压，由端对端发展至多端和联网形式。特高压、大容量柔性直流输电系统具有灵活可控的特点，将成为解决大规模可再生能源并网问题的一种重要手段。

【课程思政案例 1-1】我国特高压输电工程及柔性直流输电工程

在中国，特高压输电技术的发展和应用已经成为全球电力工程技术的标杆。

（1）晋东南—南阳—荆门特高压交流工程。晋东南—南阳—荆门特高压交流工程是我国拥有自主知识产权的交流输电工程，也是世界上第一条投入商业化运行的 1000kV 输电线路。该工程连接了山西晋东南的煤电基地和河南、湖北等地的负荷中心，旨在实现长距离、大容量的交流电力传输。线路全长 654km，输电容量为 5000MW，2009 年 1 月 6 日正式投入运行。图 1-29 展示了 1000kV 晋东南—南阳—荆门特高压交流试验示范工程。

图 1-29　1000kV 晋东南—南阳—荆门特高压交流试验示范工程

该工程使用了 1000kV 特高压交流技术，具有世界领先的电力传输能力，配备了多种智能化设备，如先进的高电压开关、变压器和电力调度系统，提升了系统的稳定性和可控性。

（2）准东—皖南（昌吉—古泉）±1100kV 特高压直流输电工程。准东—皖南（昌吉—古泉）±1100kV 特高压直流输电工程是截至 2024 年年底世界上电压等级最高、输电线路最长、技术水平最先进、输电容量最大的特高压工程。该工程起点位于新疆昌吉自治州，终点位于安徽宣城市（古泉），途经新疆、甘肃、宁夏、陕西、河南、安徽 6 省（区）。线路全长 3324km，直流输电容量 1200 万 kW。图 1-30 展示了昌吉—古泉 ±1100kV 特高压直流输电工程古泉换流站。

图 1-30　昌吉—古泉 ±1100kV 特高压直流输电工程古泉换流站

该工程首次采用 ±1100kV 直流输电电压等级，实现了特高压输电技术在电压等级上的重大突破，刷新了世界电网外送负荷新高度。同时，项目研发并应用了一系列具有世界先进水平的特高压直流输电设备，如大容量换流变压器、±1100kV 特高压直流换流阀等，提高了输电系统的可靠性和效率。

（3）巴西美丽山特高压输电项目。该国家电网有限公司（下称国家电网公司）积极响应国家"一带一路"倡议，推动中巴能源合作的重要成果；是中国特高压技术首次走向海外的项目，也是整个美洲电压等级最高、技术最先进的国家级骨干输电项目，被誉为"巴西电力高速公路"。截至 2024 年，该项目累计输送清洁水电超 1800 亿 kWh 时，相当于节约标准煤超 6500 万 t，减排二氧化碳约 1.8 亿 t。

巴西美丽山特高压输电项目分为一期和二期，一期工程由国家电网公司与巴西国家电力公司联合中标，于 2017 年 12 月建成投运；二期工程由国家电网公司独立中标，于 2019 年 10 月建成投运。线路全长约 2539km，将巴西北部的清洁水电源源不断地输送到东南部负荷中心。

该项目采用 ±800kV 特高压直流输电技术，实现了远距离、大容量、低损耗的电力输送，让巴西直流输电电压等级从 ±600kV 提升至 ±800kV，巴西成为美洲第一个拥有特高压直流输电技术的国家。图 1-31 为巴西美丽山 ±800kV 特高压直流输电二期工程里约换流站俯瞰图。

图 1-31　巴西美丽山 ±800kV 特高压直流输电二期工程里约换流站俯瞰图

2023 年 12 月，国家电网公司再次中标巴西美丽山 ±800kV 特高压直流输电项目 30 年特许经营权，将新建 1468km±800kV 特高压直流输电线路、两端换流站和调相机以及相关交流配套工程，将巴西东北部和北部的风电、太阳能和水电等清洁能源打包汇集输送至巴西中部负荷中心，践行绿色发展理念，有力助推巴西能源清洁低碳转型，服务巴西经济社会发展。

（4）张北柔性直流电网工程。张北柔性直流电网工程是世界首个柔性直流电网工程，也是当时世界上电压等级最高、输送容量最大的柔性直流工程，额定电压为 ±500kV，输电线路（架空输电线）总长为 666km，于 2020 年 6 月 25 日成功通过调试试验和 168h 试运行，于 2020 年 6 月 29 日正式投运。图 1-32 为张北柔性直流电网工程

图 1-32　张北柔性直流电网工程示意图

示意图。该工程以柔性直流电网为中心，通过多点汇集、多能互补、时空互补、源网荷协同，为冀北地区构建高比例大规模新能源安全智能外送新路径，至 2024 年 5 月，张北柔性直流电网工程累计向京津冀地区输送超 300 亿 kWh 绿电，约等于 820 万户家庭一年的用电量。

◇◇ 习题

1．简述直流输电系统的基本工作原理及其主要组成部分。

2．简述特高压输电的优势。

3．典型的灵活交流输电装置有哪些？

4．简述交流输电系统和直流输电系统在传输效率方面的差异。

5．什么是分频输电技术？

6．什么是柔性直流输电技术？

1.4　新型电力系统与绿色电网

1.4.1　新型电力系统的概念

新型电力系统作为一个面向未来的能源供应体系，将推动能源结构的转型与升级，构建一个更加绿色、可靠、高效的能源供应网络。图 1-33 为新型电力系统图景展望。

新型电力系统正致力于构建源网荷储的新形态：在电源侧，新能源逐步成为发电量结构主体电源，同时电能与氢能等二次能源实现深度融合与高效利用；在电网侧，电网正朝着柔性化、智能化、数字化的方向全面演进，大电网、配电网、微电网等多种新型电网技术形态融合发展，电力与能源输送实现深度耦合与高效协同；在用户侧，推动着低碳化、电气化、灵活化、智能化的深刻变革，用户侧与电力系统建立起高度灵活和紧密互动的联系；在储能侧，构建覆盖全周期的多类型储能协同运行体系，使能源系统的运行灵活性得到大幅提升。

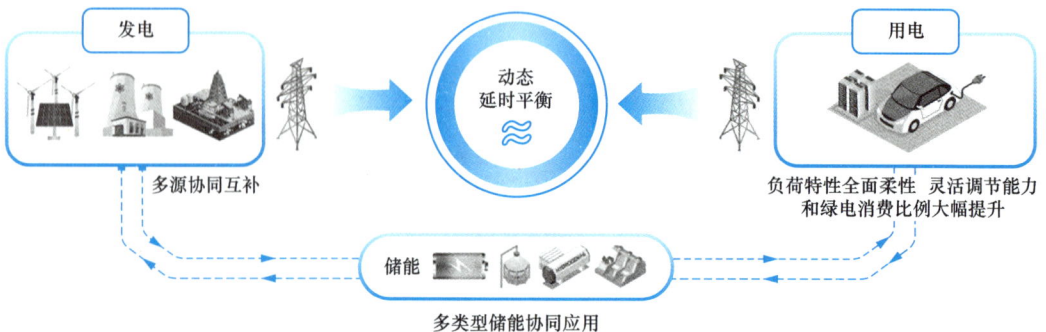

图 1-33　新型电力系统图景展望

新型电力系统不仅关注能源的生产与传输，更强调在保障安全稳定供应的同时，实现环境友好与经济效益的双重目标。因此，新型电力系统具有如下五大基本特征：

（1）清洁低碳。新型电力系统推动形成以清洁能源为主导、以电为中心的能源供给和消费体系。这包括大力发展可再生能源（如风能、太阳能、水能等），提高其在电力供应中的占比，减少对传统化石能源（如煤炭、石油等）的依赖，从而降低碳排放，实现能源消费的低碳化，助力应对气候变化和环境保护。

（2）安全充裕。新型电力系统具备可靠的电力供应能力。通过加强支撑性和调节性电源建设，保障电力的可靠供应。这包括增强各类电源的稳定性和可靠性，建设具备灵活调节能力的电源（如抽水蓄能电站等）及储能设施，以应对电力系统中可能出现的供需波动、突发事件等情况，确保电力系统在各种情况下都能安全稳定运行。

（3）经济高效。新型电力系统致力于提升整体的运行效率。这包括优化电力资源的配置，降低电力生产、传输和分配过程中的损耗；推动电力市场的建设和完善，通过市场机制促进电力企业提高效率、降低成本；采用先进的技术和管理手段，提高电力设备的利用效率和能源转化效率等，以实现电力系统经济效益的最大化。

（4）供需协同。新型电力系统强调多环节要素协调、多形态电网并存、多层次系统共营、多能源系统互联、需求侧潜力释放。通过智能电网技术实现对分布式电源、储能设备、电动汽车等多元化负荷的有效管理和调控，促进供需双方的实时互动和优化匹配，提高电力系统的灵活性和适应性，以应对日益复杂多变的电力需求和供应情况。

（5）灵活智能。利用现代信息技术，如大数据、云计算、物联网、人工智能、区块链等，对电力系统进行全面升级改造，使电力系统具备更强的感知能力、分析能力和决策能力，实现电力系统的灵活调节和智能化运行，提高电力系统的运行质量和效率。

1.4.2 新型电力系统的发展路径

《加快构建新型电力系统行动方案（2024—2027年）》提出了9项专项行动，旨在加快推进新型电力系统的构建，具体为：

（1）电力系统稳定保障行动。此行动致力于优化和加强电网主网架，确保电力供应的稳定与安全。通过提升新能源、电动汽车充电基础设施及新型储能等新型主体的涉网性能，以及推进构网型技术的应用，如主动支撑电网电压、频率、功角稳定等，来夯实电力系统稳定的物理基础。同时，持续提升电能质量，确保电力系统的可靠运行。

（2）大规模高比例新能源外送攻坚行动。此行动旨在提高新能源在输电通道中的电量占比，以适应新能源的快速发展。通过有序安排各类电源投产，并同步加强送受端网架，提升送端功率调节能力，确保新能源的高效外送。此外，开展新增输电通道先进技术的应用，如新型交直流输电技术，以降低配套煤电比例，实现高比例或纯新能源外送。

（3）配电网高质量发展行动。配电网作为电力系统的关键环节，其高质量发展对于提升供电能力和可靠性至关重要。此行动围绕供电能力、抗灾能力和承载能力提升，指导各省份能源主管部门编制配电网发展实施方案。同时，健全配电网全过程管理，包括新能源接网影响分析、可开放容量定期发布和预警机制等，以针对性提升新能源和电动汽车充电设施的接网能力。

（4）智慧化调度体系建设行动。智慧化调度体系是新型电力系统的重要组成部分。此行动加强智慧化调度体系的总体设计，推进调度方式、机制和管理的优化调整。同时，创新新型有源配电网调度模式，如主配微网协同调度，以提升配电网层面的就地平衡能力和对主网的主动支撑能力。

（5）新能源系统友好性能提升行动。此行动致力于提升新能源电站的系统友好性能，通过整合源储资源、优化调度机制和完善市场规则，提高风电、光伏电站的可靠出力水平。同时，改造升级已配置新型储能但未有效利用的新能源电站，建设一批提升电力供应保障能力的系统友好型新能源电站。

（6）新一代煤电升级行动。虽然新能源在电力系统中的占比不断提升，但煤电在保障电力供应和新能源消纳方面仍具有重要作用。此行动开展新一代煤电试验示范，探索与新型电力系统发展相适应的新一代煤电发展路径，推动煤电机组高效调节能力的提升，并应用低碳煤电技术路线降低煤电碳排放水平。

（7）电力系统调节能力优化行动。此行动通过建设一批共享储能电站和探索应用一批新型储能技术，优化电力系统的调节能力。针对部分地区新能源快速发展导致的系统调节需求快速提升问题，科学开展调节能力需求分析，确保电力系统的稳定运行。

（8）电动汽车充电设施网络拓展行动。随着新能源汽车保有量的大幅增加，对配套充电基础设施建设提出了更高要求。此行动完善充电基础设施网络布局，建立健全充电基础设施标准体系，以"两区"（居住区、办公区）和"三中心"（商业中心、工业中心、休闲中心）为重点，因地制宜布局公共充电基础设施，并扩大高速公路充电网络覆盖范围。

（9）需求侧协同能力提升行动。此行动通过开展典型地区高比例需求侧响应和建设一批虚拟电厂等措施，提升需求侧的协同能力。通过引导用户调整用电行为，实现电力供需平衡，提高电力系统的灵活性和稳定性。

综上所述，新型电力系统的发展路径为：

（1）电网发展方式上，由以大电网为主，向大电网、微电网、局部直流电网融合发展转变，推进电网数字化、透明化，满足新能源优先就地消纳和全国优化配置的需要。

（2）电源发展方式上，推动新能源发电由以集中式开发为主，向集中式与分布式开发并举转变；推动煤电由支撑性电源向调节性电源转变。

（3）营销服务模式上，由为客户提供单向供电服务，向发供一体、多元用能、多态服务转变，打造"供电＋能效服务"模式，创新构建"互联网＋"现代客户服务模式。

（4）调度运行模式上，由以大电源大电网为主要控制对象，源随荷动的调度模式，向源网荷储协调控制，输配微网多级协同的调度模式转变。

1.4.3　绿色电网的概念

绿色电网是指将节能、环保、高效、和谐等理念全面落实到电网的规划、设计、施工、运营等各个环节，实现效率最大化、资源节约化、环境友好化、管理智能化、与社会协调发展的电网。新型电力系统具有清洁低碳、安全充裕、经济高效、供需协同、灵活智能等特征，绿色电网则是实现这些特征的重要手段之一。绿色电网强调：

（1）清洁能源的接入与传输。绿色电网通过智能电网的建设和储能技术的应用，实现对可再生能源的高效接入和传输。绿色电网通过优化电网结构和运行方式，提高可再生能源的接入比例和利用率，实现清洁低碳的电力供应。

（2）电网的安全与稳定。绿色电网采用先进的技术和设备，提高电网的智能化和自动化水平，增强电网的故障预测和应对能力，实现对电网运行的全面监控和智能调度。

（3）电网的经济高效运行。绿色电网通过优化资源配置和降低运行成本，实现电网的经济高效运行。绿色电网通过提高电网的能效水平和运行效率，从而降低电网的运行成本和管理成本，为用户提供更加优质的电力服务。

（4）电网的供需协同管理。绿色电网通过需求响应技术的应用，实现对电力供需的精准匹配和动态平衡。绿色电网通过智能电能表和智能家居等设备的应用，引导用户合理用电，实现电力资源的合理分配和高效利用，从而提高电力系统的整体效率。

【课程思政案例 1-2】中国绿色电网实践

在推动全球能源转型和实现绿色可持续发展的背景下，国家电网公司与南方电网公司作为中国能源领域的领军企业，积极践行绿色发展理念，通过构建特高压网架来推进绿色电网建设，为经济社会发展提供了清洁、高效、稳定的电力供应。国家电网公司与南方电网公司通过构建横跨东西、纵贯南北的特高压输电网络，建成了"西电东送、北电南供、水火互济、风光互补"的能源运输"主动脉"（如图 1-34 所示），增强资源优化配置能力，促进能源清洁低碳转型。

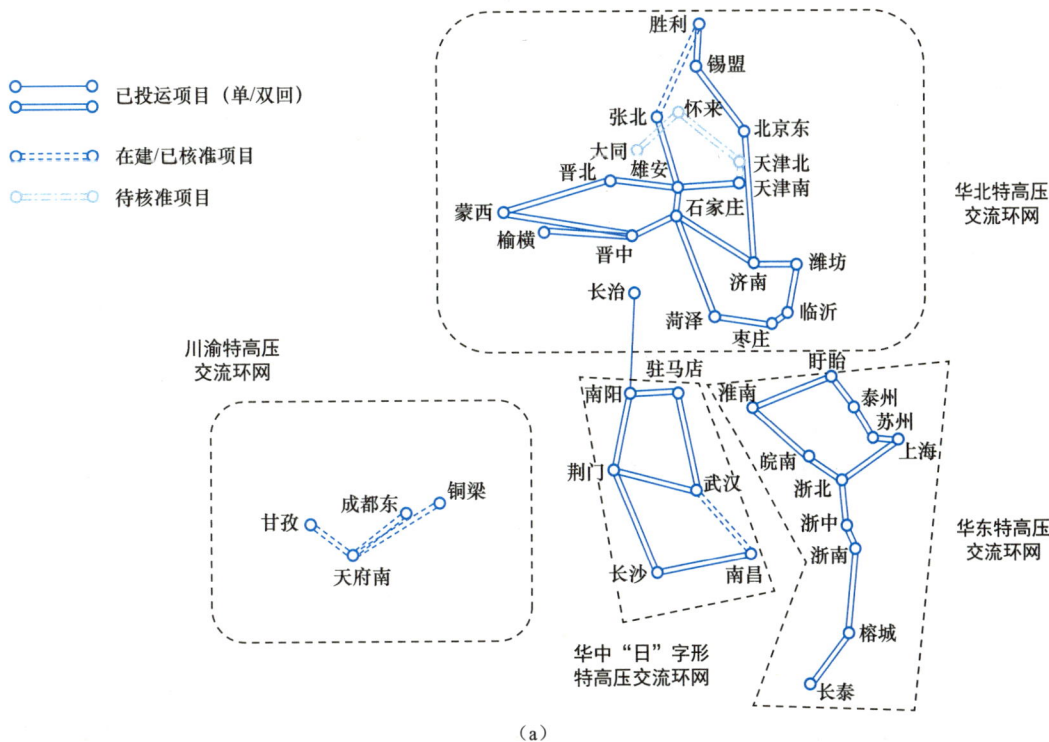

（a）

图 1-34　"西电东送、北电南供、水火互济、风光互补"绿色电网（一）

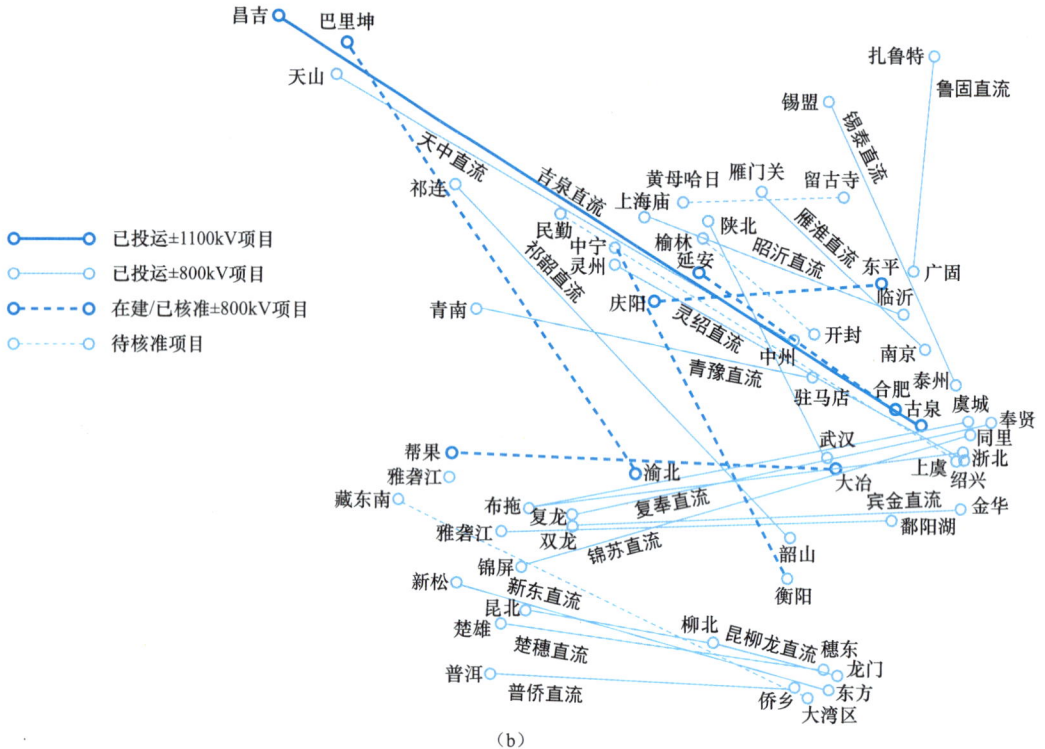

图1-34 "西电东送、北电南供、水火互济、风光互补"绿色电网（二）
（a）中国特高压交流输电工程；（b）中国特高压直流输电工程

中国持续完善特高压和各级电网网架，支撑大型电源基地集约化开发利用，推动新能源"量""率"协调发展，持续发挥特高压骨干网架大范围优化配置资源作用。"西电东送、北电南供"规模不断扩大，国家电网公司与南方电网公司极大地保障了电力安全可靠供应，提升清洁能源优化配置和消纳能力，助力区域环境质量改善，推动能源清洁低碳转型。

例如，2022年12月30日，由白鹤滩—浙江、白鹤滩—江苏 ±800kV 特高压直流工程组成的白鹤滩水电站电力外送通道工程全面投产，绿色电能从金沙江水库输送至华东区域只需 7ms。该外送通道工程每年可向华东输电超 600 亿 kWh，替代燃煤 2700 万 t，减少二氧化碳排放 4900 万 t。

宁夏—湖南 ±800kV 特高压直流工程于 2023 年 6 月 11 日开工建设。这是我国首条以清洁能源输送为主的电力外送通道，也是首条"沙戈荒"外送特高压直流工程，将构建起大型风光电基地、支撑煤电、特高压线路"三位一体"的新能源供给消纳体系样板。

±800kV 滇西北至广东特高压直流输电工程跨越云南、贵州、广西、广东四省区，线路全长约 1953km，输送容量 500 万 kW。该工程的意义重大，一方面提高了澜沧江上游电能外送能力，新增云南省电能外送能力 500 万 kW，每年可向广东输送电量约 200 亿 kWh，相当于深圳全年用电量的四分之一；另一方面，有效缓解了珠三角地区环境压力，珠三角地区每年可减少煤炭消耗 640 万 t、二氧化碳排放量 1600 万 t、二氧化硫排放量 12.3 万 t，有力促进了地区经济持续健康发展和低碳经济发展。

乌东德电站送电广东广西特高压多端柔性直流示范工程简称"昆柳龙直流工程"，是世界上首个特高压多端柔性直流工程。它在技术方面，创造了 19 项世界第一，形成了自主知识产权体系；在能源输送与结构优化方面，每年新增 800 万 kW 西电东送通道能力，可输送西部清洁水电 330 亿 kWh，提升了南方电网西电东送总能力，优化了南方五省区的能源结构，增加了清洁能源占比。

截至 2023 年年底，国家电网公司已累计建成"17 交 16 直"特高压工程，在运在建 37 项特高压工程线路长度达到 4.9 万 km。国家电网公司通过特高压电网已累计送电超过 3 万亿 kWh，相当于减少发电用煤 13.5 亿 t，减排二氧化碳 24.4 亿 t、二氧化硫 2400 万 t、氮氧化物 2115 万 t。南方电网公司规划在 2030 年前形成"五交二直"的特高压网络，提高西电东送能力，更好地满足南方地区日益增长的电力需求，促进能源资源在更大范围内的优化配置。

特高压直流输电工程和特高压交流输电工程构建的绿色电网骨干网架充分发挥了电网桥梁纽带作用，为清洁能源发展提供坚强网架支撑，更好地促进了能源生产清洁化、能源消费电气化、能源利用高效化。

◇ 习题

1. 新型电力系统的特征有哪些？
2. 简述新型电力系统的发展路径。
3. 简述加快构建新型电力系统的 9 项专项行动。
4. 简述绿色电网建设的核心目标及其对环境保护的积极意义。
5. 简述新型电力系统中储能技术的作用及其发展趋势。

参 考 文 献

[1]　范瑜. 电气工程概论 [M]. 3 版. 北京：高等教育出版社，2021.
[2]　罗毅. 电气工程基础 [M]. 北京：高等教育出版社，2020.
[3]　王锡凡，等. 分频输电系统 [M]. 北京：科学出版社，2025.
[4]　王志新，李兵，王秀丽，等. 电力新技术概论 [M]. 北京：中国电力出版社，2023.
[5]　《新型电力系统发展蓝皮书》编写组. 新型电力系统发展蓝皮书 [M]. 北京：中国电力出版社，2023.

第 2 章

绿 色 低 碳 发 电 技 术

随着能源需求的不断增长和环境保护意识的日益增强，可再生能源的开发与利用已成为全球关注的热点。可再生能源作为自然界中可持续产生的能源，不仅资源丰富、分布广泛，而且对环境友好，是实现能源可持续发展和应对气候变化的重要途径。本章将深入探索可再生能源发电技术的奥秘，重点介绍风力发电、太阳能发电、核电、水电及其他可再生能源的基本原理、技术特点和应用现状。通过本章的学习，读者将深入了解当前主要的可再生能源发电技术，包括风力发电、太阳能发电、核能、水力发电等技术的基本原理和发展趋势。

本章内容精心构建了四个核心章节，旨在全面剖析绿色低碳发电领域的关键技术与最新进展。2.1 节"风力发电"将带读者走进风的世界，了解风力如何驱动涡轮旋转，进而点亮万家灯火；2.2 节"太阳能发电"聚焦于太阳这一无尽能源宝库，揭示光伏与光热转换的奥秘，展现太阳能电力的无限可能；2.3 节"水力发电及其他可再生能源"不仅回顾了历史悠久的水力发电技术，还拓展了生物质能、地热能等多样化的可再生能源利用方式，展现了可再生能源家族的丰富多彩；2.4 节"核电"聚焦于核电站系统和先进核能发电技术，展现了核电技术在实际应用中的卓越成效与面临的挑战。通过本章的学习，读者不仅能够掌握可再生能源发电的基本原理与关键技术，还能深刻理解这些技术在促进能源结构转型、应对气候变化方面的重要作用。

2.1 风 力 发 电

在全球能源转型的大背景下，风力发电作为可再生能源领域的重要组成部分，占据当前全球可再生能源装机容量的 30% 以上，对能源生产与消费模式有着深刻影响。本节内容从风能资源及风力发电技术的基础知识出发，逐步展开至风力发电的工作原理，完整的风力发电系统构成，海上风电的开拓与挑战，以及风电产业的崛起如何推动电力企业的战略转型与升级。

2.1.1 风能资源及风力发电技术

（1）风能。风能是空气流动产生的动能。由于太阳辐射差异，赤道地区温度较高，暖空气上升后向极地方向流动；极地冷空气则沿地表向赤道方向流动，形成气压差，从而产生风能。风能是一种可再生清洁能源，具有能量密度低、风向风速多变的特点。全球风能资源丰富，占太阳辐射总能量的 0.2%，其中可用于发电的风能约 10000GW。我国风能储量达 1000GW，其中陆地约 253GW，海上约 750GW，具有巨大的开发潜力。

（2）风力发电技术。风能利用是将风的动能转化为机械能，再转化为其他形式的能量。现代社会风能的主要利用方式是风力发电，即通过风力机将风能转化为电能。风力发电的形式主要有三种：

1）独立式。采用中小型风力发电机为小型点位、单户或几户居民提供电力。为弥补无风情况下的电力缺失，通常配备容量适当的蓄电池。

2）混合式。风力发电与其他发电形式（如柴油发电、太阳能发电等）结合，无需蓄电池。当风力不足时，其他能源形式可以补充电能，适用于工业园区、中小型单位、小村庄、远离陆地的岛屿甚至极区。

3）并网式。风力发电接入常规电网，以向电网输送电能。风力发电站或发电场多采用这种形式，现成本逐渐降低，具备与传统发电方式竞争的能力，是风力发电未来发展的主要方向。

图 2-1 为典型的变速变桨距控制双馈风力发电机组的组成结构。

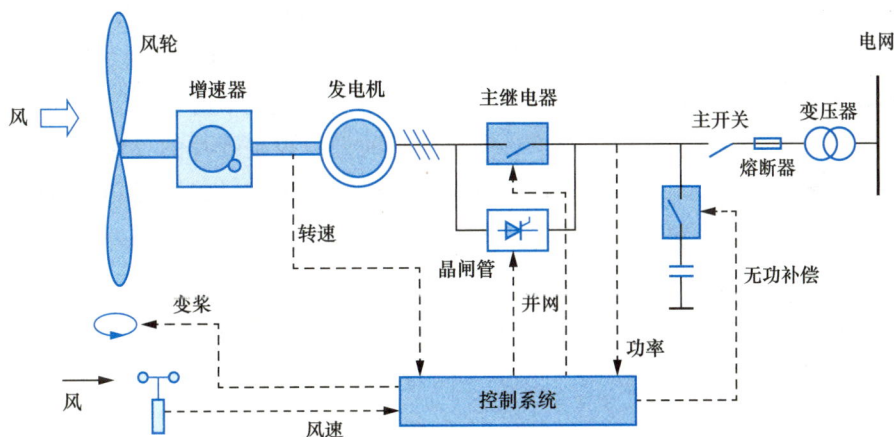

图 2-1 变速变桨距控制双馈风力发电机组的组成结构

2.1.2 风力发电原理

（1）风力机工作原理。风力机的工作原理与飞机机翼类似。飞机机翼设计为弯曲流线型，通过气流速度差产生升力，推动飞机上升。风力机叶片形状类似机翼，利用风力驱动旋转，将气流产生的压力差转化为机械能。不同之处在于，飞机由发动机驱动螺旋桨产生升力，而风力机直接通过风力驱动叶片旋转。风力机叶片的受力情况涉及风速与叶片旋转速度的合成速度，产生垂直于合成速度的升力和与之平行的阻力，如图 2-2 所示。升力 L 和阻力 D 一般用式（2-1）、式（2-2）表示

$$L = C_L \frac{\rho v^2 A}{2} \tag{2-1}$$

$$D = C_D \frac{\rho v^2 A}{2} \qquad (2\text{-}2)$$

式中：C_L 为升力系数；C_D 为阻力系数，其值由攻角决定，是一个重要参数；v 为叶片相对于气流的合成速度；ρ 为空气密度。

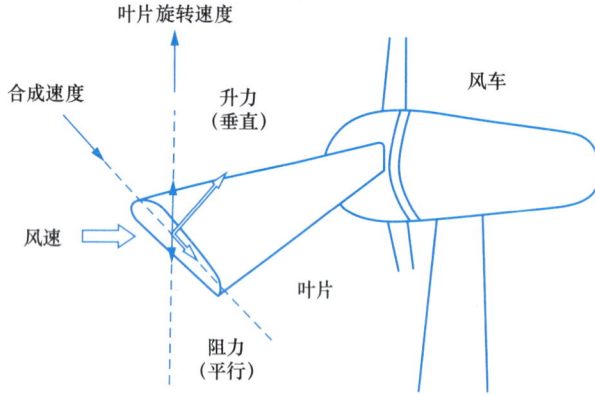

图 2-2　叶片的受力

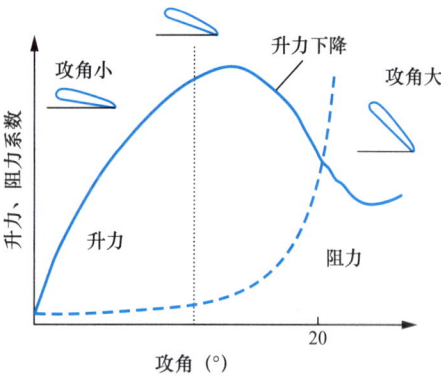

图 2-3　攻角 α 与升力和阻力之间的关系

图 2-3 为攻角 α 与升力和阻力之间的关系。由图可知，升力和阻力随攻角的变化而变化，升力在攻角上升到某值时会下降，因此可利用变桨控制的方法控制叶片的攻角。变桨控制系统不仅可以控制风力机的输出功率，而且在强风出现时，可及时调整变桨角，减少风压或停机以保证风力机的安全。

（2）风力发电输出功率。风力发电输出功率可表示为

$$p = \frac{1}{2}\rho \pi r^2 v^3 C_p \eta_g \eta_c \qquad (2\text{-}3)$$

式中：r 为叶片的半径，单位为 m；v 为风速，单位为 m/s；ρ 为空气密度；C_p 为风力机效率（又称输出功率系数）；η_g 为发电机效率；η_c 为齿轮箱效率。

由式（2-3）可见，叶片的半径、风速的变化对发电输出功率影响较大。

图 2-4 展示了风力发电输出功率与风速和叶片半径的关系。当风速增加至原来的 2 倍时，输出功率会增加到原来的 8 倍，而当叶片半径增加至原来的 2 倍时，输出功率增加到原来的 4 倍。提高风力发电功率的主要方法是利用更高风速和扩大受风面积。增加叶片半径和提升风力机高度可有效提高发电量。随着技术进步，风力发电单机容量已超过 8MW，风力发电大型化成为发展趋势。

（3）风力发电的输出功率特性。图 2-5 所示为风力发电的输出功率特性，表示风速

与风力机的输出功率之间的关系。切入风速为 3 ～ 4m/s，是开始发电的最低风速；额定风速为 11 ～ 12m/s，是风力机的额定输出功率时的风速；切出风速为 25m/s，是发电的最大风速，超过此风速时应停止发电，并使风力机处于停止状态。

图 2-4　风力发电输出功率与风速和半径的关系

风速不超过额定风速时，风力机的输出功率与风速的三次方成正比；超过额定风速后，变桨控制系统开始工作并释放风能，以保证风力机处在额定输出功率状态。

风力机的转速通常为 9 ～ 20（rad/min）。而发电机需要更高的转速（如 1500rad/min），因此通过齿轮箱等增速机构将风力机转速提升至匹配发电机的运行要求。

（4）风力机的转换效率。利用风力机对风能进行转换，其转换效率由于受一些因素

图 2-5　风力发电的输出功率特性

的影响不可能达到 100%，一般用输出功率系数 C_p 来表示，即风力机所获得的能量与通过风力机的风能之比。输出功率系数的理论最大值为 0.593（理论效率为 59.3%）。

在将风能通过叶片转换为机械能的过程中，由于叶片旋转时的摩擦和振动会造成一定的能量损失，同时叶片翼端还会产生涡流损失，因此，风力机能够实际利用的风能约 40%。直径 90m 左右的大型风力机的发电输出功率可达 3MW，但在实际应用中，无风时输出功率为零，低于额定风速时风力机不能达到额定输出功率，因此，实际效率一般低于理论效率。

一般来说，输出功率系数在 0.3 ～ 0.5。对于不同直径的风力机来说，风速不同则风力机的输出功率也不同。

叶尖速比是指风力机叶片尖部的速度与风速之比，由式（2-4）表示

$$\lambda = \frac{\omega R}{v} = \frac{2\pi n R}{v} \qquad (2\text{-}4)$$

式中：ω 为风力机的旋转角速度，单位为 rad/s；R 为转子半径，单位为 m；n 为风力机每秒的转速，单位为 rad/s。

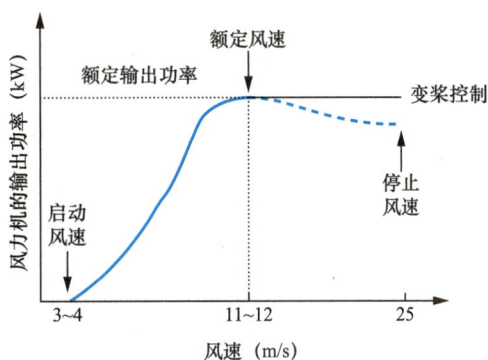

与其他风力机相比，桨叶型风力机的输出功率系数和叶尖速比较大，所以桨叶型风力机适用于高速旋转的场合。风力机的输出功率系数与叶尖速比的关系见图 2-6。

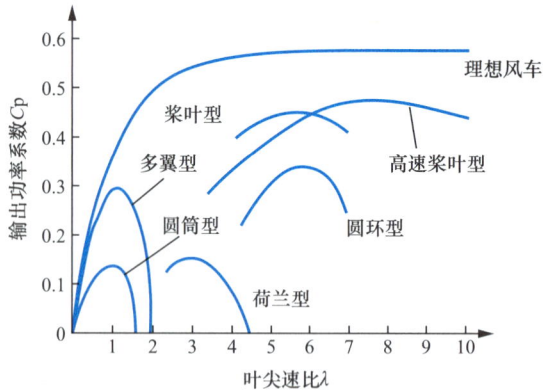

图 2-6　风力机的输出功率系数与叶尖速比的关系

2.1.3　风力发电系统

（1）风力发电系统的基本构成。图 2-7 展示了桨叶型风力发电系统的构成。该系统主要包括叶片、转轴、动力传导轴、加速器、塔架、发电机、变流器（图中为"变电装置"）、控制装置、系统保护装置和变压器等部分。

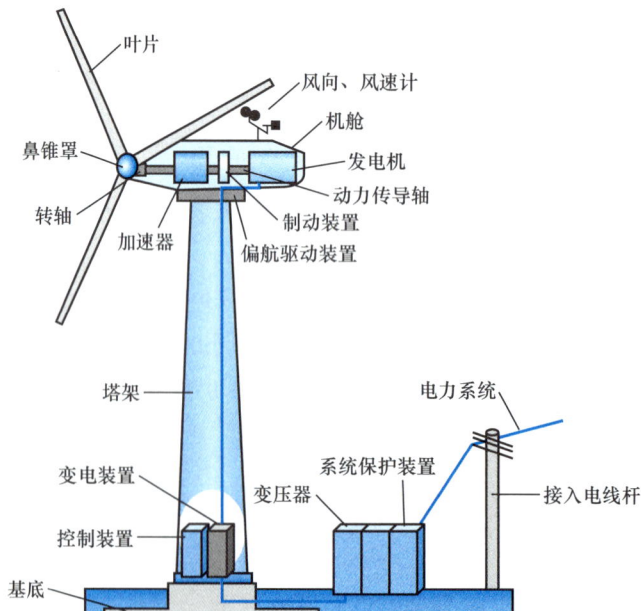

图 2-7　桨叶型风力发电系统的构成

1）能量转换部分。能量转换部分主要由叶片、叶轮、发电机和传动装置组成。叶片将风能转化为旋转能量，进而驱动发电机发电。它通常由轻质高强度材料制成，长度可超过 175m。常见的叶片数量为 1 ～ 3 片，叶轮固定叶片，将旋转力矩传递给旋转轴。

发电机将旋转机械能转化为电能。动力传导轴连接风车与发电机，负责传递能量并提高转速，以匹配发电机的运行需求。

2）控制部分。控制部分包括偏航控制、叶片变桨控制、发电机控制和系统保护装置。偏航控制确保风车轴线与风向一致；变桨控制调整叶片桨距角，优化功率输出并保护风车安全；系统保护装置负责风力发电与电网的并网及系统保护与监测。

3）辅助部分。辅助部分包括用于支撑风力机和发电机等设备的塔架等。随着风力机大型化，塔架高度也在增加，以便捕获更强的风速。

4）增速机构。风车主轴的转速较低，为满足发电机的转速需求，通常通过增速机构提高转速至 1500rad/min。增速机构以齿轮为核心部件提高转速，从而适配发电机的并网转速。根据内部传动链的不同，风电齿轮箱可以分为平行轴结构、行星齿轮箱及它们的组合形式（平行轴 + 行星）复合齿轮箱。此外，根据传动的级数，风电齿轮箱又可分为单级和多级齿轮箱。图 2-8 为增速机构的构成。

图 2-8 增速机构的构成

（2）风力发电系统的控制方式。风力发电系统根据发电机种类、并网方式以及是否使用增速机构等分为几种类型，主要包括定速风电机组和变速恒频风电机组，其中变速恒频风电技术包含两种主要机型，即基于同步发电机全功率变换的变速恒频风电机组和基于感应发电机的部分功率变换风电机组。

1）基于感应发电机的定速风电机组。图 2-9 为基于感应发电机的定速风力电机组，主要由风力机、感应发电机、增速机构、变压器、断路器等构成。风车采用固定翼叶片，无需进行变桨控制。发电机采用笼型感应发电机，可直接与电网并网，风车跟随系统的频率，保持近似恒定的转速运行。

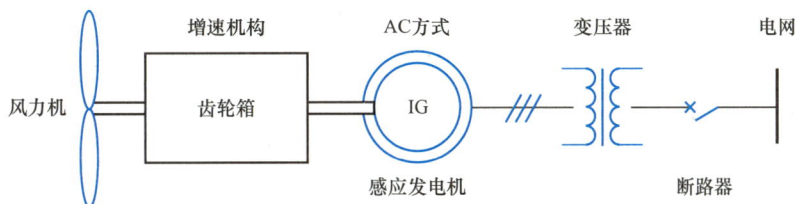

图 2-9 基于感应发电机的定速风电机组

2）基于同步发电机全功率变换的变速恒频风电机组。图 2-10 为同步发电机直流
（DC）方式的风力发电系统，主要包括风力机、同步发电机、整流器、逆变器、变压器
和断路器等组件。该系统采用了可变桨控制的可动翼叶片，通过整流器和逆变器构成的
直流方式，省去了增速机构。风力机驱动多极同步发电机，产生的电能通过整流器转为
直流，再通过逆变器转换为交流电，实现并网。

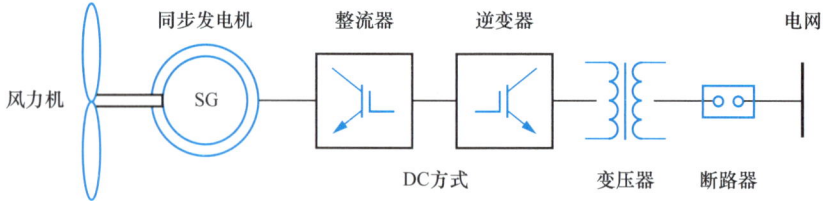

图 2-10　基于同步发电机全功率变换的变速恒频风电机组

3）基于感应发电机的部分功率变换风电机组。图 2-11 所示为可变速感应发电机交
流（AC）方式的风力发电系统。它采用可动翼叶片并支持变桨控制。该系统使用绕线
型可变速感应发电机，通过低频励磁电流控制转子转速。通过调节叶片角度和转子励
磁，系统可灵活控制转速和功率输出，提升风能利用效率，减缓机械和电气冲击，改善
并网特性与电能质量。此外，系统能根据风速变化调节风力机叶片和发电机转速，提高
转换效率。整流器和逆变器用于为转子提供励磁电流，通过调节励磁，减少并网时对电
网的影响。

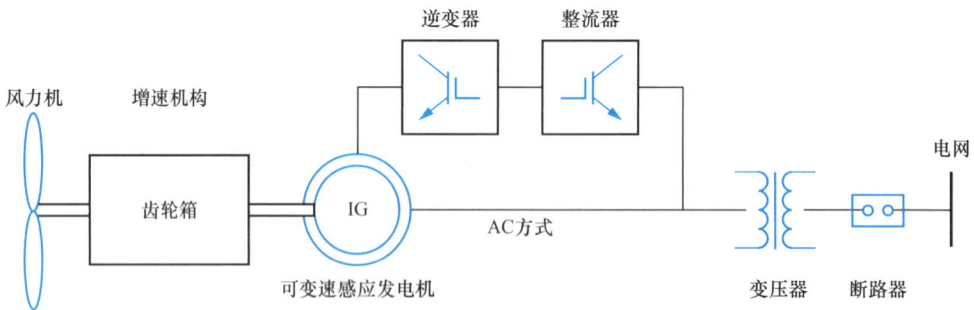

图 2-11　基于感应发电机的部分功率变换风电机组

2.1.4　海上风电

（1）海上风电概述。海上风电是通过在海上建设风电场来实现发电的一种方式，代
表了全球风电发展的最前沿技术。相较于陆上风电，海上风电具有显著优势：

1）海上资源丰富。海上风的风速高、功率密度大，有助于提升发电效率和风电利
用小时数。

2）节省陆地空间。不占用陆地资源，避免了与农业、住宅等其他陆地用途的冲突，
适合土地资源紧张或人口密集地区。

3）环境影响较低。远离居民区，对居民生活影响较小，减少与人类活动产生的
冲突。

此外，我国负荷中心大多位于东部沿海地区，发展海上风电可为供电需求高的沿海城市提供大量清洁能源，不仅可以缓解电力需求高峰时段的电网负荷，还可大幅促进风电的消纳。

然而，海上风电也存在不足：

1）技术要求与建设成本高。需要应对复杂的海洋环境，如洋流、波浪、盐雾、台风等，施工难度和建设成本显著增加。

2）运维成本高。海上风电场整体的运维成本远高于同等装机容量的陆上风电场。

3）自然环境复杂。海上风电机组易受风、浪、流联合作用影响，高湿、高盐环境加剧叶片腐蚀，海底地形复杂，台风等极端天气给机组安全运行带来更大挑战。

当前，海上风电并网接入问题是海上风电项目面临的主要挑战。海上风力发电具有不稳定性和不可预测性，这使得并网过程变得更加复杂。然而，随着技术的持续进步和政策的有力支持，预计这一问题将逐步得到有效解决。海上风电并网示意图如图 2-12 所示。

图 2-12 海上风电并网示意图

我国海上风电的建设尚处于起步阶段，大多数项目依赖现有的运输船只、打桩设备和吊装设备，导致设备造型优化空间有限。然而，随着海上风电项目的逐步推进，我国施工能力将不断提升，为设计优化提供更多空间。此外，随着生产规模的扩大，海上风电机组及配套零部件的价格将逐渐下降。施工技术的成熟、建设规模的扩大和施工船机的专业化，预计将大幅降低海上风电的施工成本。未来，海上风电设计、施工和运维等领域将积累丰富的经验，为行业的可持续发展奠定基础。

（2）海上风电机组。海上风力发电机（见图 2-13）需应对高盐雾、台风等挑战，设计考虑海洋适应性、海床基础、防腐密封、抗台风能力、可靠性及可维护性，确保高效稳定运行，推动绿色低碳能源发展。

图 2-13　海上风力发电机

1）采用单机容量更大的机组。为了充分利用海上的风资源，海上风电场通常采用单机容量较大的风力发电机组（简称风电机组）。随着机组容量的增加，叶片长度和风轮扫风面积也会增大，从而提高风能转换效率。此外，齿轮箱和发电机的尺寸也会相应增大。海上风电的运输不受陆上运输尺寸限制，这有助于使用更大容量的机组。早期的海上风电机组容量为 3～6MW，目前主流的海上风电机组容量为 8MW。大型化是降低海上风电度电成本的有效方式，目前我国走在海上风电机组大型化的前列，多家风电制造商已生产出 10MW 以上的风电机组，部分制造商已经生产出 20MW 以上的机组。

2）通过载荷条件选择合适的机组。风载荷是海上风力发电机组的关键环境载荷，海上风电机组的叶轮结构使其承受较大的风载荷，并对支撑结构产生倾覆力矩。风载荷的计算需要考虑风电场模拟和载荷机制。水动力载荷（波浪、洋流和海冰载荷）对塔筒的影响也很重要，影响因素包括水流、密度、水深和支撑结构形状。水动力载荷可能导致支撑结构振动，降低塔架的固有频率。风电机组还会产生运行载荷，如发电机转矩控制、偏航、变桨调节和机械制动。设计时还需考虑船只停靠载荷，特别是地震区域的海上固定式风电机组需要进行地震载荷校验。风力发电机组的载荷计算可依据 IEC 61400-1：2019《风力发电系统 第 1 部分：设计要求》和 IEC 61400-13：2015《风力发电机 第 13 部分：机械载荷的测量》，表 2-1 列出了 IEC 61400-1 风力发电机组基本参数，可用于风电场选型和设计标准认证。

表 2-1　　　　　　　IEC 61400-1 风力发电机组基本参数等级

风电机组等级		I	II	III	S
50 年内最大风速（m/s）		50	42.5	34.5	由设计者制定
湍流强度参考值	A	0.16			
	B	0.14			
	C	0.12			

3）海上风力发电机组的基础选型与设计。海上风力发电机组承受的动态载荷比陆

上机组大，且长期的动态载荷可能导致结构疲劳。因此，基础选型与设计时需考虑地基载荷情况。除了风载荷外，还需承受波浪和洋流作用，考虑到风力发电机组高耸结构特征，基础设计需要符合高耸物结构的要求。其中海上风电可根据风电机组的基础形式分为以下几种类型：

a. 固定式风电机组，适用于浅水区域，通常通过固定的钢结构塔基安装在海底。

b. 漂浮式风电机组，适用于深水区域，通过浮动平台和锚链使风机漂浮在海面上。

这些技术的进步推动了全球海上风电的发展，并为能源转型和低碳经济做出了贡献。

（3）深远海风电。海上风电作为可再生能源的重要组成部分，因其众多优势已成为能源结构转型的关键驱动力。同时，随着近海资源的逐步开发，深远海风电成为未来发展的重点，是未来风电规模化发展的主要方向。

1）深远海风电概述。深远海风电是指在水深大于50m、离岸距离大于70km的深水区域开发的海上风电项目。与传统的近海风电相比，深远海风电场的建设面临着更加复杂的环境挑战。由于位于远离海岸的深水区，深远海风电场不仅需要应对更加严酷的海洋环境，还需解决海浪、风暴、深水基础设施等一系列问题。

深远海风电的主要优势在于能够开发更丰富的风能资源。在深远海区域，风速通常较大且更加稳定，这使得深远海风电机组能够在较长时间内提供较高的电力输出。因此，深远海风电具备高效率的潜力。此外，与近海风电相比，深远海风电场远离陆地，能够减少对海洋生态系统和渔业资源的影响，从而实现可持续发展。

尽管深远海风电具有巨大的资源潜力，但在实施过程中仍需克服一些技术难题。首先，深水环境对风电机组基础结构提出了更高要求。在较深的水域中，传统的固定式基础难以应用，因此需要采用新的基础结构，如张力腿平台和半潜式平台。

此外，深远海风电还面临电力传输的问题。由于远离陆地，深远海风电场的电力传输距离较长，输电损耗较大。因此，需要采用高效的海底电缆系统和升压站，以提高电能的传输效率。近年来，高压直流（HVDC）、柔性低频输电（LF-HVAC）等创新技术的应用，能够减少传输损耗，提高远程电力传输的经济性和可靠性。

最后，深远海风电项目的建设和运营成本较高。深水基础设施和浮动平台的建设需要大量资金和技术投入。为降低这些成本，许多国家和企业正在推动技术创新，探索新的建设方法和运营模式。例如，一些项目正在研究如何将风电机组的生产和维护工作进行模块化和标准化，以降低成本并提高运营效率。

2）深远海风电关键技术。

a. 海上风电机组支撑技术。海上风机支撑结构是支撑风力发电机组在海面或海底稳定运行的基础设施，是海上风机支撑技术的关键。根据海域水深的不同，海上风电支撑结构主要分为固定式基础和浮动式基础两大类。海上风电支撑结构的分类及介绍见表2-2。深远海风电开发的核心技术之一是漂浮式基础，与固定式基础相比，漂浮式风机可以在水深超过50m的海域部署，突破了传统技术的限制。漂浮式基础利用先进的浮体结构和系泊系统，确保风机在海上安全稳定运行，即使在恶劣的海况下也能持续高效地发电。

表 2-2　　　　　　　　　海上风电支撑结构的分类及介绍

支撑结构类型		描述	优点	缺点	适用水深 /m	示意图
固定式基础	单桩式	单根钢管桩直接打入海床，支撑风机塔筒	结构简单，安装方便，成本较低	适用于较浅水域，抗风浪能力有限	5～30	
	重力式	依靠自身重量固定在海底，通常由混凝土或钢制成	无需复杂安装设备，稳定性好	对海床地质条件要求高，运输和安装成本较高	5～30	
	三脚架式	由三根钢管桩和中心柱组成，中心柱支撑风机塔筒	稳定性强，适用于中等水深	结构复杂，安装难度较大，成本较高	20～40	
	导管架式	由多个钢管桩和上部框架组成，通过焊接或螺栓连接	稳定性高，适用于较深水域	制造和安装成本高，施工周期长	20～50	
漂浮式基础	半潜式	通过浮筒和锚链系统保持稳定，风机安装在浮筒上	适用于深水区域，安装灵活，对海床条件要求低	成本较高，受波浪影响较大，稳定性需进一步优化	50～200	

支撑结构类型		描述	优点	缺点	适用水深 /m	示意图
漂浮式基础	张力腿式	通过张力腿（垂直锚链）将平台固定在海底，减少平台运动	稳定性高，适用于深水和恶劣海况	设计和安装复杂，成本较高	50 ~ 300	
	单柱式漂浮	单根大型浮筒支撑风机，通过锚链固定	结构简单，适合深水区域	受波浪影响较大，稳定性需进一步优化	50 ~ 200	
	驳船式	类似于船体结构，通过锚链固定在海床上	安装简单，适合深水区域	稳定性较差，受波浪影响较大	50 ~ 150	

b．大型化风电机组设计。深远海风电场为了充分利用丰富的风资源，通常采用单机容量较大的风力发电机组。目前，常见的海上风电机组容量为 3 ~ 6MW，但已有显著趋势向更大容量发展，普遍采用 10MW 以上的风力发电机，部分项目更是采用了 15 ~ 20MW 的超大型风力发电机。这种大型化不仅体现在容量的提升上，还伴随着叶片长度和风轮扫风面积的增大，进而显著提高了风能转换效率。同时，齿轮箱和发电机的尺寸也随之增大。海上风电场不受陆上运输尺寸限制的优势，进一步促进了更大容量机组的应用。

c．海上风电智能化运维。海上风电运维是指对海上风力发电设施进行的一系列维护、运营和管理活动，以确保风力发电设施的安全、稳定和高效运行，以最大化电力产出并延长设施的使用寿命。深远海风电场的运维成本较高，无人机、智能维修机器人等智能化技术的应用可显著提升运维效率，降低故障率和运营成本。

d．高压直流输电技术。深远海风电场的电力输送依赖于长距离海底电缆，采用柔性直流输电技术可以减少电力损耗，实现高效且稳定的电力传输，尤其适合于深远海风电等远距离、大规模输电场景。相较于工频交流输电和普通直流输电，柔性直流输电在80～300km 海域内的海上风电汇集送出方面具有显著的经济性。

目前，我国柔性直流输电技术已迈入特高压时代，处于全球领先地位。在远距离、大规模传输方面，柔性直流输电相较于三相交流输电的优势主要体现在两方面：①输电能力更强且仅需要 2 根输电海缆，可以减少电缆使用量，从而显著降低输电工程成本；②其"柔性"特性，即高度的可控性和适应性，能够更好地满足海上风电的控制与并网需求。

e. 潮间带发电技术。潮间带发电是利用海洋潮汐能或潮流能进行发电的一种新兴技术。潮间带是指海水涨落过程中暴露或淹没的区域，这里蕴含着丰富的能量。潮间带发电主要包括潮汐能和潮流能两大类。潮汐能发电是通过在潮间带建设潮汐坝或潮汐泵站，利用潮汐涨落产生的水位差驱动涡轮机发电。这种方式具有可预测性强、环境影响较小的优点，但其建设成本较高，对地理条件要求严格。潮流能发电则是利用潮间带的潮流在水中安装潮流涡轮，通过潮流运动推动涡轮旋转发电。潮流能发电装置适用于潮流速度较高的区域，具有较好的能源利用效率和环境适应性，但技术尚处于发展初期，需要进一步提高设备的耐久性和经济性。

总体来说，潮间带发电作为海洋能源的重要补充，具有巨大的开发潜力和广阔的应用前景。它不仅能丰富区域能源结构，还有助于缓解能源供需矛盾、推动海洋经济发展，同时也为实现可持续发展目标提供了新的技术路径。

f. 海上多能源融合技术。海上多能源融合技术通过将海上风电与其他可再生能源或产业结合，发挥互补效应，从而提升资源利用效率，推动绿色低碳发展。这项技术包括海上风电与制氢、光伏、海洋牧场的融合模式，具有广阔的应用前景和重要的现实意义。

在"海上风电＋海上制氢"模式中，海上风力发电与电解水制氢技术相结合，利用海上风电场产生的电能直接或间接制备绿氢。在我国推动海上风电与氢能共同发展的背景下，海上风电制氢被视为未来绿氢制备的核心力量。这一模式不仅有助于解决大规模风电并网消纳难题，还能应对深远海电力送出成本高等问题，具有深远的战略意义。

"海上风电＋海上光伏"模式是一种综合利用海洋空间资源的清洁能源开发方案。在海上风电场中集成光伏发电系统，能够实现风能和太阳能的协同开发与利用。此模式尤其适用于光照充足、风能资源丰富的近海和深远海区域，特别适合沿海地区、岛屿以及海上能源平台等场景。海上风电与光伏的联合开发不仅能显著提高海域资源的利用效率，还能通过风光互补特性平滑电力输出，减少波动性，增强电网稳定性。此外，这种模式还能够大幅提升单位海域面积的发电量，降低综合开发成本，同时减少对陆地资源的占用，为能源结构转型和实现碳中和目标提供坚实支撑。

"海上风电＋海洋牧场"是一种创新的海洋资源开发模式，它通过将海上风电场与海洋牧场有机融合，实现风力发电与海洋水产养殖的双重功能。该模式适用于具备合适水深、地质条件及离岸距离适中的海域。通过优化风电场布局，海上风电塔筒的基础结构不仅可用于发电，还可作为人工鱼礁，为海洋生物提供栖息和产卵场所，进一步推动海洋资源的综合利用与价值提升。如图 2-14 所示,在水面上开展基于海水淡化的作物种植,同时在水下进行水产生态健康养殖,构建海洋智能水养农耕一体化综合体。

图 2-14 海洋智能水养农耕一体化

◇◇ 2.1.5 风电课程思政案例

(1)三峡能源江苏如东海上风电场柔性直流输电工程。中国三峡集团近年来积极扩展风电业务,成为全球风电市场的重要力量。其江苏如东海上风电项目,装机容量400MW,是中国早期的大型海上风电项目之一。三峡集团在江苏如东实施了亚洲首个柔性直流输电技术的海上风电项目——800MW 项目,累计生产电能超过 5000GWh,相当于减少 150 万 t 煤消耗和 375 万 t 二氧化碳排放。

三峡如东海上风电项目建成亚洲首座海上换流站,如图 2-15 所示,采用浮托法安装(一种海上平台安装技术,通过驳船将预制结构运输至指定位置后下沉固定),通过±400kV 高压直流电缆将电能输送至 99km 外的陆地电网,为海上风电的深远海开发提供了关键技术解决方案。

三峡集团在国内率先开展大规模深远海海上风电项目的勘测设计工作,该项目是国内首批深远海试点项目,也是目前国内单体容量最大的海上风电项目,是 2024 年上海市重大工程项目清单。项目场址位于崇明岛以东的深远海海域,离岸约 120km,场址面

图 2-15 三峡如东海上风电项目海上换流站

积达 657km²，总投资约 650 亿元，计划在 2026 年底完成全容量并网。投运后，项目每年可为上海市提供约 15000GWh 的绿色电力，相当于节约标准煤约 455.17 万 t。

三峡能源江苏如东海上风电场柔性直流输电工程的实践，生动诠释了中国在绿色能源革命中的责任担当与创新突破。这一工程不仅以亚洲首个柔性直流输电技术的应用和首座海上换流站的建设，而且展现了我国在新能源领域的技术原创力和工程智慧，更以每年减少数百万吨碳排放的生态效益，彰显了"绿水青山就是金山银山"的发展理念。作为国家重大工程，该项目既是落实"十四五"能源规划的关键行动，也是中国深度参与全球气候治理的生动体现，激励着青年一代以科技创新为笔，在服务国家战略需求中书写绿色发展的时代答卷。

（2）渤海湾深远海风电。渤海湾深远海风电项目是中国最大的深远海风电项目之一，也是我国首个深远海风电示范项目，具有重要的示范和引领作用。该项目位于渤海湾海域，距离陆地较远，海域水深超过 50m，符合深远海风电的典型特点。这一项目不仅是我国海上风电领域的一次重要尝试，也是国家推进可再生能源战略的一部分。

渤海湾深远海风电项目的规模预计达到数百兆瓦，总装机容量将根据后期的风能资源评估和海上勘探进行优化。风电机组的选型将采用适合深远海条件的高效、稳定、耐用设备。由于该项目位于深水海域，施工和设备安装的技术难度较大，因此采用先进的浮动式风电平台技术。

该项目采用高压直流输电技术，通过海底电缆传输电力，解决了传统海上风电的输电效率问题。同时，该项目团队利用先进的气象数据收集与风能预报技术，为项目的可持续发展提供了保障。在环保方面，项目严格遵守环境保护规定，采取了一系列先进的技术和措施，最大限度地减少对海洋生态环境的影响。

渤海湾深远海风电项目的建设不仅是我国海上风电技术的一次重要突破，更是践行绿色发展理念、助力"双碳"目标的重要举措。同时，该项目的实施体现了科技自立自强的国家战略，展现了我国在新能源领域的创新能力和工程力量。

✦✦ 习题

1. 简述风能作为一种可再生能源的优势及其在全球能源转型中的重要作用。

2. 描述风力发电的基本原理，包括风能如何转化为机械能，再进一步转化为电能。

3. 分析风力发电系统中，不同类型的控制方式（如感应发电机交流方式、同步发电机直流方式、可变速感应发电机交流方式）各自的优缺点。

4. 海上风电场相比陆上风电场，面临哪些主要的技术挑战和运维难题？

5. 解释三峡能源江苏如东海上风电场柔性直流输电工程的技术创新点及其对我国海上风电发展的意义。

6. 描述风力发电输出功率与风速、叶片半径之间的关系，并说明提高风力发电功率的主要方法。

7. 分析风力发电系统中，增速机构的作用及其在设计时需要考虑的因素。

8. 阐述海上风力发电机组基础选型与设计时需要考虑的关键载荷因素及其影响。

9. 讨论风力发电在应对气候变化、促进可持续发展方面的重要作用，并给出具体实例。

10. 结合当前技术发展趋势，展望风力发电技术的未来发展方向及可能面临的挑战。

2.2　太　阳　能　发　电

在全球能源转型的大趋势下，太阳能发电作为可再生能源领域的重要力量，正在改变传统的能源生产与消费模式。本节将深入剖析太阳能发电的多个核心内容，从太阳能资源的基本知识与太阳能技术开始，逐步探讨太阳能发电的工作原理，以及太阳能光伏和光热发电系统的组成和运作。本节还将关注光能应用在电力企业项目中的实际案例，揭示太阳能发电不仅是应对气候变化、促进可持续发展的关键手段，也是引领全球经济向绿色方向发展的新动力来源。

2.2.1　太阳能

（1）太阳能。太阳表面释放的能量约为 $3.8 \times 10^{22} kW$，地球大气层外的太阳辐射总量约为 $1.73 \times 10^{14} kW$，其中约30%（$5.2 \times 10^{13} kW$）因反射而损失，剩余的70%（$1.21 \times 10^{14} kW$）被地球大气、地表和海面吸收，转化为热能，而约33%（$40 \times 10^{12} kW$）用于蒸发、对流等流体循环。

太阳的巨大能量、可再生性和清洁性使其成为理想的能源。太阳能光伏发电是利用太阳光能发电的一种方式。根据全球太阳能委员会的数据，截至2024年年底，全球光伏累计装机容量已达到2000GW。

（2）中国的太阳能资源及其分布。在我国广阔富饶的土地上，有着十分丰富的太阳能资源，全国各地太阳年辐射总量为 $3340 \sim 8400 MJ/m^2$，中值为 $5852 MJ/m^2$。我国的太阳能资源分布受气候和地理条件的影响，具有明显的地域性差异。根据年辐射量的大小，我国可划分为四个太阳能资源带。与同纬度的其他国家和地区相比，绝大多数地区的太阳能资源非常丰富。表2-3列出我国四个太阳能资源带的年辐射量。

表 2-3　　　　　　　　　　　我国四个太阳能资源带的年辐射量

资源带	资源带名称	年辐射量（MJ/m²）
一类地区	丰富带	≥6700
二类地区	较丰富带	5400～6700
三类地区	一般带	4200～5400
四类地区	贫乏带	<4200

2.2.2　太阳能发电技术

（1）太阳能光伏发电技术。太阳能光伏发电通过光伏效应将太阳辐射能转化为电能，依赖半导体材料的光电转换特性。光伏电池多采用硅材料，当太阳光照射到电池表面时，光子激发电子跃迁至导带，产生自由电子和空穴。电场作用下，电子和空穴分离形成电流，通过外部电路流向负载。光伏效率取决于半导体材料、PN 结质量及表面接触条件。随着技术进步，光伏发电效率提升、成本降低，已成为可靠的清洁能源技术。

（2）太阳能光热发电技术。太阳能光热发电通过将太阳辐射热能转化为电能，是一种重要的可再生能源技术。它的主要类型包括塔式、槽式（包括线性菲涅尔式）和碟式系统，其中槽式系统最为成熟，占全球装机容量的 70% 以上。塔式和槽式系统采用朗肯循环，碟式系统采用斯特林循环。槽式系统为线聚焦，塔式和碟式系统为点聚焦。塔式和碟式系统需要双轴跟踪，而槽式系统为单轴跟踪。碟式系统光热转换效率最高，其次为槽式和塔式，线性菲涅尔式作为槽式的一种，效率相对较低。

尽管全球光热发电装机容量较光伏发电小，但发展势头强劲。西班牙和美国分别位居全球光热发电装机容量的前两位。我国太阳能光热发电技术起步较晚，但近年来发展迅速，已建成多个实验示范项目。

2.2.3 太阳能发电基本原理

（1）太阳能光伏发电原理。太阳能光伏发电通过半导体器件将太阳光的辐射能转化为电能。1839 年，法国科学家贝克勒尔发现光生伏打效应，1954 年，美国科学家在贝尔实验室制造了实用的单晶硅太阳能电池，标志着光伏发电的商业化应用开端。如今，光伏电站已广泛分布于全球。

光伏电池的工作原理基于光伏效应。晶体硅中的硅原子带正电，周围有四个负电荷的电子。在制造过程中，向硅中掺入硼形成 P 型半导体，掺入磷形成 N 型半导体。太阳光照射时，光子被半导体材料吸收，使价带中的电子跃迁到导带，生成电子—空穴对。这个过程在 PN 结处形成电势差，产生光生电场，推动电子和空穴分别向 N 区和 P 区移动，从而实现光能转化为电能，产生光伏电动势。通过在 P 型和 N 型层焊接金属引线，电流可以流入外部负载。图 2-16 所示为光伏电池晶片受光的物理过程。图 2-17 为光伏发电原理图。

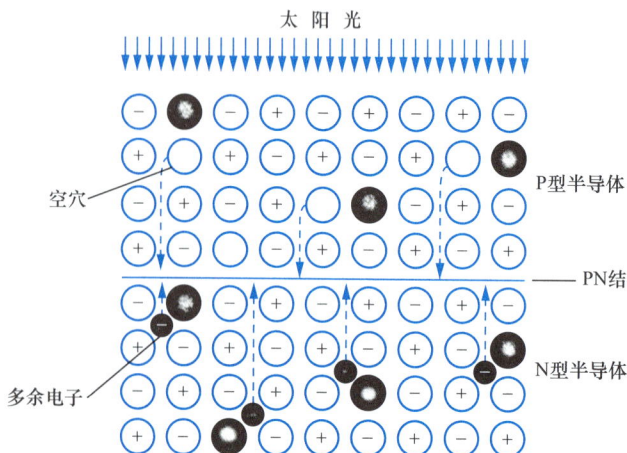

图 2-16　光伏电池晶片受光的物理过程

光伏电池晶片是构成单体电池的核心部件，其输出电流的大小与晶片面积及太阳光的照射强度（单位面积接收的光能）直接相关。通过串联和并联多个电池单元，可提高电压和电流，从而提升光伏电池的输出功率。

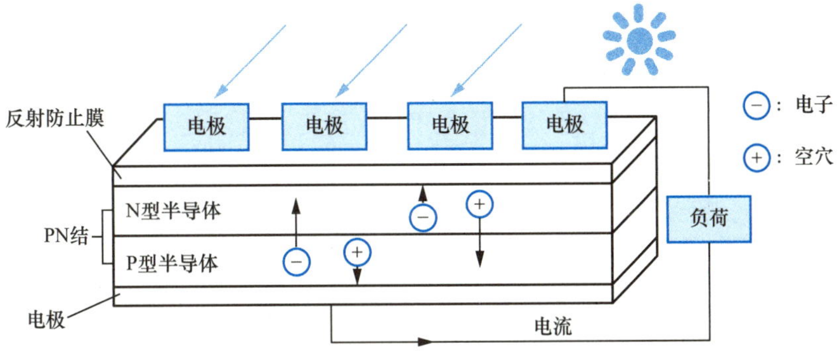

图 2-17 光伏发电原理图

（2）太阳能光热发电原理。太阳能光热发电通过反射镜或聚光镜将太阳辐射聚焦到集热区，专用工质（如水、油或熔融盐）吸收热能，产生高温蒸汽。这些蒸汽驱动汽轮发电机，将太阳能转化为电能。光热发电站由集热系统、储热系统、蒸汽发生系统和发电装置组成，如图 2-18 所示。集热系统高效收集太阳能；储热系统存储热能，确保发电连续性；蒸汽发生系统将热能转化为蒸汽，发电装置将蒸汽能量转化为电能。

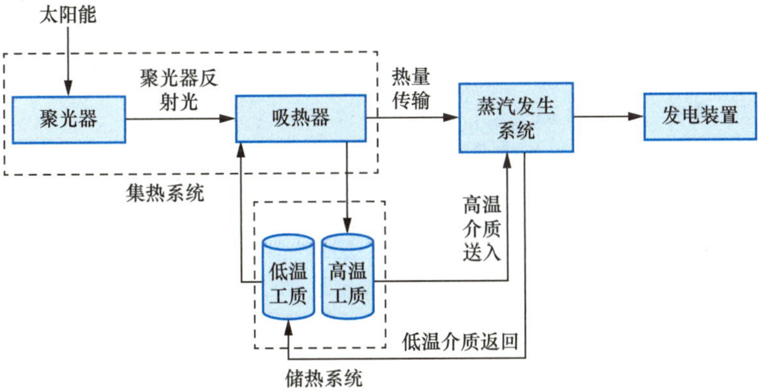

图 2-18 光热发电站

此外，太阳能光热发电与光伏发电不同，它通常适用于大规模的发电项目，具有较高的能量转换效率。它采用的聚光技术如抛物线槽、太阳能塔和菲涅尔镜等，能够有效集中太阳光并提高集热效率。在一些先进的光热发电系统中，还结合了热能储存技术，例如使用熔融盐作为储热介质，这样可以在发电过程中更好地调节能量输出，提高电网的稳定性。这种发电方式的环境影响较小，二氧化碳排放几乎为零，是可再生能源使用的一个重要方向。随着技术进步和成本降低，太阳能光热发电在全球范围内的应用逐渐增加，成为未来能源可持续发展的重要组成部分。

2.2.4 太阳能光伏发电系统

（1）太阳能光伏发电系统的定义。太阳能光伏发电系统是指将太阳的光能变成电能，并对电能进行控制、转换、分配送入电网或负载的系统。它主要由太阳能电池方阵、汇流箱、功率控制器、负载等构成，可分为离网型系统和并网型系统等。

（2）太阳能光伏发电系统的特点。太阳能光伏发电系统利用太阳能，通过太阳能电池将光能转换为电能，是一种清洁、高效的分布式电源。其特点包括：

1）能源特性。太阳能取之不尽、用之不竭，无污染且随处可用。但由于其受天气、时间等影响，输出功率不稳定。

2）设备优势。系统无噪声、无可动部件，维护方便；太阳能电池模块化设计，质量小，可灵活安装在屋顶、墙面等处，适合偏远地区快速建设。

3）分布式优点。靠近负荷点，减少输电损失和成本；灵活规划容量，提升电网可靠性，实现高速控制和无功功率调节。

太阳能电池将光能转换为直流电，功率控制器将其转为交流电并网，蓄电池可存储电能以供需时使用。如图 2-19 所示。

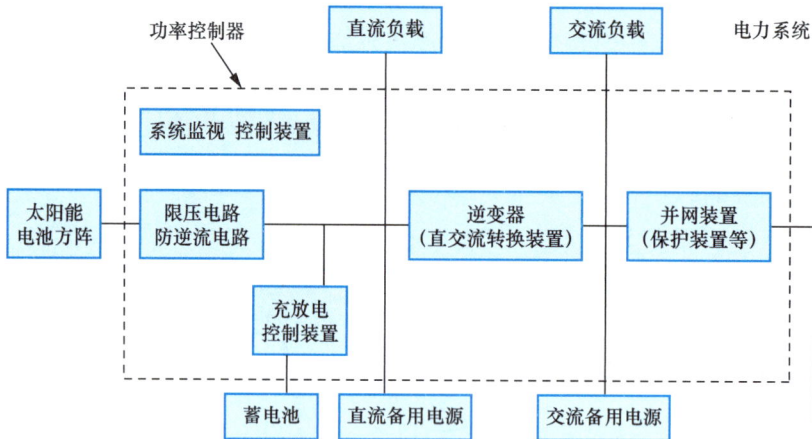

图 2-19　太阳能光伏发电系统的基本构成

目前户用并网型太阳能光伏发电系统和大型光伏发电系统应用较多。图 2-20 为户用并网型太阳能光伏发电系统，它由太阳能电池方阵，功率控制器（并网逆变器），汇流箱配电盘，卖电、买电用电表及支架等构成。

2.2.5　太阳能光热发电系统

太阳能光热发电系统按聚热方式分类可分为三种，即塔式太阳能光热发电系统、槽式太阳能光热发电系统和碟式太阳能光热发电系统。近年来，随着光热发电技术的不断成熟和工程实践的深入，光热发电系统已逐步实现商业化示范和大规模应用。例如，50MW 级别的塔式光热发电项目通常采用大规模定日镜阵列，这些定日镜按照预设排布方式分布在接收塔周围，并通过精密跟踪系统将太阳光高效聚焦至塔顶的高效吸热器上。吸热器利用硝酸盐、熔盐等传热介质将吸收的太阳能转化为高温热能，其温度可达 500℃以上，为后续的发电过程提供充足的热能。此外，该项目还配备了储热系统，通过储热罐将高温熔盐储存，实现能量的时移调节，确保在日照不足或夜间也能持续供应高温蒸汽，驱动汽轮机发电系统，将热能转化为电能并接入电网。

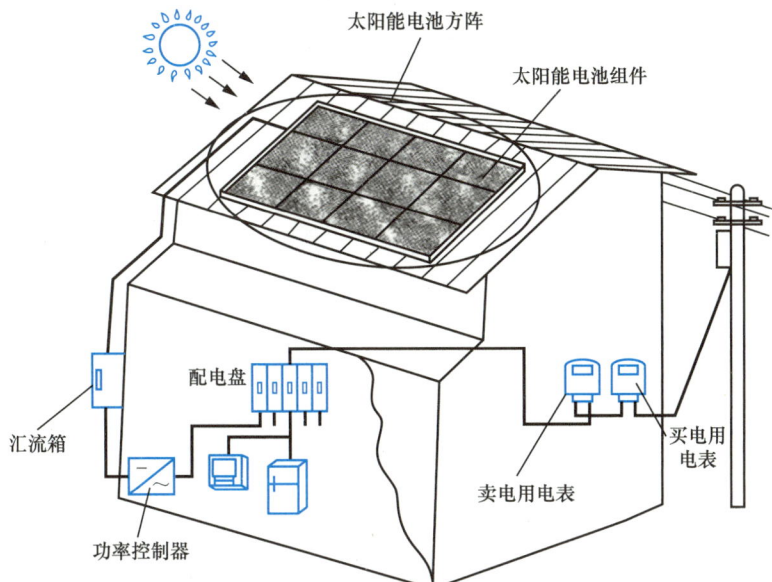

图 2-20 户用并网型太阳能光伏发电系统

（1）塔式太阳能光热发电系统。塔式太阳能光热发电系统由定日镜、吸热器、熔盐罐、汽轮发电机等组成（如图 2-21 所示）。定日镜反射并聚集太阳光，将其投向塔顶的吸热器，利用太阳能加热管内的工质液体，产生蒸汽驱动汽轮机发电。蓄热器储存多余热能。凝汽器将蒸汽冷凝为水循环利用。塔顶工质可加热至约 550℃，系统效率达 20% ～ 35%。该技术应用仅次于槽式太阳光热发电系统，具备高温高效发电的特点。

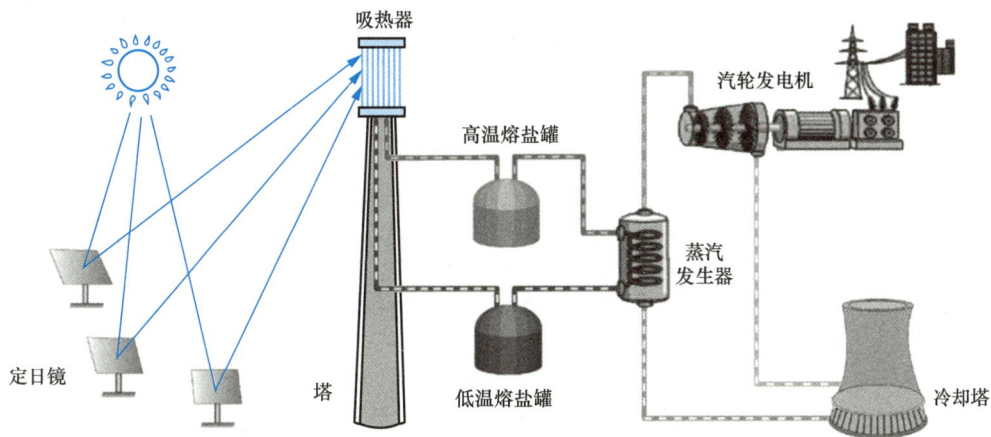

图 2-21 塔式太阳能光热发电系统

图 2-22 所示为跟踪塔式太阳能光热发电系统。在地面安装有定日镜，将光投向塔顶的集热器，并加热工质，使汽轮机旋转并带动发电机发电。为了提高聚光效率，本系

统使用计算机对定日镜的方向进行跟踪控制，使定日镜聚集的太阳光达到最强，投向塔顶的集热器的太阳光最大，以增加发电机的输出功率。

图 2-22　跟踪塔式太阳能光热发电系统

（2）槽式太阳能光热发电系统。图 2-23 为槽式太阳能光热发电系统。它由平面镜、抛物面聚光器（曲面镜）、热交换器、蓄热器、汽轮机及发电机等构成，系统主要包括槽式抛物面聚光系统、导热介质及循环系统、蒸汽发生系统和汽轮机发电系统。槽式太阳能光热发电的工作原理是通过曲面反射镜将太阳光反射到集热管上，将集热管内的液体工质加热，使温度达到 400℃左右，然后将其送至热交换器并产生约 380℃的蒸汽，最后推动汽轮发电机组发电。

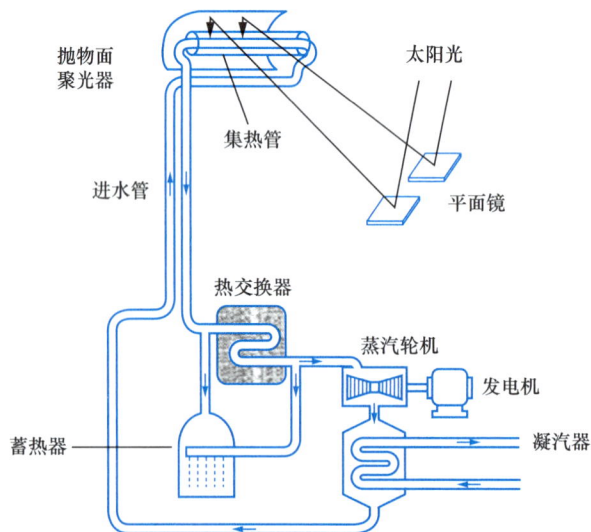

图 2-23　槽式太阳能光热发电系统

槽式太阳能光热发电系统的发电原理是：通过抛物面槽式聚光器将太阳光聚焦至其中央的真空管吸热器上，对真空管内的导热介质进行加热。加热后的导热介质产生高温高压蒸汽，用于驱动汽轮机运转，从而带动发电机发电。聚热管长度较长，会导致一定的热损失和工质循环的动力损失，因此槽式太阳能光热发电系统的发电效率通常约为 15%。

（3）碟式太阳能光热发电系统。图 2-24 为碟式太阳能光热发电系统。该系统由聚光器、电能转换装置等构成。聚光器的形状类似大型抛物面天线，直径为 5 ~ 15m，它将聚集的太阳光能量通过电能转换装置直接转换成电能，发电功率一般在 5 ~ 50kW。如果需要较大的发电功率，可配置多台装置。工质温度约 750℃时，系统的发电效率可达 30%。

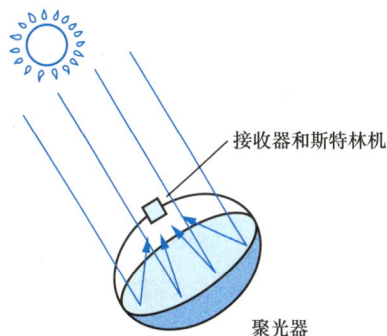

图 2-24　碟式太阳能光热发电系统

（4）蓄热混合太阳能光热发电系统。蓄热混合太阳能光热发电系统通过蓄热装置有效解决了光热发电的间歇性和不稳定性问题，实现持续发电并提高电能输出的平稳性。该系统由集热部分、蓄热部分（包括高温罐和低温罐）及发电部分组成（如图 2-25 所示）。白天将低温熔融盐经热交换器加热后存储于高温罐中，夜间或天气不佳时释放热量发电，适合电力调峰和储能。与电池储能相比，该系统热能存储成本更低。

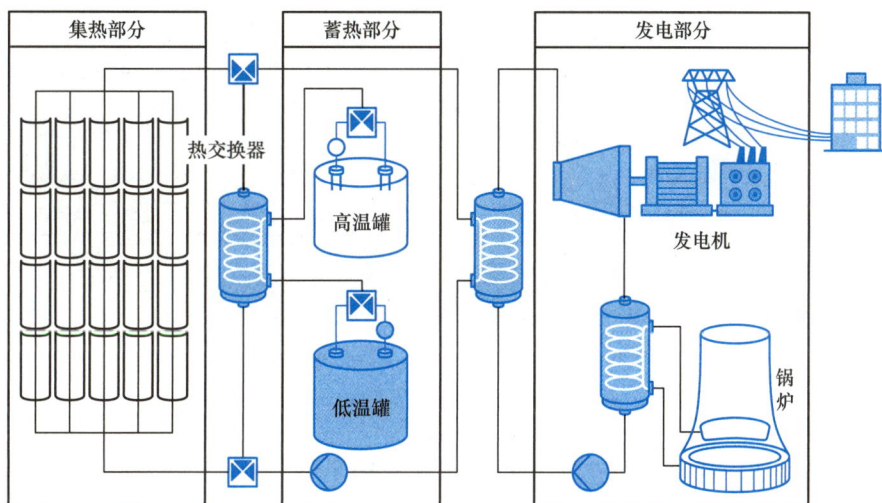

图 2-25　蓄热混合太阳能光热发电系统

2.2.6　太阳能课程思政案例：乌鲁木齐市米东区光伏基地

2024 年 5 月 29 日，新疆中绿电技术有限公司在乌鲁木齐米东区北部沙漠光伏基地建设的全国单体容量最大沙漠光伏项目—— 3500MW 光伏项目成功并网。该项目占地约 20 万亩，年发电量达 6090GWh，相当于 300 万户家庭的年用电量，每年可节约原煤 194.88 万 t，减少二氧化碳排放 607.17 万 t，对国家"双碳"目标、能源结构优化和电力市场建设具有重要意义。

为保障建设，米东区完成光伏基地一期道路工程中 108km 的主要路网铺设，同时规划建设 1.8 万 m² 驿站服务区，提供商业和生活服务设施。

该项目施工充分考虑沙漠风沙大、土质松软等特点，优化光伏组件抗风压设计、桩基深度选材及施工方案，并注重生态环境保护。项目所在的沙漠光伏基地总规划面积103万亩，总装机容量20000MW，该项目是乌鲁木齐市推动绿色能源转型的重要项目。将加快推进乌鲁木齐市优势资源转换战略实施，促进能源绿色低碳转型，为经济社会高质量发展提供稳定优质的绿电支撑。乌鲁木齐市米东区北部沙漠光伏基地如图2-26所示。

塔克拉玛干沙漠边缘的阻击战，是推广"光伏＋防沙＋治沙"生态模式成功应用的典范。通过光伏板铺设沙障并种植植被，既能生产清洁能源，又能有效遏制沙漠扩张，促进生态与经济双赢。这一创新案例，展现了新疆在生态保护与清洁能源领域的示范作用，为"一带一路"共建国家提供了重要的生态治理经验，进一步推动了区域可持续发展与生态文明建设。它不仅提醒我们要勇于担当，利用所学知识为解决国家重大生态问题贡献力量，还展示了中国在全球生态保护与绿色能源发展中的领导力和责任，助力全球绿色家园的构建。

图2-26　乌鲁木齐市米东区北部沙漠光伏基地

◇ 习题

1．简述太阳能作为一种可再生能源的主要特点及其在全球能源结构中的潜力。
2．描述太阳能光伏发电的基本原理，包括光伏电池如何将太阳光转化为电能。
3．分析太阳能光伏发电系统的组成及其各部分的功能。
4．比较太阳能光伏发电与光热发电的异同点，并说明各自的应用场景。
5．讨论我国太阳能资源的分布特点及其对太阳能发电项目选址的影响。
6．阐述太阳能光伏发电系统的优缺点，并提出改进建议。
7．解释槽式太阳能光热发电系统的工作原理及其能量转换过程。
8．分析太阳能光伏发电在推动绿色低碳发展方面的重要作用，并给出具体实例。

2.3　水力发电及其他可再生能源

地球上的可再生能源取之不尽、用之不竭，且不会对环境造成重大污染。除了风能和太阳能，人类在水电、生物质能、地热能和海洋能的利用方面也取得了显著进展。这些能源的开发不仅促进了可持续发展，还为减少污染和应对气候变化提供了关键解决方案。

2.3.1　水力发电

地球上的水能可以分为：陆地上的水力能和海洋中的海洋能。陆地上的水力能是指河流的径流相对于某一基准面所具有的势能，以及在流动过程中转化为动能的部分；海洋能包括潮汐能、海洋波浪能、海洋流能、海水温差能等。本小节主要介绍的是水力发电。

（1）水力发电基本原理。物体从高处落下可以做功，河水从高处流下同样能产生能量。水位越高，流量越大，蕴含的能量也越多。自然状态下，这些能量主要消耗在克服摩擦阻力、河床摩擦和泥沙携带上。水能开发的目标是通过人工措施集中这些被浪费的能量。通过引水设备将水流引导至水轮机，推动转轮旋转，将水的能量转化为机械能，再通过水轮机驱动发电机将机械能转化为电能，这便是水力发电的基本过程。

（2）水力发电技术。水力能资源的蕴藏量与河流的水面落差和引水量成正比。然而，一般情况下，河流的落差是逐渐变化的。因此，水力发电的主要方式是用人工手段集中水流落差。根据集中落差的方式，水力发电技术可分为三种基本形式：坝式、引水式和混合式。此外，水力发电技术还包括梯级发电和抽水蓄能电站。

1）坝式发电技术。坝式发电技术是通过在河流上修建大坝形成水库，利用水位差驱动水轮机发电的方式（见图 2-27）。水库储存的水从高处流下，带动水轮机转动，进而驱动发电机产生电能。坝式发电技术主要由大坝、水轮机、发电机、闸门与泄洪道和输电系统 5 个部分构成。

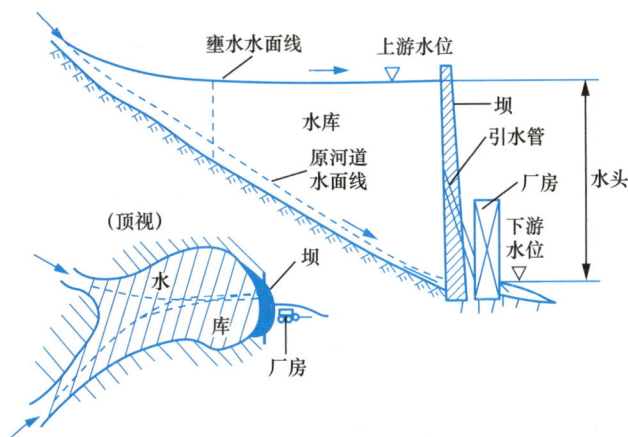

图 2-27　坝式发电

坝式发电技术的水量利用程度高，综合利用价值高，但工程量和淹没损失都比较大。一般适于修建在坡降较平缓，流量较大的河段，且需要适合建坝的地形、地质条件。

2）引水式发电技术。引水式发电技术是一种通过设置人工引水道，引导自然水流或渠道水源，利用其动能驱动水轮机发电的方法。其中，引水道可以是有自由表面（水面与大自然空气接触）的无压明渠，如图 2-28 所示；也可以是无自由表面的有压隧洞，如图 2-29 所示。该技术的主要组成包括引水道、水轮机、发电机和调节设施。

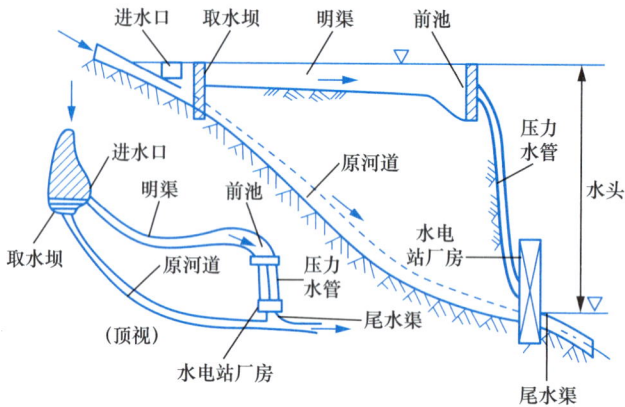

图 2-28　无压引水式发电

图 2-29　有压引水式发电

引水式发电技术对生态环境影响较小，非常适合小型水电项目。此外，它的建设周期较短，投资成本相对较低。然而，该技术依赖于水源的稳定性，对设备的维护和管理要求较高。

3）混合式发电技术。混合式发电技术一部分落差靠拦河筑坝，一部分依靠有压引水道。这种发电技术集中了坝式、引水式两种发电技术的优点。上游河段适于筑坝，下游河道坡降比较陡时，适宜选用混合式技术，如图 2-30 所示。

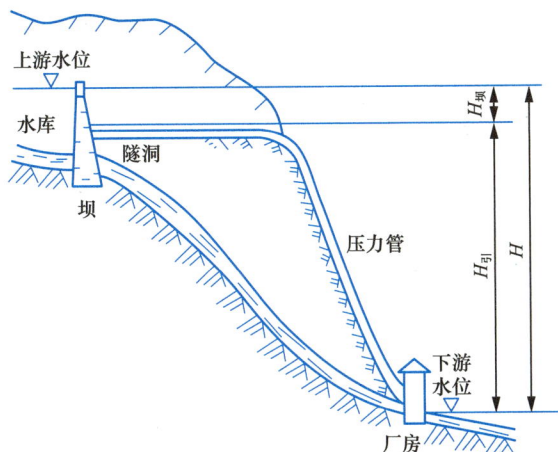

图 2-30　混合式发电

4）梯级发电技术。梯级发电技术（见图 2-31）通过在不同河段建设多个水电站，逐级利用水流落差发电，这种方式不仅能提高整体发电效率，还可通过调节各级水电站的蓄水量，平衡电力供应稳定性。相比单级发电，梯级发电有助于减少生态环境影响和水库蓄水风险。同时，它能根据水流变化调整机组运行，提高稳定性和可靠性。各级水电站可为坝式、引水式或混合式，适应不同的地理和技术条件。

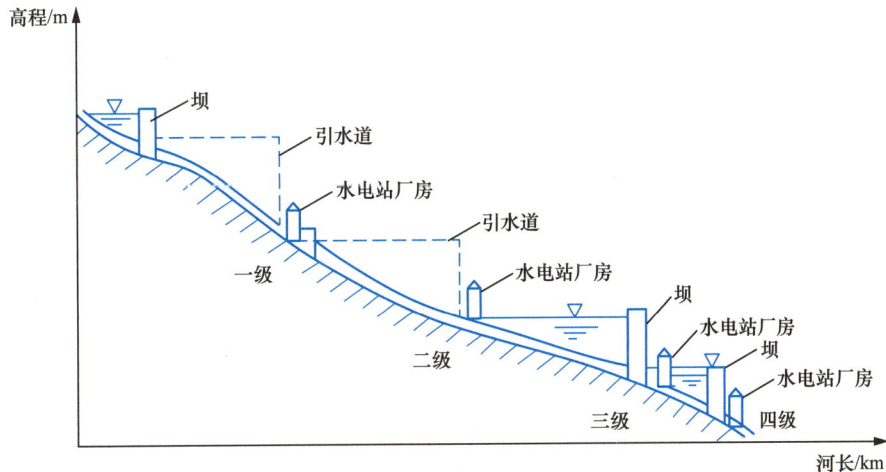

图 2-31　梯级发电

5）抽水蓄能发电。抽水蓄能发电利用电力系统负荷低谷时的剩余电量，将水从低处的下池抽送到高处的上池储存。当负荷高峰时，再将水从上池放下发电，提供调峰支持。抽水蓄能电站主要有三种类型：

a．纯抽水蓄能电站［见图 2-32（a）］仅具备抽水和发电功能，依靠两个独立的水池进行能源储存和释放。

b．混合式抽水蓄能电站［见图 2-32（b）］结合了抽水蓄能机组与常规水轮发电机组，既能储存和释放能量，又能在水流充足时进行常规发电。

c．调水式抽水蓄能电站［见图 2-32（c）］通过水泵将水从下水库抽至上水库，储存能量后，再通过常规水电机组发电，兼具调节水资源和发电功能。

这些电站在应对电力负荷波动和促进可再生能源消纳方面发挥重要作用，是现代电力系统调峰和储能的关键技术。

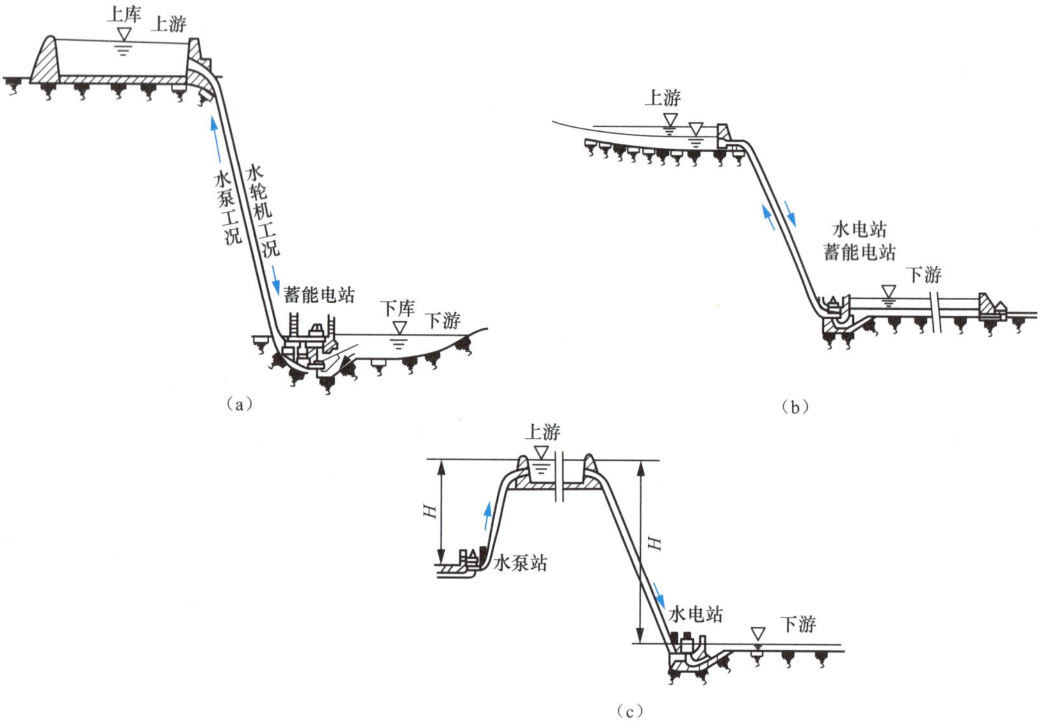

图 2-32　抽水蓄能电站
（a）纯抽水蓄能电站；（b）混合式抽水蓄能电站；（c）调水式抽水蓄能电站

◇◇◇（3）水电课程思政案例：长江流域 6 座梯级水电站。

2021 年，长江干流 6 座梯级水电站累计发电量达 262883GWh，创历史纪录，减排二氧化碳约 2.2 亿 t，为推进"双碳"目标迈出重要步伐。2024 年第一季度，这些水电站发电量超过 52000GWh，储存水量约 300 亿 m³，储能约 21000GWh，为冬季供暖及枯水期电力保障提供坚实基础。

乌东德水电站（见图 2-33）位于金沙江干流，是中国第四、世界第七大水电站，装机容量 10200MW。2023 年 12 月，该水电站累计发电量达 123087GWh。该水电站安装 12 台 850MW 水轮发电机组，具有防洪、航运、拦沙功能，并提升下游水电站的发电效益。乌东德水电站的建设体现了中国落实可持续发展战略与推进"双碳"目标的决心。它不仅推动了能源转型，也彰显了我国在全球应对气候变化中的责任与担当。

白鹤滩水电站（见图 2-34）是"西电东送"国家重大工程，位于金沙江上，装机容量 16000MW，年均发电量约 62443GWh。作为世界第二大水电站，它安装了 16 台

1000MW 的水轮发电机组，总投资 2200 亿元。2010 年筹建，2021 年首批机组投产，2022 年完成全部机组安装。

图 2-33 乌东德水电站

白鹤滩水电站优化了全国能源布局，满足了东部地区对清洁能源的需求，为区域协调发展和共同富裕提供了有力支持。该工程展示了我国自主创新能力的显著提升，体现了国家自立自强的精神，也为全球清洁能源发展树立了"中国标杆"。

图 2-34 白鹤滩水电站

溪洛渡水电站（见图 2-35）位于四川省雷波县和云南省永善县交界的金沙江上，是"西电东送"骨干工程之一。水电站主要用于发电，兼具防洪、拦沙和改善上游航运功能，向华东、华中地区及四川、云南供电。作为金沙江最大水电站，它为下游电站提供梯级补偿。

溪洛渡水电站的成功建设，通过提供清洁能源和防洪保障，提升了长江流域人民的生活质量和安全感，为社会经济持续发展提供了重要动力。

图 2-35　溪洛渡水电站

　　向家坝水电站（见图 2-36）位于金沙江下游，云南省昭通市与四川省宜宾市交界，由中国长江三峡集团（简称三峡集团）修建。2023 年 10 月 6 日，成功实现蓄满目标，标志着金沙江下游梯级水库年度蓄满目标完成。

　　截至 2024 年 8 月，向家坝水电站累计发电量超 350000GWh。它是"西电东送"战略的重要组成部分，体现了"绿水青山就是金山银山"的发展理念。通过向东部地区输送清洁能源，它促进了资源有效利用，推动区域协调发展，助力实现共同富裕。

图 2-36　向家坝水电站

　　三峡水电站（见图 2-37）是世界上规模最大的水电站，也是中国建设的最大型工程项目。三峡水电站的功能有十多种，包括航运、发电、种植等。三峡水电站 1994 年正式动工兴建，2003 年 6 月 1 日开始蓄水发电，于 2009 年全部完工。2024 年 12 月，它累计发电量已超过 1700000GWh，该工程为中国实现高质量发展和能源转型提供了宝贵经验。

图 2-37　三峡水电站

　　葛洲坝水电站与三峡水电站是长江干流上紧密关联的梯级水利枢纽。葛洲坝作为三峡工程的先行工程和下游配套电站，距离三峡大坝仅 38km，承担着反调节三峡发电下泄水流、保障航运稳定、协同发电等重要功能。二者由中国长江三峡集团统一调度，共同优化长江流域的防洪、发电、航运等综合效益。

　　2021 年，三峡集团累计开展了 8 次生态调度，其间葛洲坝下游鱼类总产卵量超 124 亿颗，其中四大家鱼产卵规模超 84 亿颗，为历年之最，推动长江生态环境持续改善。葛洲坝水电站通过精准调节水流量，优化水位和流速，为鱼类提供了理想的栖息和繁殖条件，显著提升了生态系统的稳定性和生物多样性。这一举措不仅为长江水域生态修复提供了重要经验，也为水电开发与生态保护的协同发展提供了有力支持。葛洲坝水电站见图 2-38。

图 2-38　葛洲坝水电站

世界最大清洁能源走廊为长江流域提供了有力支撑，保障了防洪、航运、能源和生态安全，助力长江经济带高质量发展。作为"西电东送"战略的重要组成部分，长江梯级水电站通过向中东部输送清洁能源，优化了能源资源配置，促进了区域经济协调发展，为实现共同富裕奠定了坚实基础。

同时，长江流域的 6 座梯级水电站不仅是我国能源结构优化和实现"双碳"目标的重要支撑，更是长江大保护战略的核心实践者。这些水电站通过清洁能源的生产和输送，为长江经济带的高质量发展注入了绿色动力。梯级实际运行中，通过精准调节水流和水位，有效促进了水域生态环境的恢复和生物多样性的提升，充分体现了我国在绿色发展和生态文明建设方面的坚定决心，生动诠释了"绿水青山就是金山银山"的理念。通过科学调度和生态优先的管理模式，这些水电站既保障了能源的持续供应，又为长江流域的生态保护和可持续发展提供了有力保障，彰显了长江大保护战略的深远意义。

2.3.2 生物质发电

地球上最重要的能量来源是太阳辐射。绿色植物通过光合作用，将二氧化碳和水转化为碳水化合物，进而将光能转化为化学能并加以储存。因此，植物成为地球上光能转化的关键"转换器"和能量来源，生物质则是光能循环转化的主要载体。

（1）生物质与生物质能。生物质是指通过太阳光合作用形成的有机物，包括动植物和微生物。生物质能是储存在生物质中的太阳能，主要来源于植物的光合作用。它可以转化为固态、液态和气态燃料，是一种可再生能源，也是唯一的可再生碳源。由于生物质能的原始能量来自太阳，因此从广义上讲，生物质能可视为太阳能的另一种表现形式。全球各国正积极研究和开发生物质能，以推动能源转型和可持续发展。

与化石能源相比，生物质能具有显著优点。

1）二氧化碳零排放：生物质在生长期吸收的二氧化碳与利用时排放的二氧化碳相当，因此对大气的二氧化碳净排放几乎为零，有助于减少温室效应。

2）清洁能源：生物质含硫氮量低，燃烧后 SO_x、NO_x 和灰尘排放量低于化石燃料，是一种清洁燃料。

3）广泛分布与高产量：生物质资源分布广泛，能够通过多种方式转化成能源。

4）可再生性：生物质通过植物光合作用不断再生，与风能、太阳能一样，属于可再生能源。

然而，生物质能也存在一些缺点：如单位热值较低，水分含量大，影响燃烧效率；分布分散，收集和运输成本较高；热效率低，直接燃烧的热效率通常仅为 10% ~ 30%。

（2）生物质发电技术。

1）生物质直接燃烧发电技术。生物质直接燃烧发电利用生物质燃烧后的热能转化为蒸汽进行发电，原理与燃煤火力发电相似。生物质燃料的燃烧过程涉及强烈的化学反应和二相流动，同时包括燃料与空气的传热、传质过程。燃烧需要足够的热量和适当的空气供应。图 2-39 是生物质燃料的燃烧过程，它可分为热分解生成挥发性焦油和气体、干燥（水分蒸发）、焦炭燃烧等过程。

生物质直接燃烧发电利用生物质锅炉将生物质燃烧产生的热能转化为蒸汽，驱动汽轮机发电，如图 2-40 所示。

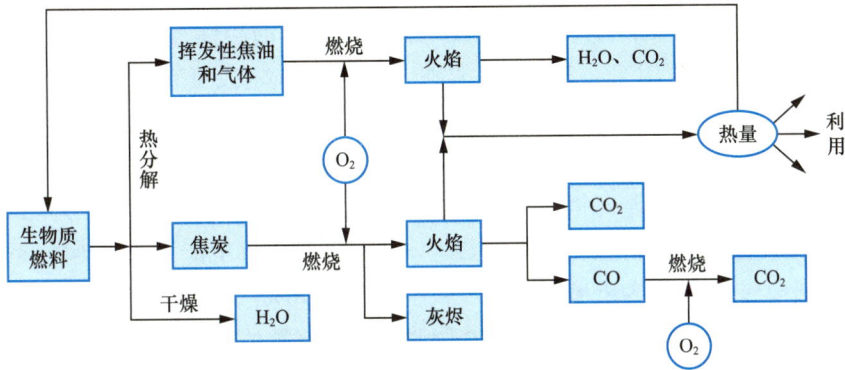

图 2-39　生物质燃料的燃烧过程

图 2-40　生物质直接燃烧发电工艺流程

2）生物质气化发电技术。生物质气化发电技术将生物质转化为可燃气体，再利用这些气体驱动燃气发电设备发电。它解决了生物质难以燃烧和分布分散的缺点，同时发挥了燃气发电设备紧凑、污染少的优势，是生物质能最有效、最洁净的利用方法之一。

气化发电过程包括生物质气化、气体净化和燃气发电（如图 2-41 所示）。净化后的气体通过燃气轮机或内燃机发电，增加余热回收系统可提高效率。

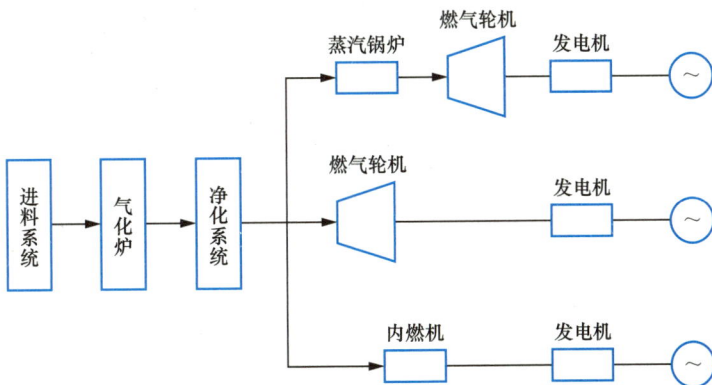

图 2-41　生物质气化发电工艺流程

生物质气化发电技术是生物质能利用中有别于其他可再生能源的独特方式，具有三大特点。首先，它具有灵活性，能够根据发电规模选用不同的发电系统，确保在不同规模下都有合理效率。其次，生物质气化发电具有较好的洁净性，能有效降低 CO_2、SO_2 和 NO_x 排放，减少空气污染。最后，生物质气化发电技术投资较低，简单的燃气发电过程降低了成本，具备较强的经济竞争力。

3）沼气发电技术。沼气通过厌氧分解有机物生成的可燃气体，主要成分为甲烷（60%～70%）和二氧化碳（30%～40%）。沼气发电原理是利用沼气作为燃料驱动发电机发电。其能量转换经历从化学能到热能、机械能，再到电能。但受热力学第二定律限制，热能不能完全转化为机械能，循环效率不超过40%，大部分能量随废气排出。为了提高能量利用率，需要回收废气，余热回收系统可将整体效率提高至60%～70%。

4）生活垃圾焚烧发电技术。生活垃圾焚烧发电通过高温焚烧可燃物质，消除有害物质并回收热能供热发电，实现资源循环利用。其工艺流程如图2-42所示。垃圾通过运输车运至电厂，经过称重后卸入垃圾储存坑。垃圾在坑内发酵、脱水后，由吊车送入送料器，进入焚烧炉燃烧。启动时，用助燃装置喷油助燃，启动后送风机送热风促进燃烧。燃烧后的灰渣通过输灰机送至灰坑，并调湿防止飞扬。燃烧的火焰及高温烟气经过锅炉产生过热蒸汽供汽轮机发电。烟气经脱硝、脱盐、集尘装置后形成无害气体进入烟囱，然后排入大气。锅炉和汽轮机组的运行由中央控制室集中监控，排水经预处理后达到 GB 8978—1996《污水综合排放标准》后排入下水道。

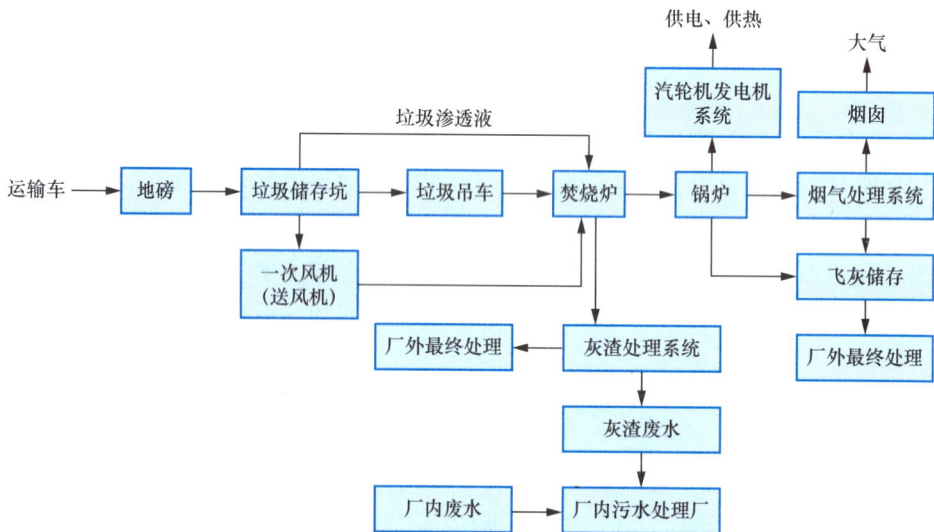

图 2-42　生活垃圾焚烧发电主要工艺流程

生活垃圾焚烧发电具有如下优点：能大幅度地减少体积和质量，焚烧后残渣质量是垃圾质量的25%～30%，体积是原来的8%～12%；处理彻底，易达到环保排放标准；可有效回收能源，供热发电；机械化程度高，操作方便。

5）生物质混合燃烧发电技术。生物质混合燃烧发电将生物质与煤共同应用于燃煤电厂，分为直接燃烧和生物质气化后与煤共同燃烧两种方式。关键技术是生物质的预处理，需要将生物质加工成适合锅炉或气化炉要求的形态。生物质混合燃烧技术包括煤与生物质混燃、煤与可燃气体混燃技术等。由于生物质的能量密度较低，分散的小型电厂经济效益差，因此生物质混合燃烧技术多应用于大型燃煤电厂。这种技术减少了设备改动，降低了投资，同时提高了电厂的可调节性，能够适应不同的生物质种类。

传统火电厂中进行混合燃烧，采用生物质发电的工艺路线，既无需额外安装气体净化设备，也不必配置小型发电系统。这样，生物质能直接与传统火电系统结合，提升整体的能源利用效率，减少对环境的负面影响。表 2-4 列出了生物质混合发电方式的比较。

表 2-4　　　　　　　　　　生物质混合发电方式比较

发电方式	直接混燃	气化混燃
技术特点	生物质与煤直接混合后在锅炉里燃烧	生物质气化后与煤在锅炉中一起燃烧
主要优点	技术简单、使用方便，不改造设备情况下投资最省	通用性较好、对原燃煤系统影响很小，经济效益较明显
主要缺点	生物质处理要求较严、对原系统有一些影响	增加气化设备、管理较复杂，有一定的金属腐蚀问题
应用条件	木材类原料、特种锅炉	要求处理大量生物质的发电系统

（3）生物质能课程思政案例。

1）湛江生物质发电厂。湛江生物质发电厂（见图 2-43）的发电机组装机容量为 2×50MW，于 2011 年投产，是全球单机容量和总装机容量最大的生物质发电厂。截至 2022 年 6 月，湛江生物质发电厂累计送出 68.27 亿 kWh 绿色电力，消纳 1025.61 万 t 农林废弃物，减少二氧化碳排放 424.16 万 t，推动环保和能源双重效益。

该电厂主要利用桉树皮、枝条等生物质发电，每年节省 28 万 t 标准煤，实现二氧化硫零排放，减少二氧化碳约 48 万 t。这一项目体现了"绿水青山就是金山银山"理念的实践，是我国在生态文明建设中的创新。

图 2-43　湛江生物质发电厂

同时，该电厂的建设为周边村民带来了增收机会。电厂按照每吨 300 元的价格回收树皮、木屑、谷壳等废弃物。农民在农闲时收集并送往电厂，既不影响农业生产，又增加了收入。这一模式通过发展循环经济助力乡村振兴。电厂的原料基地（见图2-44）面积相当于6个标准足球场，堆放着桉树皮等各种燃料，体现了绿色发展与乡村振兴的有机结合。

图2-44　湛江生物质发电厂原料基地

　　2）上海老港镇垃圾焚烧项目。上海老港镇垃圾焚烧项目是科技创新与环保理念融合的典范，也是发达沿海超大城市推动可持续发展的成功案例，如图2-45所示。该项目通过先进的垃圾焚烧技术，将日常废弃物转化为清洁能源，不仅大幅减少了垃圾体积，实现了减量化目标，还有效优化了城市能源结构，推动了资源高效利用。

图2-45　上海老港镇垃圾焚烧项目基地

　　该项目日处理垃圾能力为每天3000吨，通过高效的垃圾焚烧技术，每年可生产约2000GWh的电能。这一发电量足以满足数十万家庭的用电需求，同时大大减少了对传统化石能源的依赖，为城市提供了稳定的绿色电力供应。

在技术应用方面，老港镇垃圾焚烧项目采用了世界领先的垃圾焚烧技术，如炉排炉与流化床技术结合的焚烧系统，这种技术不仅能够高效地处理不同类型的垃圾，还能实现高温高效燃烧，减少了有害物质的排放。焚烧炉采用超临界压力锅炉技术，其工作压力和温度远高于常规锅炉，提高了热能利用效率，减少了废气排放。此外，项目还引入了烟气脱硝、脱硫及除尘技术，通过精密的烟气处理设施，将氮氧化物（NO_x）、二氧化硫（SO_2）及颗粒物的排放控制在极低水平，确保了排放符合最严格的环保标准。项目还采用了先进的余热发电技术，通过回收焚烧过程中产生的热能，进一步提升了能源利用率。

为了进一步提高运行效率和环保效果，老港镇垃圾焚烧项目还配备了智能化管理系统，实时监测焚烧过程中的各项数据，如温度、压力、排放浓度等，确保系统运行稳定，并实现了自动化控制。这种智能化系统不仅能够实现快速响应，也提高了系统的安全性和可靠性。

作为绿色发展理念的生动体现，该项目展示了环境保护与经济发展和谐共生的可能性，降低了环境污染，为构建生态文明和推动绿色低碳发展树立了新标杆。同时，项目提升了公众环保意识，增强了社会对科技创新解决环境问题的信心，成为全球超大城市垃圾处理新模式和绿色转型的先行者。

2.3.3 地热发电

地热能来自地球深处的热量，主要源于熔融岩浆和放射性物质衰变。它通过地下水循环和岩浆侵入带到地壳表层，部分地区以蒸汽或水自然涌出地面。地热能是一种绿色环保的能源，广泛应用于发电、供热、温泉洗浴、医疗等领域。尽管地热能可开采，但最终可回采量取决于技术水平。其开发利用不仅带来经济效益，还具有显著的环境效益。

（1）地球与地热能。地球是一个巨大的实心椭球体，其表面积约为 $5.11 \times 10^8 km^2$，体积约为 $1.0883 \times 10^{12} km^3$，赤道半径为 6378km，极半径为 6357km。地球的结构可分为三层：地壳、地幔和地核 [见图 2-46（a）]。地球的中心称为地核，其外核深 2900～5100km，内核深 5100km 以下至地心，一般认为地核是由铁、镍等重金属组成的。

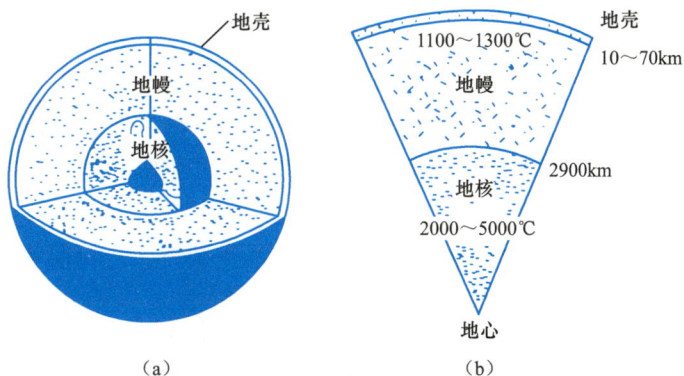

图 2-46 地球结构及其内部温度
（a）地球结构；（b）地球内部温度

从地壳到地心的温度逐渐升高，地球的中心温度约达 5000℃ ［见图 2-46（b）］，有学者认为地心最高温度可能达 6900℃。地球内部温度很高，像一个巨大的热库在内部蕴藏着巨大的能量，这些能量称为地热能。

地热能的主要来源是地球内部放射性元素（如铀 238、铀 235、钍 232、钾 40）的衰变，这些元素自发释放粒子和射线，转化为热能。地球内部通过热传导、火山喷发、地震等方式将热能传递至地表，平均年流失热量达到 1×10^{21} kJ。地热资源仅为地热能的一部分，具体可分为四类：

1）水热型地热能，即地球浅处（地下 400 ～ 4500m）的热水或热蒸汽，目前已达到商业开发利用阶段。

2）干热岩地热能，来自特殊地质条件造成高温但少水甚至无水的干热岩体，需用人工注水提取，目前处于研发阶段。

3）地压地热能，即在某些大型沉积盆地深处存在的高温高压流体，其中含有大量甲烷气体，目前属于研发和试验阶段。

4）岩浆热能，是储存在高温（700 ～ 1200℃）熔融岩浆体中的巨大热能，其开发利用目前尚处于探索阶段。

（2）地热能发电技术。地热发电利用地下热水和蒸汽的热能推动汽轮发电机组发电，将地下热能转变为机械能，再转为电能。与传统火力发电不同，地热发电无需燃料和锅炉设备，也不产生灰渣和烟气污染，是一种清洁的能源技术。

针对不同的地热资源，地热发电可分为地热蒸汽发电、地下热水发电、全流地热发电和干热岩发电四种方式。

1）地热蒸汽发电。地热蒸汽发电通过将地热田中的干蒸汽引入汽轮机发电机组发电。高温地热田提供的干蒸汽具有较高压力，能直接驱动发电机组，但在引入汽轮机前需要分离蒸汽中的岩屑、矿粒和水滴。尽管这种方式简单，但干蒸汽资源稀缺且深层开采难度大，发展受限。地热发电系统包括背压式和凝汽式汽轮机两种形式。

a．背压式汽轮机发电系统。背压式汽轮机发电系统由净化分离器和汽轮机组成（见图 2-47）。蒸汽经分离器去除杂质后进入汽轮机做功，驱动发电机发电。做功后的蒸汽可直接排放或用于工业加热。该系统操作简单，适用于地热蒸汽中不凝结气体含量较高的场合。

b．凝汽式汽轮机发电系统。凝汽式汽轮机发电系统（见图 2-48）通过蒸汽在汽轮机内膨胀做功驱动发电机发电，做功后的蒸汽排入凝汽器冷却后排出。该系统适用于高温（≥ 160℃）地热田发电，结构简单，能量利用率高于背压式，但热效率仅为 10% ～ 15%，厂用电率约 12%。

2）地下热水发电。地下热水发电是地热发电的主要方式，目前地下热水发电系统有两种方式：闪蒸地热发电和中间介质法地热发电。

a．闪蒸地热发电。闪蒸地热发电通过降低压力使热水迅速蒸发成蒸汽，以推动汽轮发电机发电。水的汽化温度随压力降低而下降，因此热水在闪蒸器中因压力骤降快速蒸发为水蒸气，其体积急剧膨胀产生动能，进而驱动汽轮发电机发电。这种系统包括单级闪蒸和两级闪蒸两种形式。单级闪蒸发电系统（见图 2-49）结构简单、投资小，适用于中温（90 ～ 160℃）地热田，但热效率较低，厂用电率较高。两级闪蒸发电系统（见图 2-50）利用一级闪蒸后的剩余热水在二级闪蒸器中分离出低压蒸汽供汽轮发电机膨胀做功，热效率较高，一般每吨地热水发电量可提高约 20%。

图 2-47　背压式汽轮机发电系统

图 2-48　凝汽式汽轮机发电系统

图 2-49　单级闪蒸发电系统

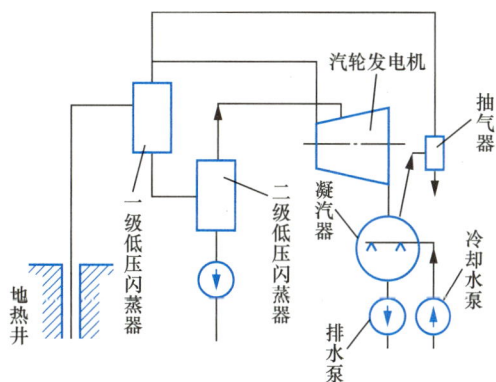

图 2-50　两级闪蒸发电系统

b．中间介质法地热发电。中间介质法采用双循环系统，通过地下热水间接加热低沸点物质（如氯乙烷、氟利昂等）推动汽轮发电机做功（见图 2-51）。这些低沸点物质在常压下的沸点低于水，适合用于温度较低的地下热水发电。中间介质法在低温地下热水发电中效率更高，该方式包括单级和双级中间介质发电系统。

单级中间介质法地热发电系统能够更充分利用低温地下热水，降低热水消耗率，设备紧凑，汽轮发电机尺寸小，适应复杂的地下热水化学成分。然而，该系统设备复杂，低沸点介质传热性差，需较大金属换热面积，增加成本，且低沸点介质多具易燃、易爆、腐蚀等特性，安全性低。

3）全流地热发电。全流地热发电系统（见图 2-52）直接将地热井口的蒸汽、热水、不凝结气体和化学物质等送入全流动力机械膨胀做功，然后排放或收集至凝汽器中，充分利用地热流体的全部能量。该系统由螺杆膨胀器、汽轮发电机组和冷凝器等组成，单位净输出功率比单级和两级闪蒸法提高约 60% 和 30%。

图 2-51 中间介质法发电系统

4）干热岩发电。干热岩是指地下没有热水和蒸汽的热储岩体，具有较高温度和较大开发价值。从干热岩取热（见图 2-53）原理为：首先，通过钻回灌深井将水压入地下 4 ~ 6km 深处的干热岩层，利用水力破碎技术激发热岩石，形成人工热储；然后，通过生产井提取热水或过热水，带走热量，经过地面热交换器和汽轮机转化为电能。冷却后的热水通过回灌井循环使用。

图 2-52 全流地热发电系统

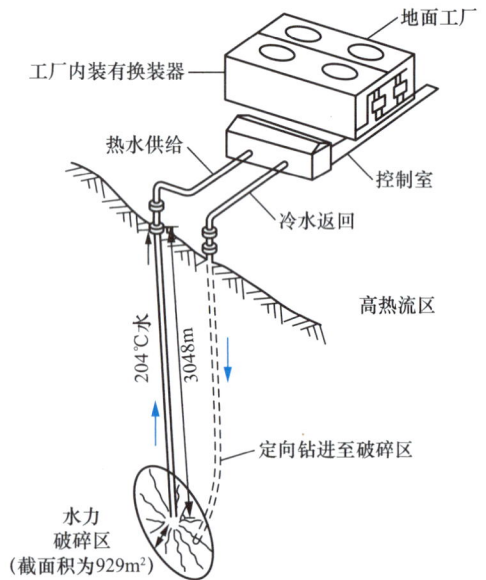

图 2-53 干热岩发电系统

干热岩发电相较于天然蒸汽或热水发电具有储量大、稳定性强、使用寿命长等优势。此外，该方式通过生产井提取的热水杂质较少。

（3）地热能课程思政案例：羊八井地热电站。羊八井地热电站（见图 2-54）是我国于 1977 年自主建设的首个高温地热电站，位于西藏海拔约 4300m 的当雄县羊八井村，已累计发电超过 300GWh。该电站采用湿蒸汽两相流体通过汽水分离后驱动汽轮机发电，总装机容量为 25.15MW，是世界上首座利用地热浅层热储进行工业性发电的电厂，享有"世界屋脊明珠"的美誉。

图 2-54　羊八井地热电站

羊八井地热电站充分利用了高原地区丰富的地热资源，将电力送入拉萨电网，解决了长期的供电紧张问题，弥补了小型水电站和重油火电厂的不足，极大改善了拉萨的供电状况。同时减少了拉萨对传统化石能源的依赖，大幅减少污染物排放，是我国高原地区绿色发展的典范。

该电站的建成，标志着我国在高温地热发电领域的重大突破，展现了我国科研人员在高海拔、复杂地质条件下面对挑战的勇气与智慧，体现了科技自立自强的精神。该电站，不仅为高原地区提供了清洁能源，也体现了"民族一家亲"的理念，为支援西藏建设提供了经验。

2.3.4　海洋能发电

海洋覆盖地球表面 70.9% 的面积，蕴藏石油、天然气、铀等重要资源，且拥有丰富的生物资源。海洋能通常包括潮汐能、波浪能等可再生能源。广义上，海上风能也被视为海洋能的一种。

（1）海洋能。海洋能是指存在于海洋中的可再生能源，主要包括潮汐能、波浪能、海水温差能、海流能和盐度差能。潮汐能和海流能来源于月球、太阳及其他天体的引力作用；波浪能是由风力作用于海面产生的机械能；海水温差能来自太阳辐射引起的海水温差；盐度差能来源于海水与河口水域之间的盐度差，通过半透膜渗透效应产生能量。

具体来说，海水温差能是低纬度地区海表水和深层水之间的温差产生的热能，潮汐能与潮差的大小和潮量成正比，波浪能与波高的平方和波动水域面积成正比。

（2）海洋能发电技术。

1）潮汐能发电。潮汐现象表现为海水的周期性上涨和下降，白天称为"潮"，晚上称为"汐"。潮汐现象对人类有重要意义，不仅促进了航海、捕捞和晒盐，还可以转化为电能。

潮汐电站通常由潮汐水库、闸门、堤坝、发电机组和输电设施等部分组成。根据运行方式的不同，潮汐电站分为单库和双库两种类型。潮汐电站利用潮汐的涨落差产生动力，转化为电能，为人类提供可再生能源。

a. 单库单向型潮汐电站。单库单向型潮汐电站（见图 2-55）一般只有一个水库，水轮机采用单向式。这种电站只需建设一个水库，在水库大坝上分别建一个进水闸门和一个排水闸门，发电站的厂房建在排水闸处。

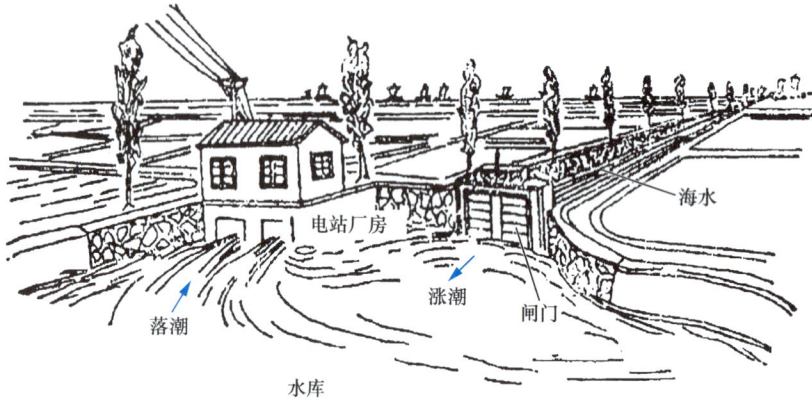

图 2-55 单库单向型潮汐电站

单库单向型潮汐电站利用潮水涨落产生水位差来发电。当涨潮时，进水闸门打开，排水闸门关闭，水库蓄水；当落潮时，排水闸门打开，水流带动水轮机发电。该类型电站通常在落潮时发电，因为此时水位差较大，能提供更多的能量。

单库单向潮汐型电站的运行分为充水、等候、发电、等候四个工况。该类型电站使用常规贯流式水轮机，结构简单、投资较少，但仅在落潮时发电，发电时间通常为 10 ~ 20h，并未充分利用潮汐能。

b. 单库双向型潮汐电站。单库双向型潮汐电站（见图 2-56）采用一个水库和双向式水轮机，涨潮和落潮时都可以进行发电。这种电站的特点是水轮机和发电机组的结构较复杂，能满足正、反双向运转的要求。

单库双向型潮汐电站有等待、涨潮发电、充水、等待、落潮发电和泄水六个工况。在海水水位—水库水位接近相等的时间内，机组无法发电，一般每天能发电 16 ~ 20h。

c. 双库单向型潮汐电站。双库单向型潮汐电站（见图 2-57）通过建立两个相邻水库来提高潮汐能利用率。上水库在涨潮时蓄水，称高位水库；下水库在退潮时放水，称低位水库。涨潮时，水位差推动水轮机发电；落潮时，水位差持续发电。该类型电站可实现全天候发电，但由于需建设两个水库，初期投资较大。

2）波浪能发电。波浪能是海洋表面波浪的动能和势能，形成波浪的主要原动力来自风的压力和海面摩擦力。波浪能与波浪的高度、周期和迎波面宽度等因素相关，因此能量较不稳定。波浪能发电通过波浪能转换装置，将波浪的机械能转化为电能，常通过水轮机或空气涡轮机驱动发电机。

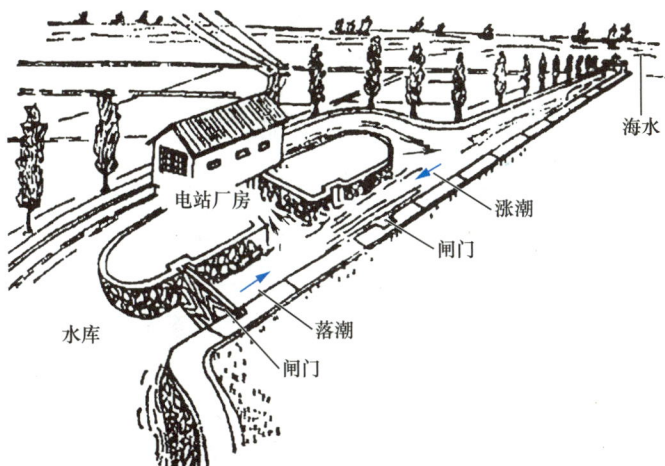

图 2-56 单库双向型潮汐电站

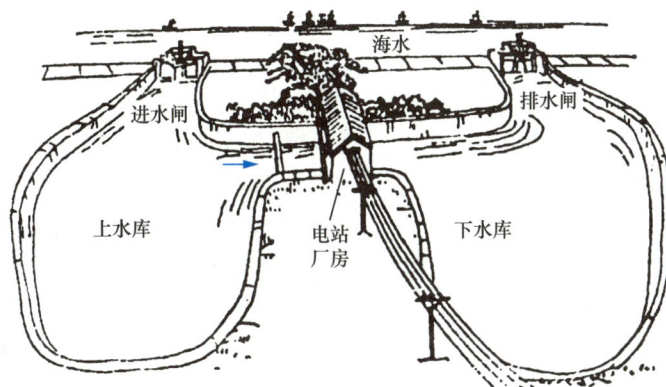

图 2-57 双库单向型潮汐电站

波浪能的优点包括：

a. 以机械能形式存在，是海洋能中能量密度较高、易于直接利用的能量形式。

b. 能流密度大。

c. 波浪能普遍存在，分布广泛。

波浪能利用的关键是波浪能转换装置。通常要经过三级转换（如图 2-58 所示）：第一部分为波浪能采集系统，作用是捕获波浪能量，实现一级转换；第二部分为机械能转换系统，作用是把波浪能转换为机械能，实现二级转换；第三部分为发电系统，用涡轮机等设备将机械能传递给旋转发电机转换为电能，实现三级转换。目前国际上应用的各种波浪能发电装置都要经过多级转换。

3）海水温差发电。海水热能主要来自太阳能。辐射到海面上的太阳能一部分被海面反射回大气，一部分进入海水。进入海水的太阳能大多都被海水吸收，转化为海水热能。被海水吸收的太阳能，约有 60% 被厚度为 1m 的表层海水所吸收，因此海洋表层水温较高。图 2-59 所示为大洋平均水温典型垂直分布图（低纬），海洋水温在垂直方向上

图 2-58　波浪能转换的三级转换

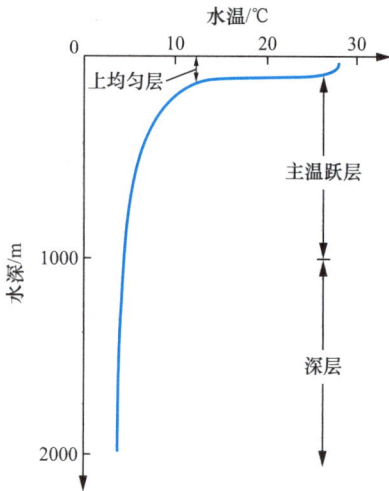

图 2-59　大洋平均水温典型垂直分布图（低纬）

基本呈层化分布。随着海水深度的增加，水温呈不均匀递减，且水平差异逐渐缩小，至深层水温分布趋于均匀。

从海水温差发电装置的设置形式来看，大致分成陆上型和海上型两类。陆上型装置是把发电机设置在海岸，而把取水泵延伸到 500～1000m 或更深的深海处。海上型装置又可分成浮体式（包括表面浮体式、半潜式、潜水式），着底式和海上移动式三类，图 2-60 所示为浮体式海水温差发电装置示意图。

4）海流能发电。海流，又称潮流，是海水大规模、稳定的流动及受潮汐影响的周期性流动。海水和大气因吸收太阳能而产生温度、密度梯度，形成海水流动并构成大洋环流。海流能指海水流动的动能，能量与流速的三次方和流量成正比。海流能功率可以表示为

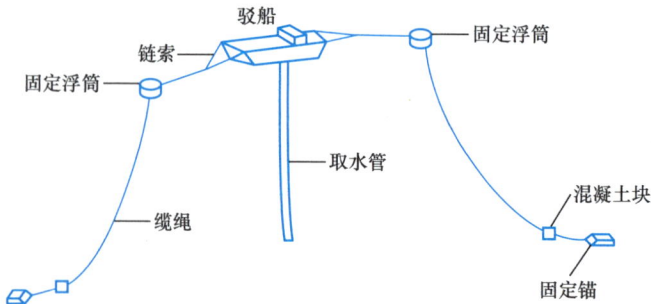

图 2-60　浮体式海水温差发电装置

$$P = \frac{1}{2} \rho Q v^3 \tag{2-5}$$

式中：ρ 为海水密度，单位为 kg/m^3；Q 为海水流量，单位为 m^3/s；v 为海水流速，单位为 m/s。

海流能发电是海流能利用的主要方式，其原理和风力发电相似。目前最常见的海流能发电形式有四种，分别是水下风力机式、轮叶式、降落伞式和磁流式。

a. 水下风力机式海流发电。水下风力机海流发电装置利用水平轴水轮机捕获海流能，海水流经桨叶产生升力，使叶轮旋转并驱动发电机发电。其结构和工作原理与现代风力机相似。2013 年，由中国海洋大学研制的我国首台 100kW 水下风力机海流发电装置（见图 2-61）被成功投放到了黄岛区斋堂岛海域。这个高达 18m 的"大家伙"，底部呈三足鼎立状，三个大的圆柱体很牢固地支撑着整个设备，顶部则形似一个大风力机，三个白色的叶片转动将产生能量发电。

图 2-61　我国首台 100kW 水下风力机海流发电装置

b. 轮叶式海流发电。轮叶式海流发电原理与风力发电类似，通过海流推动轮叶，进而带动发电机发电。不同之处在于动力来源是海流而非气流。轮叶可为螺旋桨式或转轮式，转轴可与海流平行或垂直。轮叶可直接带动发电机，或通过水泵产生高压水流驱动发电机。2020 年，由浙江大学自主研发的大长径比半直驱高效水平轴 650kW 海流能发电机组实现了最大发电功率 637kW，创下国内最大发电功率纪录。这一创新技术在舟山市摘箬山岛海域的浙大海洋能试验电站得到应用，几座通体火红色的发电机组高耸在海面上（见图 2-62）。海潮涌动，推动水中的叶轮，带动发电机运转。

c. 降落伞式海流发电。降落伞式海流发电装置（见图 2-63）由几十个串联在环形铰链绳上的"降落伞"组成。海流作用下，逆流的"降落伞"张开，顺流的被压缩，串缚的绳子带动转轮转动。通过增速齿轮系统转动驱动发电机发电。

d. 磁流式海流发电。磁流式海流发电的基本原理与磁体发电原理大体相同。高温等离子气体为工作介质（简称工质），高速垂直流过强大的磁场后直接产生电流。目前主要考虑以海水作为工作介质，当存在大量离子（如氯离子、钠离子）的海水垂直流过放置在海水中的强磁场时，就可以获得电能。2018 年，中国科学院电工所彭爱武研究团队成功研制出我国首台盘式磁流体发电机（见图 2-64）。该发电机使用氩气作为工质，输出功率为 10.3kW，位居同类装置世界第三。

图 2-62　轮叶式海流发电机组

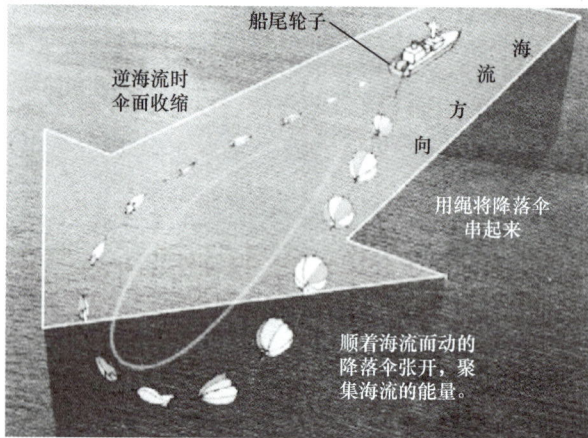

图 2-63　降落伞式海流发电装置

这一成就体现了科学家坚持创新、不畏困难的精神。在条件有限的情况下，彭爱武团队的研究成果为我国海洋能开发提供新路径，展现了科技自立自强的使命担当，彰显了创新驱动发展的力量，激励人们勇攀高峰，为科技强国建设贡献力量。

5）盐度差能发电。不同浓度的溶液之间存在着化学潜能，称为浓度差能。海水含有盐分，江河水基本不含盐分。因此河水、海水接触时，存在着很大的渗透压力差，这种浓度差能，称为盐度差能，用这种能量来发电，称为盐度差能发电。

盐差能发电的方式主要有渗透压法、蒸汽压法、浓差电池法等。

a. 渗透压法。渗透压式盐差能发电系统通过半透膜隔开海水和淡水，利用淡水渗透产生渗透压。目前有强力渗压系统、水压塔渗压系统和压力延滞渗透系统。关键技术包括半透膜技术和流体交换技术，其难点在于制造性能优良且成本适宜的半透膜。图 2-65 为基于渗透原理的强力渗压盐差发电系统。该系统由前坝、后坝、水轮机、深水池、渗流器等部分组成。

图 2-64 我国首台盘式磁流体发电机

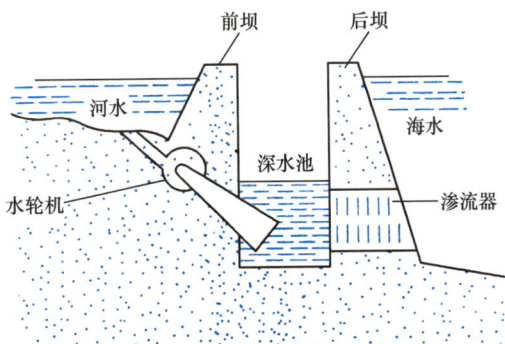

图 2-65 强力渗压盐差发电系统

b. 蒸汽压法。蒸汽压发电装置是由树脂玻璃、PVC 管、热交换器（铜片）、汽轮机、浓盐溶液和稀盐溶液组成，如图 2-66 所示。蒸汽压发电利用淡水蒸发速度比海水快的原理，通过在空室内形成蒸汽流动，驱动汽轮机发电。

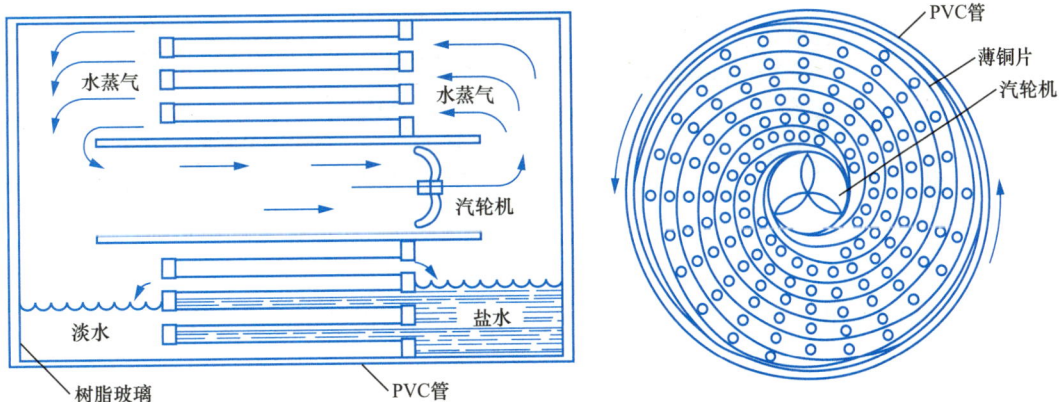

图 2-66 蒸汽压发电装置

c. 浓差电池法。浓差电池发电利用带电薄膜分隔不同浓度溶液，形成电位差，将化学能转化为电能。浓差电池发电方式为通过阳离子渗透膜和阴离子渗透膜交替放置，分别允许钠离子和氯离子通过，淡水和海水间的离子交换产生电流，多个电池串联可提高电压（见图 2-67）。该方法需大面积渗透膜，成本较高，但膜寿命长，损坏影响小。此外，发电过程产生 Cl_2 和 H_2，可以增加经济效益。

（3）海洋能课程思政案例：江厦潮汐发电站。江厦潮汐电站（见图 2-68、图 2-69）是我国最大且首座双向潮汐能发电站，位于浙江温岭市乐清湾。该电站于 1980 年开始运行，1985 年全面投产，现为亚洲第二、世界第四大潮汐电站，累计发电量达 235GWh。

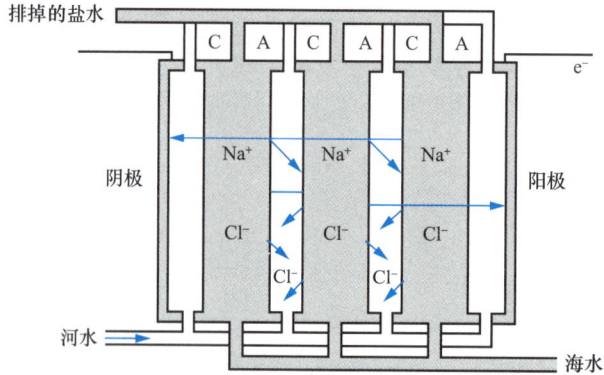

图 2-67　浓差电池

图 2-68　江厦潮汐电站

江厦潮汐电站配置了 5 台水轮发电机组，包括 1 台 500kW 机组、1 台 600kW 机组和 3 台 700kW 机组，总装机容量为 3200kW。所有机组均采用灯泡贯流式设计，具有较高的运行效率。

江厦潮汐电站库区围垦 373 公顷，其中 267 公顷可耕地主要种植柑橘、水稻等，160 公顷水面用于养殖鱼虾，产量可观。该电站不仅用于发电，还通过围垦和养殖促进农业与渔业发展，体现了资源综合利用与环境保护的高度统一，成为生态经济双赢的成功案例。该电站大坝的建设为居民出行提供了便利，减少了居民对摆渡的依赖。通过多功能结合，江厦潮汐电站为当地经济多元化发展开辟了新道路，成为潮汐能开发与区域经济可持续发展的示范。

江厦潮汐电站作为我国首座双向潮汐能发电站，不仅是我国在可再生能源领域技术创新的重要成果，更是践行生态文明理念、推动绿色发展的生动典范。该电站通过发电、围垦和养殖等多功能结合，实现了资源的高效利用与环境保护的有机统一，既提供了清洁能源，又促进了农业与渔业的发展，改善了当地居民的生活条件，体现了科技服务民生、造福社会的价值追求。江厦电站的成功实践，为全球潮汐能开发和区域经济多元化发展提供了宝贵经验。

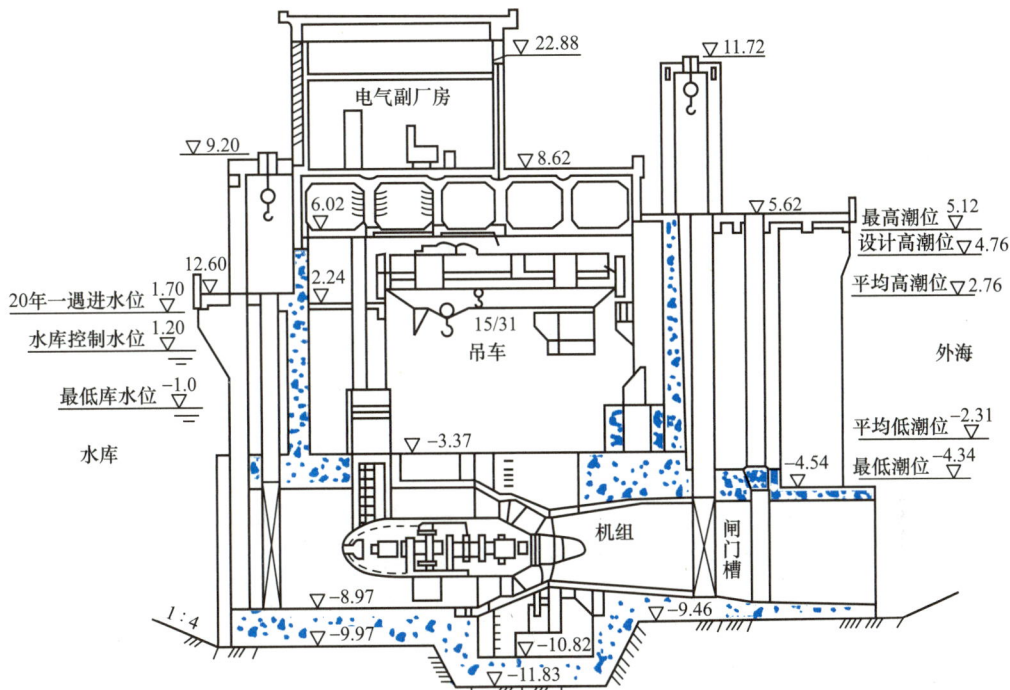

图 2-69　江厦潮汐电站厂房剖面图

习题

1．简述水力发电的基本原理及过程。

2．分析抽水蓄能电站的工作原理及其在电力系统中的作用。

3．阐述生物质能发电的优点及面临的挑战。

4．介绍地热能发电的基本原理及主要应用场景。

5．讨论海洋能发电的潜力及目前存在的技术难题。

6．比较水电与其他可再生能源（如风电、太阳能）在发电成本、稳定性、环境影响等方面的异同。

7．分析我国水电资源的分布特点及开发利用现状。

8．探讨生物质能发电原料的多样性及其对农业废弃物利用的意义。

9．阐述地热能发电的局限性及未来发展方向。

10．结合当前政策环境，分析海洋能发电产业的发展前景及政策支持情况。

2.4　核　　　　电

在全球能源转型背景下，核能作为清洁、高效且稳定的能源，是全球能源结构的重要组成部分。核电以其低碳优势和强大的能源供应能力，为应对气候变化、优化能源结构和保障能源安全提供了有力支持。本节将探讨核能的基本概念、分类、反应原理、核电站系统构成、先进核能发电技术应用，以及"暖核一号"核电案例的创新实践。

2.4.1 核能的概念与特点

（1）核能的概念。

1）原子结构。物质由分子或原子构成，原子由原子核和电子组成。原子核包含质子和中子，质子带正电，中子不带电，电子带负电。

2）核反应。核反应是指原子核与原子核，或者原子核与各种粒子（如质子、中子、光子或高能电子）之间的相互作用引起的各种变化。核反应的过程中，会产生不同于入射弹核和靶核的新的原子核。只有满足质量数、电荷、能量、动量、角动量和宇称等守恒条件，核反应才能发生。核反应过程总是伴随着能量的吸收或释放，前者称为吸能反应（又称吸热反应），后者称为放能反应（又称放热反应）。

3）核能。核能又称原子能，是通过核反应从原子核释放的能量，它是原子核里的核子，即中子或质子重新分配和配合释放出来的能量。

1905 年，爱因斯坦在相对论中指出：质量只是物质存在的形式之一，另一种形式就是能量。质量和能量可以相互转换。他提出了质能转换公式

$$E = mc^2 \tag{2-6}$$

式中：E 为能量；m 为转换成能量的质量；c 为光速。

核能通过原子核反应，由质量转换成的巨大能量。比如铀裂变成更轻的原子，并释放出中子时，总质量会减少，而按照质能转换公式，这部分亏损的质量，会释放出相当大的能量。

（2）核能的特点。

1）核能的优点。

a. 核能是通过核反应从铀等核燃料中释放的能量。核燃料属于不可再生资源，但核能本身属于一次能源，可直接用于发电。

b. 核能是地球上储量最丰富的能源，又是高度富集的能源。

c. 核能是清洁的能源，有利于保护环境。

d. 核电的经济性能可与火电竞争。核电厂由于注重安全和质量，建造费高于火电厂，但燃料费低于火电厂，火电厂的燃料费约占发电成本的 40% ～ 60%，而核电厂的燃料费则只占 20% 左右。

e. 发展核电有利于减轻燃料运输对交通系统的负担。

f. 以核燃料代替煤和石油，有利于资源的合理利用。煤和石油在地球上的储藏量有限，作为原料的价值要比仅作为燃料高得多。

2）核能的缺点。

a. 核能发电产生的废料体积较小，但因其具有放射性，处理要求较高。现代技术已发展出深地储存、自动停堆系统等多种安全处理和储存方式，但进一步提升管理技术仍是持续探索的方向。

b. 核能发电的热效率较低，其废热排放较为明显。通过改进冷却技术和热回收利

用可降低热排放的环境影响，但相关优化仍是重要研究课题。

c．公众接受度较低。核能因安全性和历史事故的影响，仍在许多地区面临公众的质疑和担忧，这对核电的发展推广构成一定阻碍。

2.4.2 核能的分类及其反应原理

核能来源于保持在原子核中的一种非常强的作用力——核力。核力和人们熟知的电磁力及万有引力完全不同，它是一种非常强大的短程作用力。取得核能的方式有两种：一是目前已达到实用阶段的核裂变方式，二是目前还处于研究试验阶段的核聚变方式。

（1）核裂变能。

1）基本原理。当一个重原子核在吸收了一个能量适当的中子后形成一个复合核，这个核由于内部不稳定而分裂成两个或多个质量较小的原子核，这种现象叫做核裂变。核裂变释放出的能量称为核裂变能。只有一些质量非常大的原子核像铀、钍和钚等才能发生核裂变。

以 U-235 为例，其核裂变过程如图 2-70 所示，首先 U-235 原子核受到能量适中的中子撞击，产生了质量更小的原子核，如 Ba-144，Kr-89，同时还释放出了 2 ～ 3 个中子，这样就出现了质量亏损 $\Delta m = m_{before} - m_{after} = (235u + 1u) - (144u + 89u) = 3u$ 用 "u"（原子质量单位）来表示，$1u = 1.660566 \times 10^{-27}$ kg；ΔE 用 uc^2 表示，$1uc^2 = 931.5$MeV。1kg 铀中的铀核如果全部发生裂变，释放出的能量大约相当于 2500t 的标准煤完全燃烧所放出的能量。

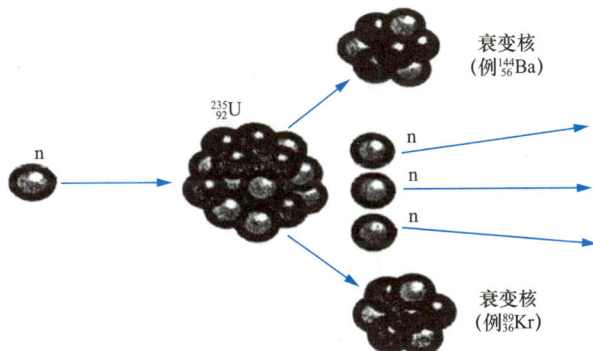

图 2-70 U-235 核裂变示意图

2）核裂变反应堆原理。核反应堆是一个能维持并控制核裂变链式反应，从而将核能转化为热能的装置。作为核电厂的核心，核反应堆负责核裂变链式反应的发生。以铀裂变反应堆为例，介绍其原料、反应机制以及负反馈机制等基本原理。

a．原料：铀裂变反应堆的原料是天然铀，主要由 U-235 和 U-238 组成。U-235 占 0.7%，易裂变，支持链式反应；U-238 则在被高速中子轰击时才裂变。链式反应主要依靠 U-235。

b．富集度：指核燃料中易裂变核素的含量。铀分为微浓缩铀（0.9% ～ 2%）、低浓缩铀（2% ～ 20%）和高浓缩铀（20% 以上）。天然铀中 U-235 仅占 0.7%，需要浓缩铀提高 U-235 富集度。核电轻水反应堆一般使用 3% ～ 7% 富集度的铀，核废料产生率较高。

c. 核燃料元件：浓缩铀经过加工后，制成适用于反应堆的核燃料元件。核燃料元件种类多样，按形状可分为柱状、棒状、环状等，要求在高辐射、高温、高流速环境下具有较高的性能和使用寿命。

d. 增殖反应：U-238 在受到高速中子轰击后，吸收一个中子并变成 U-239，通过衰变成为 Pu-239，后者是易裂变核素。U-238 因此被称为增殖核素，能持续提供可裂变材料。

e. 燃耗：指消耗的重金属质量与初始重金属质量的比值。反应堆内的链式裂变和增殖反应同时进行，链式反应消耗 U-235，增殖反应增加 Pu-239 的量。21 世纪初普通核反应堆的燃耗约为 5%，核废料中高放射性废料占比高。

f. 中子慢化剂：热中子反应堆中使用中子慢化剂将快中子减速至热中子，以维持裂变反应。常用的慢化剂有普通水、重水、石墨等，既能慢化中子，又能减少中子吸收。

g. 负反馈机制：当水作为慢化剂时，反应堆温度过高时水蒸发，失去慢化作用，从而自动终止链式反应，达到控制温度和功率的效果。

h. 功率控制：通过控制中子密度来调节反应堆功率。常用的控制材料包括银铟镉合金、金属铪等，也可以通过调节硼酸浓度来调控中子密度，从而控制功率。

（2）核聚变能。

1）基本原理。核聚变（热核反应）是指在极高温度下，氢原子核结合成较大核并释放能量的过程。例如，氘核和氚核在高温高压下聚变成氦核时释放大量核能，这就是核聚变。氘氚核聚变示意图如图 2-71 所示。相同质量下，聚变释放的能量远超铀裂变。氢弹利用这一原理，其威力远大于原子弹。目前，核聚变的实际应用仅限于氢弹等不可控的热核反应，而实现工业规模的核能应用仍局限于核裂变。

2）反应条件。核聚变反应需在上亿摄氏度的高温环境下才能触发，例如氘氚核聚变需达到约 1.5 亿℃。太阳的核聚变反应通过其中心约 1.5 亿℃的高温和巨大压力提供光和热。由于核力是短程力，原子核需要非常接近才能聚变，而库仑斥力使得原子核间的距离必须足够小，且需要足够的能量克服斥力。氘核需要达到 5.6 亿℃才能克服这一障碍，并形成等离子体，增加聚变难度。

地球上实现轻核聚变的主要方法有两种。

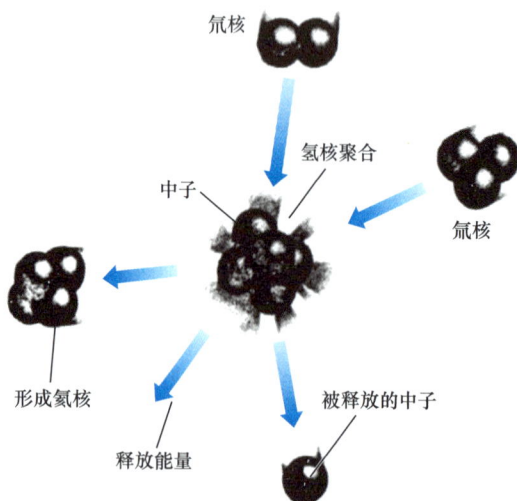

图 2-71 氘氚核聚变示意图

氘核

氢核聚合

中子

氚核

形成氦核

释放能量

被释放的中子

a. 磁约束：通过强磁场将氘核加热并束缚等离子体。

b. 惯性约束：通过短时间内的高温高压使氘氚混合物发生热核爆炸并释放能量。

（3）我国在可控核聚变领域的探索与成就。

a. "东方超环"（EAST）计划。东方超环（见图 2-72），俗称"人造小太阳"，位于安徽省合肥市科学岛，是中国科学院等离子体所自主设计、研制并拥有完全知识产权的磁约束核聚变实验装置。它的建成，标志着在稳态运行的物理和工程方面，我国开始引领磁约束聚变研究的国际前沿，成为首个掌握新一代先进全超导托卡马克技术的国家。

图 2-72 东方超环（EAST）

b. 中国聚变工程实验堆（CFETR）。中国聚变工程实验堆（CFETR）是中国正在规划建造中的一个托卡马克核聚变反应堆，使用磁场约束等离子体并产生能量。目前方案设计工作已于 2015 年完成，2021 年开始建造，预计于 2030 年完成。

2018 年 1 月 3 日，我国聚变堆主机关键系统综合研究设施在合肥集中建设，这是合肥综合性国家科学中心首个落地的国家大科学装置项目。该设施主要为下一代聚变堆的超导磁体和偏滤器系统提供研究和环境，保障我国聚变堆核心技术发展的先进性、安全性和可靠性，加快聚变能实际应用的进程。

2.4.3 核电站及系统

（1）压水堆核电站。

1）核电站的组成。核电站主要由核岛和汽轮发电机系统组成，如图 2-73 所示。

常规岛与火电机组功能相同，但在系统和设备上有所不同。核电产生的蒸汽参数为大流量、中温中压、饱和蒸汽，因此汽轮机具有以下特点：一般采用低速汽轮机、长叶片，并减少低压缸数，以提高调节级的安全性，减少蒸汽水分对叶片的侵蚀，提升机组容量。汽轮机为单轴设计，配置 1 个高压缸和 3～4 个低压缸，无中压缸。高压缸采用双流式结构。为了提高热效率，连接高、低压缸的管道上装有几台汽水分离再热器。凝汽器管板采用双层结构并通过焊接连接，两层之间通入不带放射性的凝结水，以防止循环水污染。

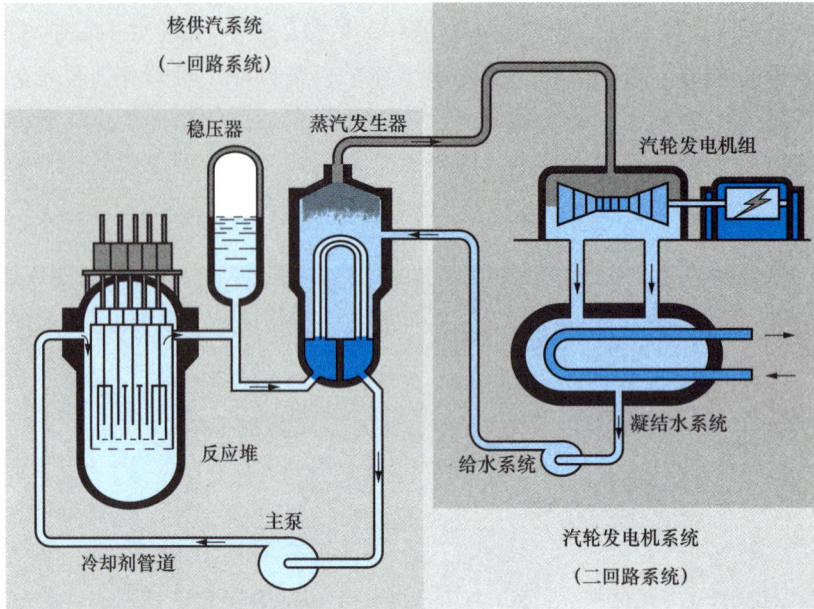

图 2-73　压水堆发电系统

2）核岛。压水堆的设计要点首先是安全至上的运行可靠性。其堆芯装有核燃料组件，并设置多种辅助安全冷却系统。为防止核泄漏，一回路系统的主冷却水经蒸发器冷却后再返回堆芯，循环使用。反应堆压力容器按材料可分为钢制和预应力混凝土两种。钢压力容器用于各种类型的核反应堆。轻水堆核电站的钢压力容器均为圆筒形结构，预应力混凝土压力容器应用于气冷堆等。

（2）沸水堆核电站。沸水堆与压水堆均以普通水作为慢化剂和冷却剂，因此本质上属于同一类型的反应堆。它们的主要区别在于系统的压力不同。压水堆压力高，不允许冷却剂在堆内沸腾，需要二回路热交换器转换热量。而沸水堆（见图 2-74）允许冷却剂在堆芯内沸腾产生蒸汽。

沸水堆系统的特点如下：

1）蒸汽直接循环。它与压水堆相比，少了一个容易发生事故的蒸汽发生器和稳压器的回路，简化系统。

2）堆芯工作压力可以降低。沸水堆堆芯只需加压到 7MPa 左右，且可获得与压水堆一样的蒸汽温度，显著降低设备投资。

3）堆芯出现空泡。堆芯处在两相流体状态，在任何工况下慢化剂反应性空泡系数均为负值，可以使反应堆运行更稳定，自动展平径向功率分布，具有较好的控制调节性能。

4）功率密度低。蒸汽密度降低，慢化能力减弱，故沸水堆需要的核燃料比相同功率的压水堆多，堆芯及压力壳体积都比相同功率的压水堆大。

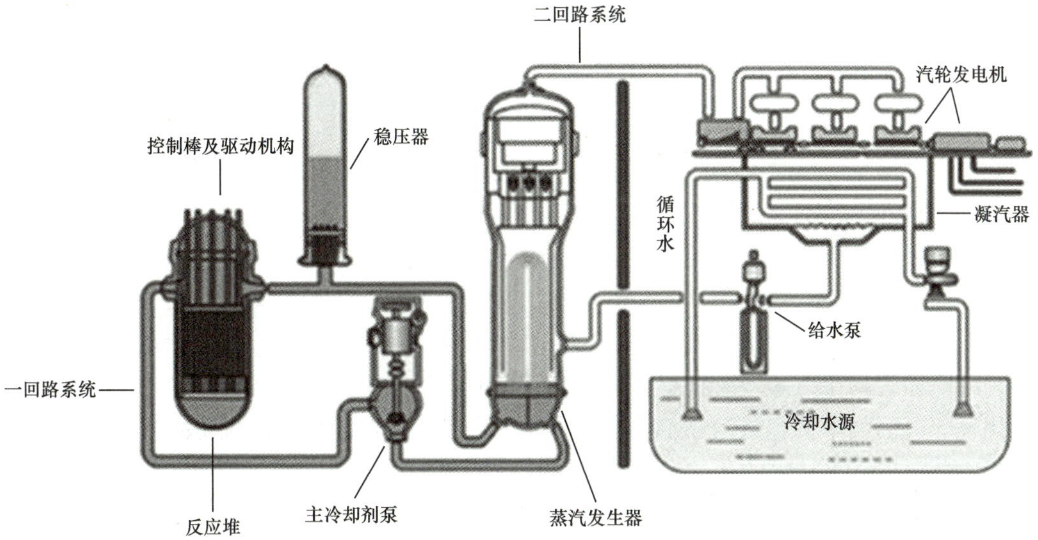

图 2-74　沸水堆核电站原理示意图

5）辐射防护和废物处理较复杂。

（3）重水堆核电站。重水堆的突出优点是能最有效地利用天然铀。由于重水慢化性能好，吸收中子少，重水堆不仅可直接用天然铀作燃料，而且燃料烧得比较彻底。如果采用低浓度铀，重水堆消耗与轻水堆相比，可节省 38% 的天然铀。重水堆的缺点主要是体积大、造价成本高。

重水堆可分为压力壳式和压力管式两种。压力壳式的冷却剂只用重水，其内部结构材料比压力管式少，经济性好，生成新燃料 ^{239}PU 的净产量较高。这种反应堆　般用天然铀作燃料，由于栅格节距大，压力壳比同功率的压水堆大得多，因此单堆最大功率不大于 300MW。

压力管式重水堆在冷却剂选择上灵活，可以使用重水、轻水、气体或有机化合物。虽然压力管可能增加中子的伴生吸收损失，但由于堆芯较大，中子的泄漏损失可有效减少。这种堆的优势在于能够实现不停堆装卸和连续换料，无需使用控制棒来补偿燃耗。压力管式重水堆主要分为两种类型：重水慢化、重水冷却堆和重水慢化、沸腾轻水冷却堆，两者在结构上基本相似。

1）重水慢化、重水冷却堆。这种反应堆的容器不承受压力，重水充满反应堆容器，并通过多个容器管与容器一体化。容器管内放置锆合金压力管，内含天然二氧化铀制成的芯块，芯块装入锆合金包壳的燃料棒中，形成短棒束型燃料元件。燃料元件放置在压力管内，通过支承垫在水平压力管中滑动。反应堆两端设有遥控定位的装卸料机，能够在运行期间持续进行燃料元件的装卸。

该反应堆的工作原理是：重水作为慢化剂和冷却剂，流动于压力管内以冷却燃料。为了防止重水沸腾，反应堆保持在高压（约 90atm，1atm=101325Pa）下。流过压力管的高温、高压重水将裂变产生的热量带出堆芯，并通过蒸汽发生器将热量传递给二回路轻水，生成蒸汽，推动汽轮机发电。

2）重水慢化、沸腾轻水冷却堆。重水慢化、重水冷却堆采用水平布置的容器和压力管，而重水慢化、沸腾轻水冷却堆则为垂直布置。轻水冷却剂在燃料管道内流动，堆芯内的升温过程引起沸腾，产生的蒸汽直接驱动汽轮机发电。由于轻水吸收中子较多，为了用天然铀维持稳定反应，大多数设计会在燃料中添加少量的富集铀。

2.4.4 先进核能发电技术

（1）第四代核电技术。2002年5月，第四代国际核能论坛（GIF）上提出了6种先进的反应堆概念设计，见表2-5。其中，熔盐堆是一种先进的核反应堆类型，其核心特点是使用熔融盐作为冷却剂和燃料溶液。与传统的核反应堆相比，熔盐堆在安全性、燃料利用率和废物管理等方面具有显著优势。目前，熔盐堆的开发主要集中在小型化和模块化设计，例如单机容量为5MW的熔盐堆。我国甘肃省武威市已成功完成了满功率实验，验证了熔盐堆技术的可行性和可靠性。这一实验的成功为熔盐堆的商业化应用奠定了基础，标志着我国在熔盐堆技术研发方面取得了重要进展。中国第四代核反应堆之一钍基熔盐堆如图2-75所示。

图2-75 中国第四代核反应堆之一钍基熔盐堆

第四代核能系统包括三种快中子反应堆系统和三种热中子反应堆系统。其中，中子能谱为快中子、燃料循环为闭式的有SFR、LFR、GFR、VHTR为热中子能谱，SCWR为热或快中子能谱，MSR为闭式燃料循环，SCWR为一次或闭式燃料循环，VHTR为一次燃料循环。

（2）小型模块化堆。

1）概述。近年来，先进小型核动力反应堆（SMR）因其"小型""模块化"和

"反应堆"三大特点受到广泛关注。"小型"指其额定功率为 10 ~ 300MW；"模块化"便于核蒸汽供应系统的组装和系统耦合；"反应堆"涉及受控核裂变反应。SMR 设计简化、建造周期短，具有非能动安全性、防核扩散和降低财政风险等优势。相比传统核电站，SMR 投资小、灵活性强，适用于电网容量有限的国家，满足区域供电、供暖、海水淡化和海洋开发等需求，是传统核电的理想替代方案。

表 2-5　　　　　　　　　　　　　　　6 种先进的反应堆

序号	第四代核反应堆	内容	代号	中子能谱	燃料 / 循环方式
1	氦气冷快堆	采用直接循环的氦气轮机发电，或采用其工艺热进行氢的热化学生产，长寿命放射性废物的产生量最低，利用现有的裂变材料和可转换材料（包括贫铀），参考反应堆 288MW 的氦冷系统，出口温度为 850℃	GFR	快（与锕系元素的完全在循环）	复合陶瓷燃料 / 闭式
2	铅合金冷却快堆	实现可转换铀的有效转化，控制锕系元素；燃料为含有可转换铀和超铀元素的金属或氮化物；额定容量 1200MW 中 300 ~ 400MW 模块和一个换料 15 ~ 20 年的 50 ~ 100 MW 电池组可组成小电网	LFR	快（铅 / 铋共晶）	闭式
3	液态钠冷却快堆	可有效控制锕系元素及可转换铀的转化的闭式燃料循环；功率为 150 ~ 500MW 的核电站，燃料用铀 - 钚 - 次锕系元素 - 锆合金；功率为 500 ~ 1500MW，使用铀 - 钚氧化物；系统热响应时间长、冷却剂沸腾裕度大、一回路系统接近大气压，回路的放射性钠与电厂水和蒸汽之间有中间钠系统等特点，安全性能好	SFR	快	闭式
4	熔盐堆	熔盐燃料流过堆芯石墨通道，产生超热中子谱。不需要制造燃料元件，并允许添加钚的锕系元素。熔融氟盐传热性好，降低压力容器和管道的压力；参考功率水平为 1000MW，冷却剂出口温度为 700 ~ 800℃，热效率高	MSR	热	纳、锆和氟化铀的循环液混合物 / 闭式
5	超高温气冷堆	一次通过式铀燃料循环的石墨慢化氦冷堆（堆芯可以棱柱块、球床堆芯）提供热量，出口温度为 1000℃，宜热电联供，废物量最小化、有灵活性；参考堆采用 600MW	VHTR	热	铀 / 钚燃料循环 / 一次
6	超临界水冷堆	高温高压水冷堆，在水的热力学临界点（374℃，22.1 MPa）以上运行；热效率为轻水堆的约 1.3 倍；冷却剂在反应堆中不改变状态，直接与能量转换设备相连接，简化电厂配套设备；参考系统功率为 1700MW，压力为 25MPa，堆出口温度为 510 ~ 550℃	SCWR	热或快	燃料为铀氧化物 /（一次或闭式）

2）特点。SMR 是一种电网适应性强，可热、电、水、汽联供的分布式综合能源，其技术路线与现行大型核能技术路线一样，可行的堆型主要有压水堆（PWR）、沸水堆（BWR）、先进重水反应堆（AHWR）、高温气冷反应堆（HTGR）、钠冷快堆（SFR）、铅铋冷却快堆（LBFR）等。与现行的核电反应堆机组相比，SMR 有着以下的特点：

a．功率小。SMR 功率较小，投资周期短、风险低，灵活性强，可根据需求取消或延迟建设。模块可通过卡车或铁路运输到厂址，简化配套设施，占地小，环境友好，适合中小型电网。

b．模块化设计和建造。模块化设计使多个机组共享系统，减少设备数量，批量化生产和组装，建造周期短（24 ～ 36 个月），降低成本和风险，简化退役工作。

c．设计简化，安全性高。SMR 采用非能动安全系统，减少管道和设备，设计上消除特定事故，池式热阱延长事故应对时间，堆芯源项小，固有安全性高，减少对环境和公众的影响。

d．换料周期长，扩容性强。换料周期长（2 ～ 10 年），经济性高，无需频繁燃料运输。此外，SMR 可以通过增加模块扩容，灵活性强。

e．选址灵活，适应性强。SMR 可布置于能源匮乏的偏远地区或恶劣环境，避免能源损失，节省远距离传输成本。

f．运行方式多样，用途广泛。SMR 既可用于基本负荷或负荷跟踪，也可用于海水淡化、供暖、制氢等。

g．防核扩散能力强。SMR 使用低富集铀燃料，可深埋地下并减少核扩散风险。

◇◇◇ 2.4.5　核电课程思政案例：暖核一号

2024 年 11 月 9 日，国家电力投资集团有限公司（简称国家电投）"暖核一号"二期项目——山东海阳国家能源核能供热商用示范工程提前 6 天顺利投运，供暖面积扩大至 450 万 m^2，覆盖海阳市全城区 20 万居民。这一里程碑式的成就，使海阳成为全国首个"零碳"供暖城市，开创了绿色低碳供暖的新篇章。

海阳核电 1 号机组成功升级为全球最大的热电联产机组，每个供暖季可以节约原煤 $1×10^5t$，减少二氧化碳排放 $18×10^4t$、烟尘 691t、氮氧化物 1123t、二氧化硫 1188t。该项目还减少了 $130×10^4$ GJ 余热排放，显著改善了大气环境和海洋生态系统。核能供暖工程现场实景见图 2-76。

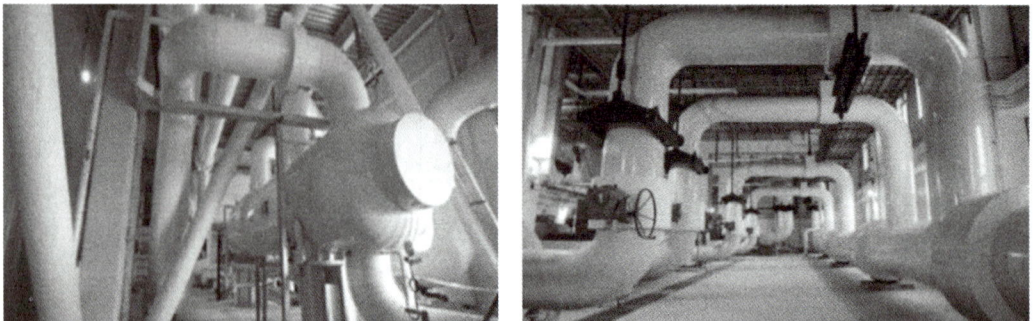

图 2-76　核能供暖工程现场实景

核能供热通过从核电机组抽取高压缸排汽作为热源，经多级换热站向市政管网传递热量，整个过程实现"只传热、不交换水"，确保供热系统安全可靠。海阳核能供热原理图如图 2-77 所示。核能供热不仅替代化石能源，推动清洁低碳转型，还能提供可负担的清洁能源，带来经济增长。相比燃煤锅炉，核能供热成本更低，每个供暖季可节约6000 万元热源成本。

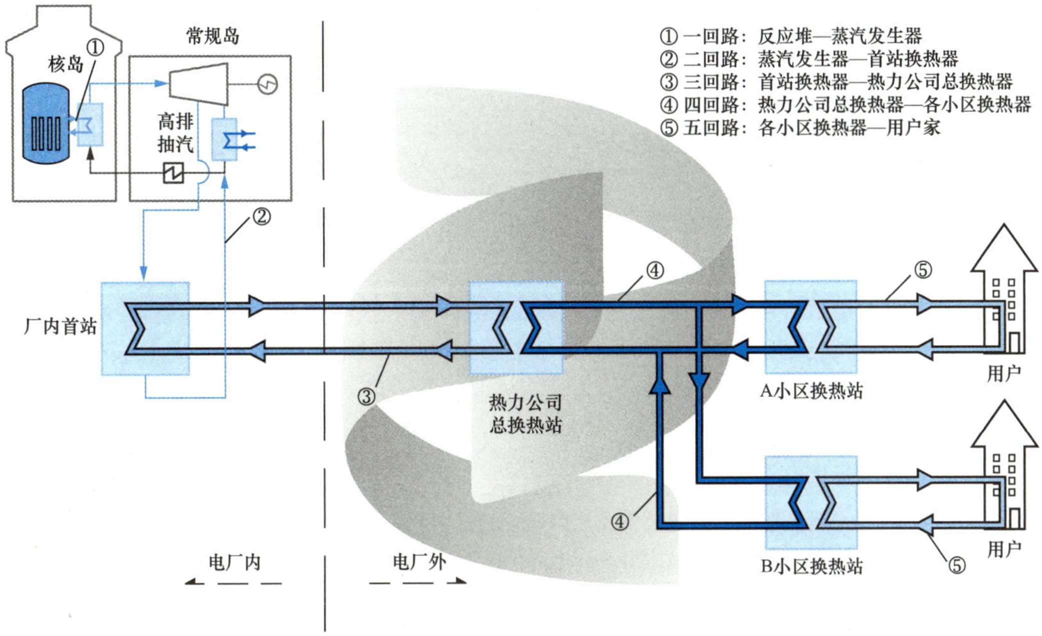

图 2-77 海阳核能供热原理图

山东海阳核能供热项目从 2019 年的 $70 \times 10^4 m^2$ 发展到 $450 \times 10^4 m^2$，未来计划达到 $3000 \times 10^4 m^2$。全厂热效率从 36.69% 提升至 39.94%，并计划实现 55.9% 的目标。该核能综合利用示范是国家稳妥推进核电余热供暖的示范工程，图 2-78 为海阳核电核能综合利用愿景图。

习题

1．简述核电作为一种清洁能源的主要优势。

2．描述核电站中核反应堆的工作原理及其在安全方面的作用。

3．分析核电站产生的放射性废物对环境和人类可能产生的影响，以及目前的处理措施。

4．阐述核电站在设计和运营过程中采取的多重防护屏障措施及其重要性。

5．讨论核电发展的主要挑战，包括技术、经济、安全和社会接受度等方面。

6．比较核电与其他清洁能源（如风电、太阳能）在发电成本、稳定性、环境影响等方面的异同。

7．介绍第四代核反应堆技术的主要特点及其相较于前几代的优势。

8．分析目前世界上核电发电量占比较高的国家（如法国）的核电发展经验和启示。

9．探讨核电在未来能源结构中的地位和作用，以及其发展前景和潜力。

10．结合当前政策环境，提出促进核电安全、高效、可持续发展的政策建议。

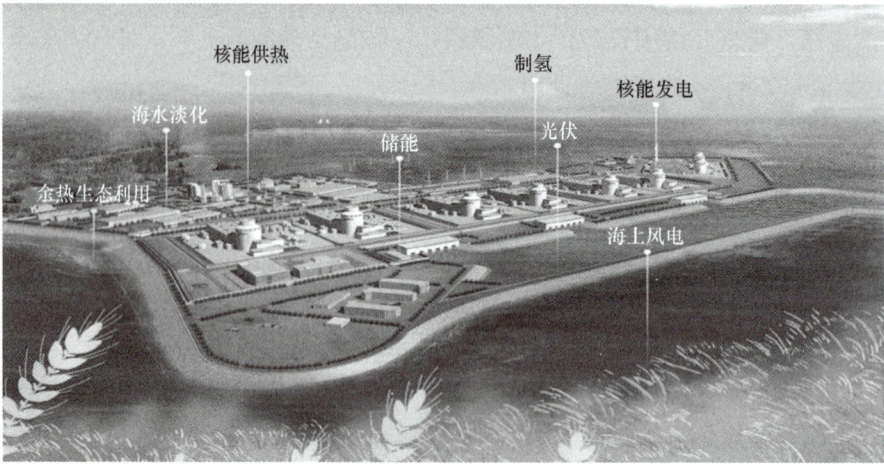

图 2-78　海阳核电核能综合利用愿景图

参 考 文 献

[1]　贾建平．基于可再生能源的发电技术及应用研究 [M]．北京：中国水利水电出版社，2019．

[2]　刘万琨，等．风能与风力发电技术 [M]．北京：化学工业出版社，2006．

[3]　车孝轩．可再生能源发电系统 [M]．武汉：武汉大学出版社，2023．

[4]　程明等．可再生能源发电技术 [M]．北京：机械工业出版社，2023．

[5]　程明，张运乾，张建忠．风力发电机发展现状及研究进展 [J]．电力科学与技术学报，2009，24（3）：2-9．

[6]　王承询，张源．风力发电 [M]．北京：中国电力出版社，2003．

[7]　左然，施明恒，王希麟．可再生能源概论 [M]．北京：机械工业出版社，2007．

[8]　张耀明，邹宁宇．太阳能热发电技术 [M]．北京：化学工业出版社，2015．

[9]　张福君，李风梅．综述太阳能光热发电技术发展 [J]．锅炉制造，2019（4）：32-36，46．

[10]　童家麟，吕洪坤，李汝萍，等．国内光热发电现状及应用前景综述 [J]．浙江电力，2019，38（12）：25-30．

[11]　姚兴佳，刘国喜，朱家玲，等．可再生能源及其发电技术 [M]．北京：科学出版社，2010．

[12]　尹忠东，朱永强．可再生能源发电技术 [M]．北京：中国水利水电出版社，2010．

[13]　孙冠群，孟庆海．可再生能源发电 [M]．北京：机械工业出版社，2015．

[14]　中国电力科学研究院生物质能研究室．生物质能及其发电技术 [M]．北京：中国电力出版社，2008．

[15]　朱永强，赵红月．新能源发电技术 [M]．北京：机械工业出版社，2020．

[16]　潘卫国，陶邦彦，吴江编．清洁能源技术及应用 [M]．上海：上海交通大学出版社，2019．

[17]　邓祥元，王甫，李宁，等．清洁能源概论 [M]．北京：化学工业出版社，2020．

[18]　于涛．核电技术及发展 [M]．北京：中国环境出版集团，2021．

[19]　戴志敏，徐洪杰．核能综合利用研究现状与展望 [J]．中国科学院院刊，2019，34（4）：86-94．

[20]　臧希年．核电厂系统及设备 [M]．北京：清华大学出版社，2010．

第 3 章

储 能 技 术

在全球积极推动绿色能源转型与构建低碳系统的背景下，储能技术作为连接能源生产与消费的关键环节，正逐渐成为能源领域的核心技术之一。储能技术是指利用机械、电磁及电化学等方式将能量进行存储，并在需要时，通过相应的机械、电磁或电化学手段将其转换为电能的技术。

储能技术在绿色电网与低碳系统中扮演着重要角色。一方面，随着风能、太阳能等可再生能源的大规模接入，其固有的间歇性和波动性给电网的稳定运行带来了巨大挑战。储能技术能够有效平滑可再生能源的出力波动，起到"削峰填谷"的作用，保障电力供应的可靠性和稳定性。另一方面，在能源消费侧，储能技术有助于提高能源利用效率，优化能源分配，推动能源的高效利用与可持续发展。

本章主要介绍储能技术的基础原理、关键特性以及应用案例。3.1 节"储能技术"概述包括储能技术的分类和我国储能产业发展现状；3.2 节"电化学储能"包括铅蓄电池、锂离子电池、钠离子电池、钠硫电池、液流电池及固态电池；3.3 节"机械储能"包括抽水蓄能、压缩空气储能、二氧化碳储能、飞轮储能及重力储能；3.4 节"热储能"包括显热储热技术、相变储热技术及化学储热技术；3.5 节"电磁储能"包括超级电容器储能和超导磁储能；3.6 节"氢储能"包括化学储氢和物理储氢。各小节通过实际案例分析，深入探讨不同储能技术在实际场景中的应用情况。通过本章的学习，读者可以更好地理解储能技术的多元性和实用性。

3.1 储 能 技 术 概 述

3.1.1 储能技术分类

在各种储能类型中，抽水蓄能长期占据主导地位。近年来，除抽水蓄能外的新型储能技术正在加快建设，在时长、响应、密度、成本、效率、安全等方面各有优势，各具特色。新型储能类型主要有电化学储能、电磁储能、机械储能、热储能、化学储能等，见表 3-1。

3.1.2 我国储能产业发展现状

近年来，我国储能产业在政策扶持、技术进步和市场需求的多重驱动下，取得了显著发展，已成为全球储能领域的重要力量。

表 3-1 　　　　　　　新型储能技术路线的工作原理、优缺点以及技术成熟度

技术路线	细分技术	工作原理	主要优点	主要缺点	技术成熟度
电化学储能	锂离子电池	依靠锂离子在正负极间移动来完成充放电工作的二次电池	能量密度较高，自放电小，能量转换效率高	成组寿命短，过热爆炸风险，成本较高	商业化
	铅蓄电池	利用铅和铅氧化物在电解液中反应来完成充放电工作的二次电池	成本较低，安全稳定，高低温性能优异	能量密度偏低，循环寿命偏短，存在铅污染风险	铅酸商业化，铅炭商业化早期
	钠系电池	依靠钠离子在正负极间移动来完成充放电工作的二次电池	充电速度快，成本较低，工作温度范围大	循环次数较少，电解质较为复杂，钠、硫泄漏污染	钠硫商业化，钠离子商业化早期
	液流电池	通过电解液内离子价态变化产生的能量差实现电能存储和释放	安全性高，可拓展性好，循环次数多	能量密度较低，体积和重量较大，投资运营成本高	商业化早期
电磁储能	超导储能	利用超导体的零电阻和完全抗磁性，在超导线圈中储存电流和磁场能量	响应速度快，能量转换效率高，循环次数多	能量密度低，制造成本高，储能时间短	开发阶段
	超级电容	利用活性炭多孔电极和电解质组成的双电层结构来储存能量	响应速度快，能量转换效率高，功率密度高	能量密度低，存在自放电，投资成本高	开发阶段
机械储能	飞轮储能	利用电动机带动飞轮高速旋转将电能转化为动能储存起来，在需要时再用飞轮带动发电机发电的储能方式	功率密度高，响应速度快，能量转换效率高	投资成本高，飞轮爆炸风险，无法小型化	商业化早期
	压缩空气	在电网负荷低谷期将电能用于压缩空气，在电网负荷高峰期释放压缩空气推动汽轮机发电的储能方式	寿命长，存储规模大，技术通用性强	能量转化效率低，需要较大储气容器，响应速度慢	商业化早期
	重力储能	基于高度落差对储能介质进行升降来实现储能系统的充放电过程	经济性较好，寿命长，能量转换效率高	容量规模小，塔吊精确度要求高，有重物坠落风险	商业化早期
热储能	熔融盐储热	基于熔盐的比热容通过升/降温过程完成热能存储和释放	储能密度高，工作状态稳定，寿命长	能量转换效率低，投资成本较高，腐蚀性较强	趋近成熟
化学储能	氢储能	当电力多余时，通过电解水过程将电能转化为氢气存储起来。当电力不足时，通过氢气与氧气反应产生电能与水蒸气	存储时间长，存储规模大，能量密度高	经济性较差，能源转换效率低，存在安全风险	商业化早期

在市场规模上，2023 年我国储能行业市场规模约 1296.82 亿元，近四年复合增速达 115.79%。截至 2024 年年底，全国已建成投运新型储能项目累计装机规模达 7376 万 kW，较 2023 年年底新型储能装机规模增长了约 130%。并且，2024 世界储能大会上预

测, 到 2030 年, 中国储能装机量将达到 3 亿 kW, 产业规模将达 2 万亿至 3 万亿元。

在技术类型上, 储能技术呈现多元化发展格局。机械储能中抽水蓄能占据主导地位, 截至 2024 年年底, 我国抽水蓄能累计装机规模达 58GW, 凭借大容量、长寿命、高可靠性等特点, 在大规模电网储能中发挥关键作用。在新型储能领域, 锂离子电池储能占比超 95%, 宁德时代、比亚迪等企业不断创新, 推动电池能量密度提升、成本降低, 如宁德时代麒麟电池能量密度突破 255Wh/kg, 广泛应用于电动汽车和储能电站。同时, 其他新型储能技术也在加速发展, 多个 300 兆瓦级压缩空气储能项目、兆瓦级飞轮储能项目开工, 重力储能、液态空气储能等新技术也逐步落地。此外, 我国在储能技术标准制定方面也发挥着重要作用。截至 2024 年, 我国主导或参与制定的储能国际标准已达 20 余项, 涵盖电池安全、系统性能等多个领域。

政策支持是我国储能产业发展的重要推动力。2021 年, 国家发展改革委、国家能源局等发布了《关于加快推动新型储能发展的指导意见》(简称指导意见), 提出到 2025 年, 新型储能装机规模达 3000 万千瓦以上, 实现从商业化初期向规模化发展转变; 到 2030 年, 实现全面市场化发展, 为能源领域碳达峰目标提供有力支撑。该《指导意见》从技术创新、产业发展、市场机制等多方面做出全面规划, 明确储能在构建新型电力系统、促进能源绿色低碳转型中的关键作用。2022 年, 国家发展改革委、国家能源局等发布了《"十四五"新型储能发展实施方案》, 细化"十四五"期间新型储能发展目标和重点任务。目标到 2025 年, 新型储能技术创新能力显著提升, 核心技术装备自主可控水平大幅提高, 标准体系基本完善, 产业体系日趋完备, 市场环境和商业模式基本成熟。

在市场、技术、政策的协同推动下, 我国储能产业正稳步迈向更高台阶。随着技术的持续创新和应用场景的不断拓展, 我国储能技术将继续引领全球能源转型的潮流, 制度优势也将持续赋能, 助力产业实现更大发展。

◇◈ 习题

1. 我国储能产业发展的重要推动力是什么?
2. 我国储能技术领先成绩的取得离不开哪些方面的协同合作?
3. 2021 年发布的《关于加快推动新型储能发展的指导意见》提出了哪些目标?
4. 新型储能技术呈现出怎样的发展格局?
5. 我国储能产业在市场规模上有怎样的表现?

3.2 电化学储能

电化学储能技术是通过电化学反应实现电能与化学能相互转换, 进而实现电能存储和释放的技术, 主要依靠电池及其管理系统, 利用电池电极和电解质之间的氧化还原反应实现能量的存储与转化, 具有能量转换效率高、灵活性强、响应速度快等优点。本节主要介绍铅蓄电池、锂离子电池、钠离子电池、钠硫电池、液流电池、固态电池等。

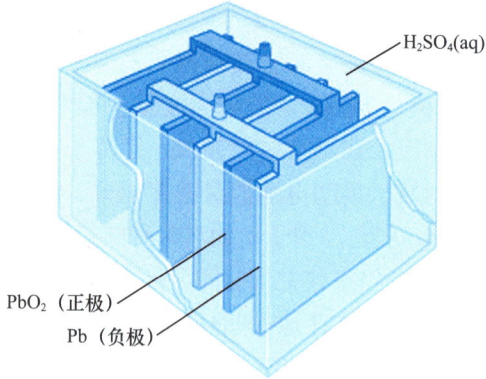

图 3-1 铅蓄电池结构组成

3.2.1 铅蓄电池

铅蓄电池是一种通过可逆化学反应实现电能与化学能转换的二次电池，主要由二氧化铅（PbO_2）正极板、海绵状铅（Pb）负极板及稀硫酸（H_2SO_4）电解液构成，如图 3-1 所示。放电时，负极的铅与硫酸反应生成硫酸铅（$PbSO_4$），并释放电子；正极的二氧化铅接受电子，与硫酸反应同样生成硫酸铅，同时释放电能，电解液中硫酸的浓度逐渐降低。充电时，外接电源强制电流反向流动，使两极的硫酸铅分别还原为铅和二氧化铅，电解液中硫酸的浓度回升。

铅蓄电池具有的优点：技术成熟，历经长期发展，应用经验丰富；成本相对较低，在大规模储能和一些对成本敏感的领域具有经济优势；低温性能良好，在寒冷环境下也能维持一定的工作能力；同时，其大电流放电性能出色，能满足如汽车启动等瞬间大电流需求。然而，铅蓄电池也存在明显缺点：其能量密度低，在同等质量或体积下储存的电能较少，限制了其在对续航和储能容量要求高的场景中的应用；循环寿命较短，经过一定次数充放电后性能易衰退；此外，铅是重金属，其生产、使用和回收过程若处理不当，易造成环境污染，对生态和人体健康构成威胁。

尽管存在一些缺点，铅蓄电池凭借其独特的优势，目前仍广泛应用于多个领域。在汽车领域，它是常用的启动电源，瞬间大电流放电性能可助力发动机快速启动，还能为车内电器供电。在通信行业，它作为备用电源保障通信基站稳定运行，市电故障时及时供电，确保通信不中断。在低速电动车和电动自行车方面，它凭借成本低的优势成为动力来源，满足短距离出行需求。在储能领域，因其技术成熟、成本经济，它常与太阳能、风能发电配套，存储多余电能。

3.2.2 锂离子电池

锂离子电池的工作原理是锂离子在正极和负极之间的迁移。充电时，锂离子从正极脱出，经过电解质嵌入负极，同时电子通过外电路从正极流向负极，实现电能向化学能的转化；放电时，锂离子从负极脱出，经过电解质回到正极，电子则从负极经外电路流向正极，为外部设备供电，完成化学能向电能的转换。如图 3-2 所示，锂离子反复地嵌入与脱嵌反应能够有效实现电能的存储与释放，并确保电池在长时间使用中的稳定性。

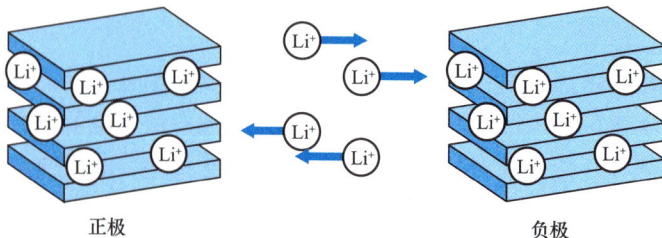

图 3-2 锂离子反应示意图

锂离子电池由正极材料、负极材料、电解液和隔膜四部分构成。正极材料通常使用钴酸锂、镍钴锰酸锂等，正极材料对电池的容量和使用寿命等关键性能有着决定性的影响，通常约占锂电池总成本的 40%。负极材料一般为石墨，其独特的层状结构为锂离子的嵌入与脱嵌提供了稳定的空间。电解液充当离子导电媒介，促进锂离子的迁移。隔膜用于分隔正负极防止短路。常用隔膜材料有微孔聚烯烃隔膜，改性聚烯烃隔膜和有机、无机复合隔膜等。通过这些材料的协同作用，锂离子电池能够在保证高性能的同时确保安全性和耐久性。

锂离子电池的能量密度范围为 $160 \sim 300Wh/kg$，具有快速响应的特点，其系统成本在 $1500 \sim 2500$ 元 /kWh 之间。从正极材料的视角来看，锂电储能技术涵盖了近年来迅速发展的多种电池类型，包括磷酸铁锂电池、三元锂电池及钴酸锂和锰酸锂电池等。主要技术指标的比较见表 3-2，磷酸铁锂电池在投资成本、循环寿命和安全性等方面表现出色，具备高稳定性和较长循环寿命等优势，因而成为国内电力储能领域的热门技术选择。

表 3-2 不同正极材料主要技术指标

项目	电压 /V	充电率 C（充放电倍率）	放电率 C（充放电倍率）	循环次数 / 次	低温性能	高温性能	安全性
钴酸锂	3.0～4.2	0.7～1	1～2.5	500～1000	好	好	差
锰酸锂	3.0～4.2	0.7～1	1～2.5	500～1000	好	差	较好
磷酸铁锂	2.5～3.65	0.7	1～2.5	≥2500	一般	好	好
三元锂（镍钴锰酸锂）	3.0～4.2	0.7～1	1～2.5	1500～2000	好	一般	较好

尽管锂离子电池具有诸多优点，但其初始购置成本较高，较铅酸电池高出约 20%。此外，锂离子电池对高温敏感，存在起火、燃烧乃至爆炸的风险。另外，锂离子电池随时间推移和充放电循环老化，容量会逐渐减少。

3.2.3 钠离子电池

钠离子电池的工作原理与锂离子电池类似，主要依靠钠离子在正负极之间的嵌入和脱嵌来实现电能的存储与释放。钠离子电池主要由正极材料、负极材料、电解质和隔膜等关键部件组成，如图 3-3 所示。充电时，钠离子从正极材料晶格中脱出，经过电解质迁移至负极，嵌入负极材料的空位，同时电子通过外电路流向负极，实现电能向化学能的转化；放电过程则相反，钠离子从负极脱出，经电解质回到正极，电子经外电路流向正极，为外部负载供电，完成化学能到电能的转换。钠离子电池的正极材料通常有层状氧化物、聚阴离子型化合物等，负极材料有硬碳、软碳等。

钠离子电池在多个方面展现出显著优势：①钠元素储量丰富。钠元素在地壳中储量位居第六位，这使得钠离子电池在大规模应用中具备成本优势，有助于降低储能系统的整体成本。②可兼容已有锂电设备。钠离子电池的生产工艺与锂离子电池有较高的兼容性，可在一定程度上利用现有的锂离子电池生产设备和工艺进行生产，这大大降低了钠离子电池的产业化门槛和成本。③集流体均为铝箔。钠离子电池的正负极集流体均采用铝箔，铝箔的成本低于铜箔，且铝在低电位下不易与钠离子发生合金化反应，提高了电池的稳定性和循环寿命。④钠离子电池为双极性电池。双极性电池结构能够有效减少电池内部的连接电阻，提高电池的能量密度和功率密度。⑤钠离子溶剂化能低。在电池充放电过程中，钠离子的脱溶剂化和溶剂化过程相对更容易进行，可实现快速充电和大电流放电。⑥可以使用低盐浓度电解液。这不仅降低了电解液的成本，还减少了电解液中锂盐等高价成分的使用。同时，低盐浓度电解液还可以降低电解液的黏度，提高离子电导率，改善电池的电化学性能。⑦高低温性能优异。钠离子电池在高低温环境下均能保持较好的性能，拓宽了电池的应用温度范围。⑧安全性高。它不易发生燃烧、爆炸等安全事故，即使在电池发生短路、过充等异常情况下，也能有效降低安全风险，保障用户的生命财产安全。

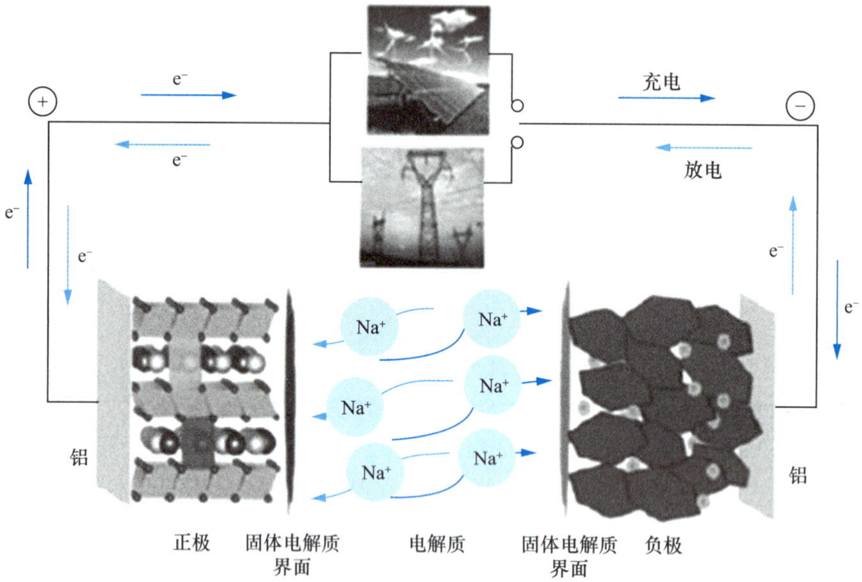

图 3-3 钠离子电池的结构与工作原理

钠离子电池的产业化面临诸多挑战。制造工艺的不成熟导致制造成本较高，且由于工作电压差异及过放电忍耐能力强，需要重新开发设计电池管理系统（BMS）。此外，钠离子电池的能量密度较低，约 140～175Wh/kg，导致运输、安装和占地成本增加。同时，钠电池的充放电效率和循环寿命尚待提升，因此在乘用车市场等高端应用领域难以完全替代锂电池，这限制了钠离子电池在某些领域的广泛应用。

3.2.4 钠硫电池

钠硫电池是一种以金属钠为负极、硫为正极，以 β- 氧化铝陶瓷作为固体电解质的高温熔融盐电池。钠硫电池一般由正极、负极、电解质、隔膜和外壳组成，如图 3-4 所示。其工作原理是在 300～350℃高温下，钠离子和电子通过定向移动实现电能与化学能的相互转化。充电时，钠离子在电场作用下从负极的金属钠中脱出，通过 β- 氧化铝陶瓷电解质迁移到正极，与硫发生反应形成多硫化钠，电子则通过外电路流向正极，实现电能的化学储存；放电时，多硫化钠分解，钠离子又经电解质回到负极，电子经外电路流向负极，为外部负载提供电能，实现化学能到电能的转换。

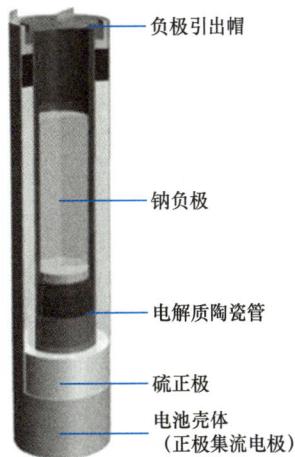

图 3-4　管式钠硫电池示意图

钠硫电池能量密度高，能够在较小的体积和质量下存储大量电能，适用于对空间和质量有严格要求的场景；充放电效率高，能有效减少能量损耗，提高能源利用效率；循环寿命长，降低了长期使用成本。但是，钠硫电池工作需要在高温环境下，对设备的保温和散热系统要求高，增加了运行成本和安全风险；金属钠和硫化学性质活泼，对电池的安全性是一大挑战，在生产、使用和运输过程中需格外谨慎；此外，其制备工艺复杂，导致成本相对较高。

钠硫电池在储能领域应用前景广阔。在电网侧，它可参与削峰填谷，平衡电力供需，提升电网稳定性与可靠性。在分布式能源系统中，它搭配太阳能、风能发电，可存储多余电能，确保能源稳定供应。在数据中心和通信基站等对供电稳定性要求高的场所，钠硫电池作为备用电源，能在市电故障时迅速供电，保障设备正常运行。

3.2.5　液流电池

液流电池是利用电解质中的活性物质在正极与负极之间进行电化学氧化还原反应，从而实现电能与化学能的相互转换。与其他传统离子蓄电池不同，液流电池属于一种活性化学物质储存在液态化电解液中的二次储能电池技术，不仅结构上与传统离子蓄电池不同，而且其正负极电解液中也储存着能量。液流电池工作原理如图 3-5 所示。其正、负极电解液储罐完全独立分离，放置在堆栈外部。通过两个循环动力泵将正、负极电解液泵入液流电池堆栈中，并持续发生电化学反应，即液流电池通过正负极中的氧化还原电对发生的可逆电化学反应，实现化学能和电能的相互转化。

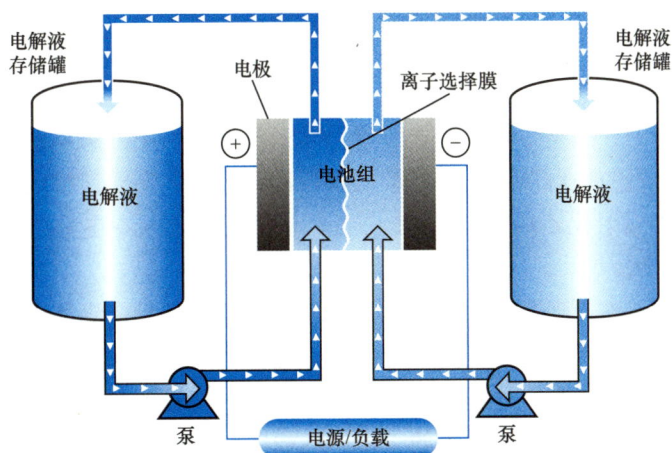

图 3-5　液流电池工作原理图

液流电池储能系统由电解液、电堆、电池管理系统和辅助系统等部分组成。其中，电堆为液流电池储能系统的核心部件，由电极、离子交换膜、双极板、集流板等部件组成，其结构如图 3-6 所示。液流电池的种类很多，主要包括铁铬液流电池、锌溴液流电池、全铁液流电池、全钒液流电池，目前全钒液流电池已经步入商业化发展阶段。

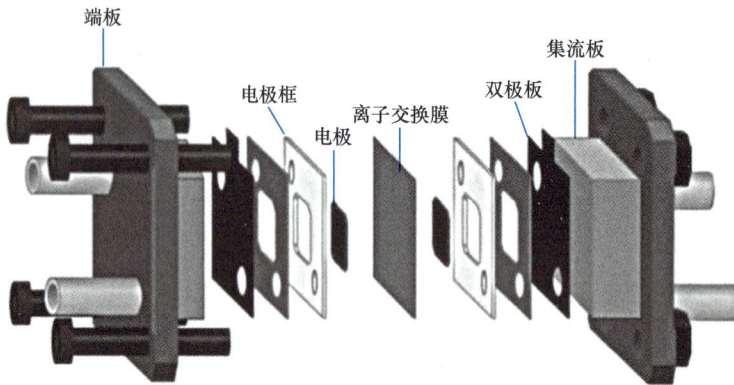

图 3-6　电堆结构示意图

全钒液流电池具有循环寿命长、容量可调等优点，可实现超过 15000 次充放电，服役时间超过 20 年。安全性能好，可以在常温下工作，不会发生爆炸和火灾。而且，电池的每一个部分，都是浸泡在液体中的，可以保证热量的流动，不会像锂电池那样，出现失控问题。它的不足在于其能量密度仅为 15 ～ 50Wh/kg，与铅酸电池相近，导致工程占用空间过大。由于离子交换膜和电解质等材料价格昂贵，限制了其规模化应用。同时，现有的离子交换膜主要依靠进口，而且其体积小，使用的电解质比较多，所以在同等容量下，其综合成本仍然很高，其初期投入大约是锂电池的两倍。

全钒液流电池不适合应用于面积较为有限的用户侧，更适合配置在地广人稀的集中式风光电站周围。目前，全钒液流电池的发展主要受到成本的限制，百兆瓦级液流电池的核心技术研究与产业化应用是其发展方向。电堆的成本主要来源于隔膜等材料，需要通过技术进步和隔膜、碳毡等零部件的国产化来实现成本降低。

3.2.6　固态电池

固态电池是一种新型电化学储能装置，其核心特征是用固态电解质替代传统锂离子电池中的液态或凝胶电解质。固态电解质材料通常为无机陶瓷（如硫化物、氧化物）或有机聚合物（如聚氧化乙烯），锂离子在正负极之间通过固态电解质进行迁移，从而实现能量存储与释放。

固态电池的工作原理与传统液态电池相似，但关键差异在于离子传输机制。液态电池中，锂离子通过液态电解质的离子导电网络迁移，而固态电池中，锂离子直接在固态电解质的晶格结构中扩散。这种设计不仅提升了离子传输效率，还避免了液态电解质的泄漏风险。锂离子电池和固态电池的工作原理如图 3-7 所示。

在安全性方面，固态电解质不可燃且热稳定性强，即使在高温或物理损伤（如穿刺）情况下也不会发生热失控；在能量密度方面，锂金属负极的理论容量可达 3860mAh/g（石墨为 372mAh/g），硫化物固态电池的理论能量密度可达 400 ～ 450Wh/kg，远超当前液态锂电池的 250 ～ 300Wh/kg 水平；在环境适应性方面，固态电池在低温下表现优异，例如丰田研发的硫化物固态电池在 −30℃ 时仍能维持 80% 的容量；在寿命方面，实验室数据显示，部分固态电池在 0.5C 充放电条件下循环 1000 次后，容量保持率超过 90%。

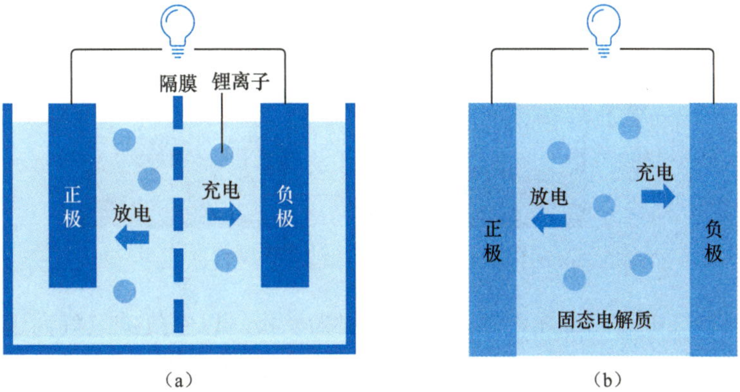

图 3-7　锂离子电池和固态电池的工作原理
（a）锂离子电池；（b）固态电池

固态电池的普及仍面临多重挑战。界面阻抗是核心障碍之一，氧化物电解质与锂金属负极接触时易形成钝化层，导致离子传输效率下降，需通过表面包覆或掺杂技术优化；成本问题同样突出，硫化物电解质需在严格控湿的惰性气体环境中制备，工艺复杂且设备投资巨大，当前固态电池成本是液态电池的 3 ～ 5 倍；材料稳定性也需突破，例如聚合物电解质在高温下易软化，氧化物电解质则存在脆性缺陷，研发兼具高离子电导率和机械强度的新材料是重点方向。

未来，固态电池将在多个领域展现潜力：①电动汽车。预计到 2030 年，固态电池技术将进入商业化阶段，渗透率将达 10%。②消费电子。固态电池将在多种消费电子产品中得到广泛应用，包括但不限于智能手机、平板电脑、笔记本电脑、可穿戴设备、无人机等。③电网储能。固态电池将在多种电网储能场景中得到广泛应用，如电网调峰、可再生能源存储、分布式能源系统等。

3.2.7　其他新型体系储能电池

（1）水系离子电池。水系离子电池（包括钠离子、锌离子和质子电池等），简称水系电池，以水为电解液，具有电导率高、离子扩散速率快、环境友好、安全性高及成本低等优点，有望应用于大规模储能领域。水系电池的工作原理与其他类型的电池相似，均基于电化学反应原理进行能量转换。但水系电池存在电压窗口较窄等问题，导致能量密度受限、循环寿命不足。未来，开发具有宽电压窗口的电解液、设计高性能电极材料，是提升其能量密度和循环寿命的重要研究方向。

（2）液态金属电池。液态金属电池分别采用液态金属和熔融盐作为电极和电解质，通过阳极金属的去合金化、合金化实现储能、放能，其工作原理如图 3-8 所示。液态金属电池具有结构简单、低成本、高功率密度、长循环寿命、高安全性等优势，在长时规模储能领域展现出巨大的应用潜力。

图 3-8　液态金属电池工作原理

（3）金属空气电池。金属空气电池以金属为负极，以空气或氧气为正极活性物质。其工作原理类似于普通电池，即在阳极和阴极之间通过化学反应来产生电能。目前已有锂空气电池、锌空气电池和镁空气电池等多种体系。金属空气电池具有能量密度高、环境友好、材料成本相对较低的特点，这些特征使其在未来可在电动汽车领域发挥重要作用；但它存在充放电效率低、倍率性能差和循环寿命短等难题。此外，金属空气电池的安全性和能量效率问题也需进一步研究和改进。

（4）浓差电池。浓差电池以两种电解质溶液之间的离子浓度差（即化学势）的形式存储能量。电池通过电渗析过程进行充电，产生浓度差，也可以通过反向电渗析进行放电，从而将化学势能重新转化为电能。电渗析利用直流电和阴离子交换膜及阳离子交换膜将离子从原料溶液移动到浓缩溶液中。

电鳗是完美利用离子浓度梯度放电的典型代表，其体内排列着 6000 ~ 10000 枚肌肉薄片，每枚肌肉薄片都相当于一个微型浓差电池，且这些电池都被串联和并联起来，因此电鳗头尾之间就可累加产生最高达 800V 的电压和足够大的电流，见图 3-9。中南大学纪效波团队受电鳗放电原理启发，利用两种水凝胶进行堆叠组成梯形"发电层"，设计出了电鳗型双离子梯度电池。通过水平堆叠方法实现了浓差电池的串联设计，可以产生高达 60V 的电压。

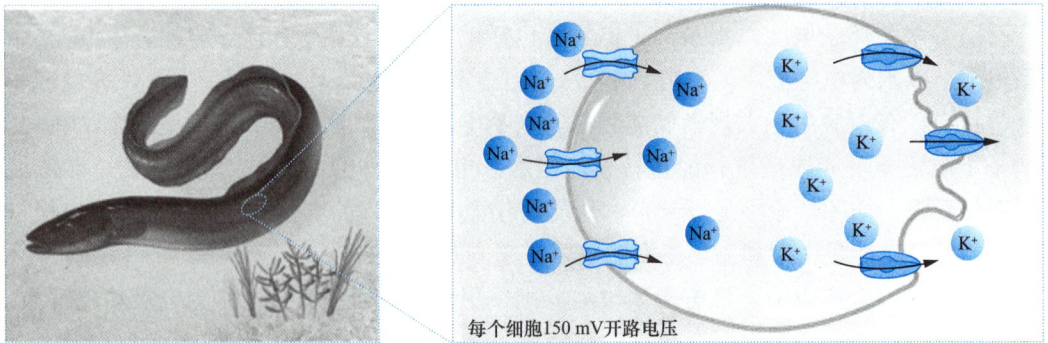

图 3-9　电鳗放电原理示意图

✧ 3.2.8 应用案例：国家级电化学储能项目助力能源新征程

（1）东营津辉 100MW/200MWh 独立共享储能项目。该项目位于山东东营经济技术开发区，是国家级新型储能试点示范项目，总容量达 1GWh，是全国单体容量最大的电化学独立储能电站（图 3-10）。项目采用当前国内能量密度最高的 314Ah 电芯的磷酸铁锂电池，配备液冷系统高效成组技术，集成后单个 40 英尺集装箱容量达 10MWh，相比同类型产品容量提升 50%、占地面积减少 25%。投运后一次充电可储存约 100 万 kWh 电量，最大可满足约 15 万户居民一天用电需求，年消纳新能源电量约 5.12 亿 kWh，保障新能源利用率在 98% 以上，有力推动储能技术的研发与应用。

图 3-10 东营津辉独立共享储能项目

（2）三峡滨海 200MW/400MWh 储能电站项目。该项目位于江苏省盐城市滨海港工业园区，是全国规模最大采用组串式储能系统的独立储能电站（图 3-11）。安装 1080 套组串式储能一体柜，单台储能柜容量418kWh，电池性能均衡、安全性高、系统效率高、灵活性强，全生命周期内度电成本低，具备良好的技术性和经济性指标，全容量并网后为江苏省优化能源结构、加大新能源消纳贡献力量。

以上两个项目所展现的电化学储能技术进步，是能源转型的关键一环。它们不仅提升了新能源的消纳能力，保障了能源供应的稳定性和可靠性，还推动了绿色低碳发展，助力实现"双碳"目标。

✧ 习题

1．电化学储能技术的优点和社会发展中的作用有哪些？
2．简述铅蓄电池的工作原理。
3．锂离子电池的主要构成部分有哪些？
4．钠离子电池与锂离子电池相比，在哪些方面有优势？
5．液流电池的工作原理是什么？

图 3-11　三峡滨海储能电站项目

6．钠硫电池适用于哪些场景？

7．全钒液流电池有哪些优缺点？

8．金属空气电池未来可能在哪些领域发挥重要作用？

9．电池管理系统（BMS）的主要功能是什么？

10．简述电池热管理系统的作用。

3.3　机　械　储　能

机械储能是通过将电能转化为机械能进行储存，在需要时再将机械能转化回电能的储能技术。其主要类型有抽水蓄能、压缩空气储能、二氧化碳储能、飞轮储能和重力储能等。

3.3.1　抽水蓄能

抽水蓄能的综合效率通常可达 65% ～ 80%，其原理如图 3-12 所示。抽水蓄能系统主要由上水库、下水库、输水道和抽水发电两用机组组成。在抽水阶段，利用电网中低谷时段的电能驱动水泵，将水从下水库抽到上水库储存起来，此时电能转化为水的重力势能。在发电阶段，当电网需要高峰电力时，上水库的水通过输水道流入发电机组，驱动涡轮旋转产生电能，重力势能再次转化为电能。抽水蓄能电站的主要类型见图 2-32。

抽水蓄能电站具有储能容量大、运行灵活、启动迅速、调节能力强等优点，是电力系统中最可靠、最经济、寿命最长、容量最大的储能装置。它不仅可以削峰填谷，平衡电网负荷，还可以作为事故备用电源，提高电力系统的稳定性和安全性。

3.3.2　压缩空气储能

压缩空气储能是一种在电网负荷低谷期将电能用于压缩空气，并在电网负荷高峰期释放压缩空气推动汽轮机发电的储能方式。其形式主要有传统压缩空气储能系统、带储热装置的压缩空气储能系统、液气压缩储能系统等。压缩空气储能系统一般包括压缩机，膨胀机，燃烧室及换热器，储气装置，电动机、发电机、控制系统和辅助设备等主要部件，如图 3-13 所示。

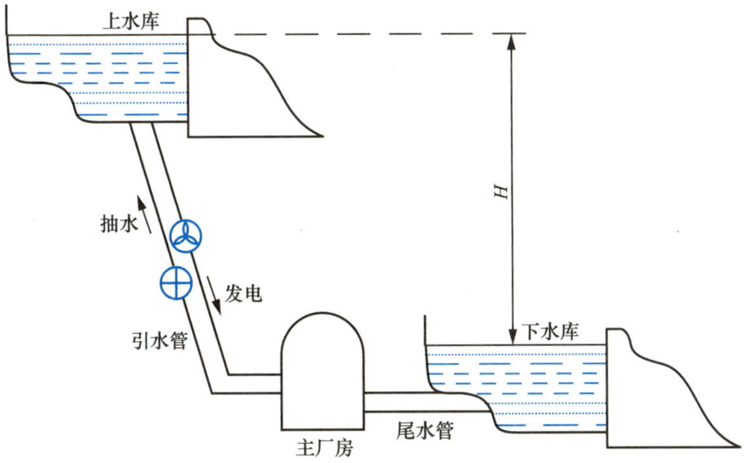

图 3-12 抽水蓄能原理

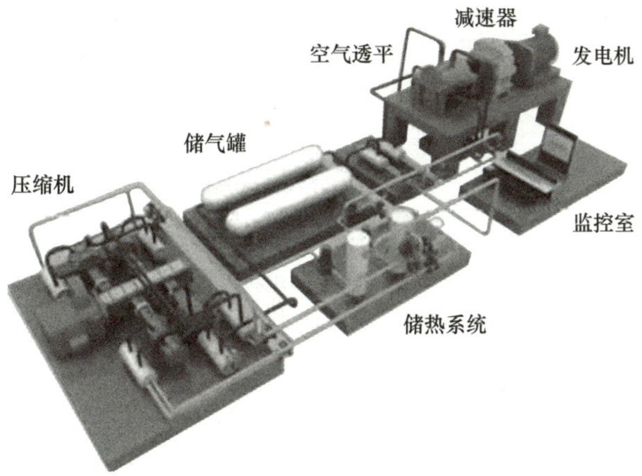

图 3-13 压缩空气储能系统构成

压缩空气储能系统的工作流程可分为储能和释能两个阶段。在储能阶段，系统利用风、光、电或低谷电能带动压缩机，将电能转化为空气压力能，随后高压空气被密封存储于洞穴（报废的矿井、岩洞、废弃的油井）或者人造的储气罐中；在释能阶段，通过放出高压空气推动膨胀机，将存储的空气压力能再次转化为机械能或者电能，传统的压缩空气储能系统在释能阶段需要在燃烧室内燃烧化石燃料来加热空气，以实现利用空气发电的功能。

压缩空气储能具有容量大、储能时间长、安全性较高等优点，规模上仅次于抽水蓄能，适合大规模储能应用。该系统可以持续工作数小时乃至数天，且项目建设选址相对灵活，不受太多限制。虽然将压缩空气储存在合适的地下矿井或岩穴中是最经济的方式，但在某些情况下，地面高压储气罐也可作为替代方案。压缩空气储能系统使用寿命长，经过适当维护，可以达到 40～50 年，并且其效率可以达到 60% 以上，接近抽水蓄能电站的效率水平。此外，压缩空气储能使用的原料是空气，不会燃烧，且不产生有毒有害气体，因此安全性较高。然而，压缩空气储能缺点也比较明显。与电化学储能相比，其效率较低；响应速度慢，负荷从 0 到 100% 的正常响应时间在分钟级，而电化学储能为秒级到毫秒级；一般情况下它不适合太小规模的应用场景，因为规模过小会导致系统效率下降，单位成本增加。

3.3.3 二氧化碳储能

二氧化碳储能是一种利用二氧化碳物理特性实现能量存储与释放的新型储能技术。其基本原理是在电网低谷期或可再生能源发电过剩时，利用电能驱动压缩机将二氧化碳气体压缩成液态，收集并储存压缩过程产生的热量；在用电高峰期，液态二氧化碳吸收储存的热量气化为高温高压气体，推动透平膨胀机带动发电机发电。与压缩空气储能相比，二者都属于压缩气体储能技术，不同点在于，二氧化碳储能以二氧化碳为工作介质，其在常温下可压缩成液态储存，储能密度较高；而压缩空气储能以空气为工作介质，空气通常以气态储存在储气罐中。

图 3-14 为二氧化碳储能系统的工作原理，系统主要由高、低压储罐，压缩机，透平膨胀机和蓄热、蓄冷单元组成；蓄热、蓄冷单元主要包括再冷器、再热器、蓄热罐和蓄冷罐。储能时，低压储罐中的低压液态二氧化碳经过蓄冷换热器吸热汽化，再经过压缩机压缩至超临界状态，同时通过再冷器吸收压缩热并通过蓄热介质将热量储存在蓄热罐中，最后将超临界状态二氧化碳储存在高压储罐中，即将电能以热能和势能形式储存；释能时，高压储罐中的超临界二氧化碳经过再热器升温，再进入透平膨胀机中推动透平膨胀机发电，同时再将再热器出口的低温蓄热介质冷量储存在蓄冷罐中，末级透平膨胀机出口的二氧化碳再经过冷却器和蓄冷换热器冷却至液化状态，最后储存在低压储罐，即将热能和势能转化为电能输出。

二氧化碳储能环境友好，储能密度高，工作范围广，能适应不同温度和压力条件，适用多种地理环境。此外，二氧化碳化学性质稳定，不可燃、不易爆，安全性高。但是，二氧化碳在高压下具有腐蚀性，对设备材料要求严苛；另外，当前该技术仍处于发展阶段，系统效率虽有提升空间，但整体效率有待进一步提高，同时设备制造、安装和维护成本较高，在一定程度上限制了大规模商业化应用。

3.3.4 飞轮储能

飞轮储能是一种利用旋转体的动能来存储和释放能量的技术。它通过电动机、发电机将电能转换为飞轮的机械能，在需要时再将机械能转换回电能。这种储能方式具有高可靠性、长寿命、快速响应和绿色环保等特点。

飞轮储能装置主要由飞轮本体，轴承系统，电动机、发电机，电力转换装置，真空罩等组成，如图 3-15 所示。飞轮本体即飞轮转子，是储能系统的核心部件，通常采用高强度碳素纤维复合材料制作，以提高飞轮的极限角速度和减轻质量，从而最大化储存能量。轴承系统支撑飞轮转子，减少摩擦阻力，确保装置高效、可靠地运行。集成在一个部件中的电动机、发电机负责实现电能与机械能之间的转换。在储能模式下，电机驱动飞轮加速旋转，将电能转换为机械能储存；在释能模式下，电机作为发电机运行，将储存的机械能转换回电能供外部负载使用。电力转换装置用于提高系统的灵活性和控制性，将飞轮储能系统的输出电能进行调频、整流或恒压处理，以满足不同的负载需求。真空罩主要提供真空环境，以降低电机运行时的风阻损耗，从而提高整个系统的效率。

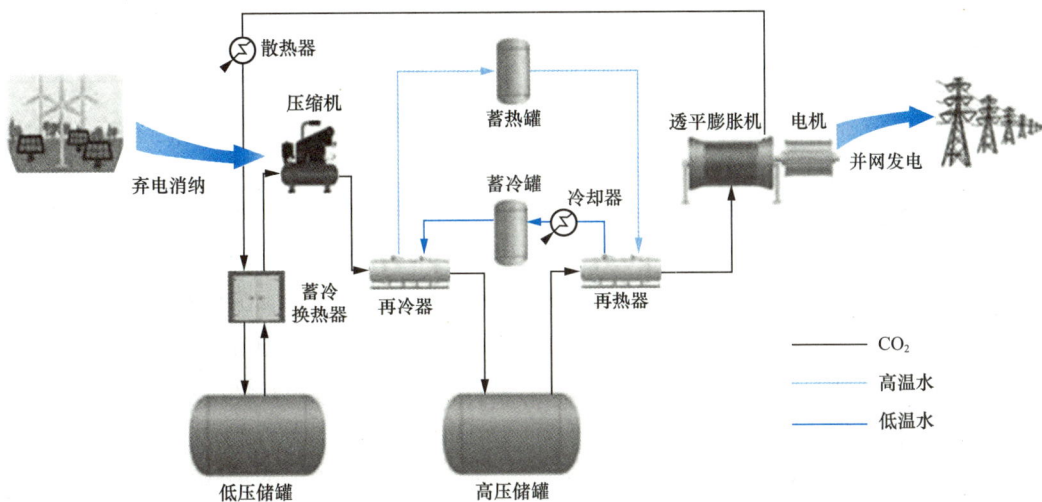

图 3-14　二氧化碳储能系统的工作原理图

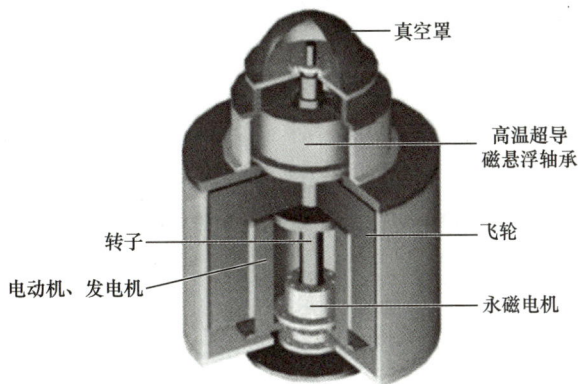

图 3-15　飞轮储能系统结构示意图

　　按飞轮特性，飞轮储能系统可分为功率型飞轮与能量型飞轮；按飞轮转子材质，飞轮储能系统可分为钢质材料飞轮与复合材料飞轮。各类飞轮储能系统特点和应用领域见表 3-3。

表 3-3 飞轮储能系统类别

分类依据	细分品类	介绍	应用领域
从飞轮特性上分类	功率型飞轮	指存储能量较小、单体功率较大、充电速度快、响应迅速，且可以频繁充放电的飞轮	电网调频、功率波动较大且频繁的场景
	能量型飞轮	指存储能量较大、充放电时间较长的飞轮	电网调峰、功率短期波动小的场景
从飞轮转子材质上分类	钢质材料飞轮	指使用钢材作为制作材料的飞轮，目前应用成熟，但工作时一旦发生事故飞轮会击碎容器飞出，危险性较大	不间断电源、动力汽车等
	复合材料飞轮	指使用多种材料的飞轮，无转子解体后击穿壳体的风险，可频繁深度充放电、生命周期内基本免维护	航空航天、核工业、军事轨道交通等

3.3.5 重力储能

重力储能是利用重力作用实现能量存储与释放的技术。在储能阶段，通常借助电能等将重物提升至高处，把电能转化为重力势能存储起来；在释能阶段，重物依靠自身重力下降，带动与之相连的发电设备运转，重力势能又转化为电能输出。重力储能具有高效率、对站址无特殊要求、性能稳定及安全性高等优点；具有较大的转动惯量，可为电力系统提供大量的惯性响应，提升系统的频率抗扰动能力，从而为电力系统提供安全支撑。

（1）重力储能的形式。

1）活塞式重力储能。活塞式重力储能利用竖井内的重物活塞替代水体进行储能，如图 3-16 所示。储能时，由水泵水轮机抽水加压，提升重物活塞，存储能量，即水体不直接蓄能；发电时，重物活塞下落，其势能传递给水流，由水泵水轮机转换为机械能带动发电机工作。该技术保留了抽水蓄能机组核心设备，抽水、发电的水泵水轮机技术成熟，效率较高，具

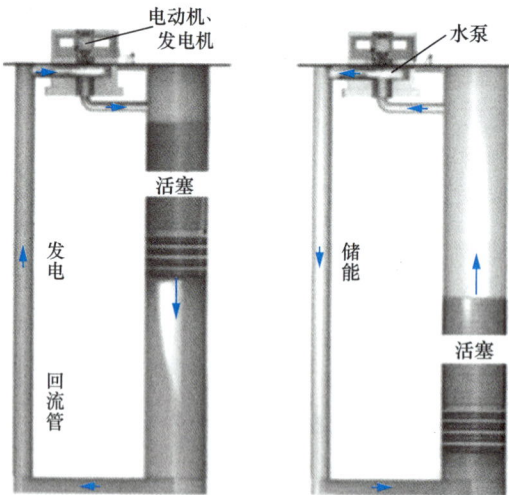

图 3-16 活塞式重力储能

有独特优势。

2）悬挂式重力储能。悬挂式重力储能是利用废弃钻井平台绞盘吊钻机进行储能的机构，如图 3-17 所示。利用废弃钻井平台与矿井，在钻井中重复吊起与放下钻机，该系统可以控制重物下落速度以改变发电时间和发电功率，可在 1s 内快速反应，使用寿命长达 50 年，效率最高可达 90%。储能容量可自由配置 1 ～ 20MW，输出持续时间为 15min ～ 8h。

3）混凝土砌块储能塔。混凝土砌块储能塔是以混凝土砌块储能塔为基础的重力储能发电设施，如图 3-18 所示，可运行 30 ～ 40 年。储能时，起重机将混凝土砌块从地

上吊起，像积木一样往高处堆放，将能量转化为混凝土砌块塔的势能；需要发电时，将混凝土砌块依次落下，释放重物势能，并转化为电能。

图 3-17　悬挂式重力储能

图 3-18　混凝土砌块储能塔

4）山地重力储能。山地重力储能利用陡峭山区的地势，通过砂石的势能进行储能，如图 3-19 所示。储能时，应用类似于滑雪缆车的电动系统将装满砂石的容器提升到山顶存放；用电高峰时，依靠重力将砂石从山顶运回地面，通过释放砂石势能发电。

（2）重力储能的应用。

1）清洁能源大基地建设场景。重力储能在适应大规模大容量储能需求场景中优势明显，可代替抽水蓄能在清洁能源大基地建设中发挥重要作用。我国在内蒙古、青海、甘肃等沙漠、戈壁地区，加快建设一批生态友好、经济优越的大型风电光伏基地项目，重力储能可以为这些项目提供调峰调频、应急备用、容量支撑等多元功能。

2）退役火电机组替代场景。火电机组设计寿命一般为 40 年，20 世纪 80 年代开始大规模发展的火电设施目前面临退役问题。重力储能安全性高，占地面积小，还可在一定程度上缓解城市固体废物（简称固废）处理问题，符合城市绿色发展理念，且重力储能建筑体与火电厂冷却塔高度相仿，长远来看，这将是重力储能助力能源转型和推动实现"双碳"目标的又一个重要发展方向。

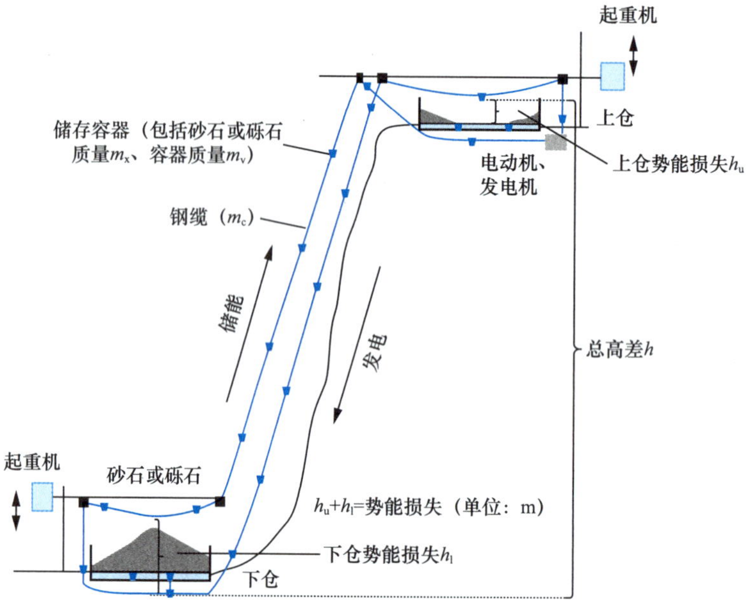

图 3-19 山地重力储能

3）风光储氢一体化项目场景。重力储能模块化建设和中长时储能的特性可满足不同规模、不同模式的可再生能源制氢项目需求，从成本和稳定保障能力来看，重力储能在可再生能源制氢电力供应方面具备较大优势。行业研究显示，2050 年我国的氢气需求将增长到每年 8100 万 t，重力储能技术将为风光储氢一体化发展提供保障。

4）尾矿综合治理场景。重力储能技术通过在材料科学领域的关键创新，可利用尾矿渣、粉煤灰、固废垃圾等作为重力提升模块的主要原料，实现循环利用，缓解尾矿渣等固废带来的环境问题。此外，重力储能可结合光伏，利用尾矿区电力基础设施，打造"光＋储＋生态"的尾矿区生态综合治理耦合修复模式，在获取经济效益的同时创造生态效益。

5）海下储能系统。利用海水静压差通过水泵—水轮机进行储能和释能。储能时，将水从球体中抽出，使球体在海水压力作用获得重力势能；释能时，海水在静压力作用下流入空球体内，推动涡轮机发电。合理利用海洋空间，适合用于沿海大规模储能。我国海上风电场建设加速，沿海地区储能需求或将迎来爆发期。此种储能的难点在于中空球体的制造、海底系统的加固以及海面沟通的电缆和管道的架设。

6）活塞水泵储能系统。利用活塞的重力势能在密封良好的通道内形成水压进行储能和释能，根据活塞的质量及被抬升高度的改变，可以改变其储能容量，从而实现电网级的长时间储能。该储能系统容量可调，水量需求较少，可灵活应用于城市中小功率储能和大规模储能。相对于传统的抽水蓄能用水量更少，选址更加灵活。但是该项储能技术只能建造在地质坚硬的地区，因此大规模应用仍受阻碍。

3.3.6　应用案例：新型机械储能示范引领能源技术创新之路

（1）江苏金坛盐穴压缩空气储能项目。江苏金坛盐穴压缩空气储能电站是空气储能国家试验示范项目、中国首个盐穴压缩空气储能电站，于2018年开建，2022年5月26日并入国家电网投产，如图3-20。由中国华能集团有限公司、中国盐业集团有限公司、清华大学等多家产学研单位共同建设。

一期项目转换效率达到60%以上，比国际最先进的美国麦金托什电站高出7%；二期项目能量转化效率超70%，处于世界领先水平。二期项目建成后单机功率达350MW，总容量大，将成为世界上单机功率最大、总容量最大的压缩空气储能电站，在规模上领先全球。该项目突破了"卡脖子"技术壁垒，研发制造出世界最先进的空气透平和压缩机组，实现了核心设备的100%国产化。

在国际竞争日益激烈的背景下，自主创新是提升国家核心竞争力的关键路径。该项目核心设备实现国产化，标志着我国在该领域摆脱了技术依赖，拥有了自主可控的技术体系，极大地增强了我国能源安全保障能力。江苏金坛盐穴压缩空气储能电站的自主创新实践，不仅为我国能源技术创新提供了宝贵经验，也为更多企业和科研机构树立了勇于探索、敢于创新的典范。通过自主创新掌握关键核心技术，我国正加速从制造大国向制造强国、创新强国迈进。

图3-20　江苏金坛盐穴压缩空气储能国家试验示范项目

（2）安徽芜湖海螺新型二氧化碳储能示范项目。安徽芜湖海螺新型二氧化碳储能示范项目是全球首套10MW/80MWh二氧化碳储能示范系统，如图3-21所示。该项目在2024年年初顺利并网，不仅提供调峰支持，还具备转动惯量支持功能，成为电网友好型储能技术的典范，为电网提供了一种新的惯量支持方式。项目成功运用低品位余热的利用技术，二氧化碳储能系统能够高效利用40℃以上的低品位工业余热，通过提升储能效率，将这部分余热转化为电能，实现能源的高效利用；利用了芜湖海螺水泥产线产生的90℃以下的直排烟气，通过促进二氧化碳的蒸发和膨胀，进一步提高了系统的效率，预计每年可节约标煤 3130t 以上。

图 3-21　芜湖海螺新型二氧化碳储能示范项目

此外，项目还进行了二氧化碳捕捉与循环利用的示范，通过深度耦合海螺水泥的碳捕集、利用与封存（Carbon Capture，Utilization and Storage，CCUS）捕捉产线，可以将水泥产线上捕捉的二氧化碳引入储能系统，实现了二氧化碳的暂态封存。这一创新举措不仅降低了储能系统的成本，还减少了碳封存的成本，成功实现了二氧化碳的循环利用。该项目的成功实施，凸显了我国在新能源领域的创新能力和国际竞争力，为推动绿色发展贡献了力量。

习题

1. 什么是机械储能？请简要描述其主要类型。
2. 在机械储能技术中，哪种技术的储能容量最大？
3. 简述抽水蓄能电站的工作原理。
4. 在电力系统中，抽水蓄能主要有哪些作用？
5. 压缩空气储能系统有哪些主要组成部分？它们各自的作用是什么？
6. 二氧化碳储能技术的基本原理是什么？
7. 飞轮储能系统的工作原理是什么？它有哪些主要优点？
8. 机械储能技术相比化学储能有哪些主要优势？
9. 重力储能系统为什么能为电力系统提供安全支撑？
10. 悬挂式重力储能系统的应用场景有哪些？

3.4　热　储　能

热能存储技术可用于削峰填谷、克服新能源波动性、热管理、跨季节存储等。根据工作区间的不同，热能存储技术可分为零下（<0℃）、低温（0～100℃）、中温（100～500℃）、高温（>500℃）热储能等。显热储热、相变储热、热化学储热和机械—热能储能等不同类型的储能方式和不同种类的储热材料也具有各自的工作温度区间范围，如图 3-22 所示。

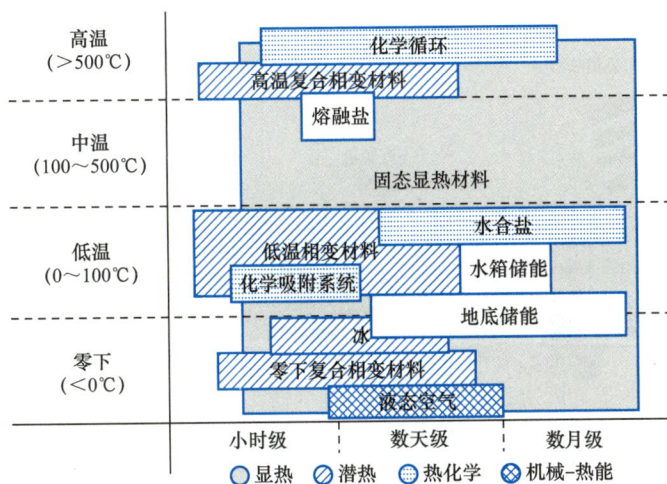

图 3-22 热能存储主要技术种类

3.4.1 显热储热技术

显热储热材料的研究始于 20 世纪 70 年代。目前，已有超过 15 万种液态或固态商业材料可用于工程显热储热。显热储热要求材料具有大的储热密度、良好的物理及化学稳定性，以及良好的热传输性能。液体显热储热材料主要有水、导热油和熔融盐等，固体显热储热材料主要有岩石、金属、混凝土、沙子、砖块等。

显热储热主要是依靠温度的升高与降低进行热量储存和释放的一种储热形式，储存的显热可通过式（3-1）计算

$$Q = m \times C_p \times \Delta T \qquad\qquad (3\text{-}1)$$

式中：m 为显热储热材料的质量，单位为 kg；C_p 为比热容，单位为 kJ/(kg·K)；ΔT 为其温度变化，单位为 K。

液体显热储热介质中应用最为广泛的是水。水具有高比热容、无毒、成本低廉且易于获得等优点，单位质量的水储热量相对较高，多应用于家庭空间供暖、食品冷藏和热水供应等场景。硅油、植物油、矿物油、合成油等导热油是中温段（100～400℃）热利用常用的有机流体。由于导热油温度上限低，在高于其工作范围的高温下，热油会因空气氧化等反应而降解，会产生酸物质，加速容器和管道的腐蚀。在长时间的高温暴露和多次热循环后，导热油会发生老化降解。热油蒸气与空气混合时有火灾危险。除此之外，导热油价格高昂不适合大规模使用。熔融盐因具有高体积热容量、高沸点、高温稳定性，以及蒸气压接近零等优点，在太阳能热发电中得到广泛应用。此外，熔融盐相对便宜、容易获得，既无毒也不易燃。

115

目前,常见的光热电站按光热和熔盐的耦合方式可分为间接与直接两种,系统结构如图 3-23 所示。间接熔盐储热系统需要设置换热装置进行换热,通常采用导热油或水蒸气作为传热介质,而直接熔盐储能不需要换热装置。间接熔盐储热的工作温度一般在 400℃以下,直接熔盐储热的工作温度适用于 400 ~ 500℃。

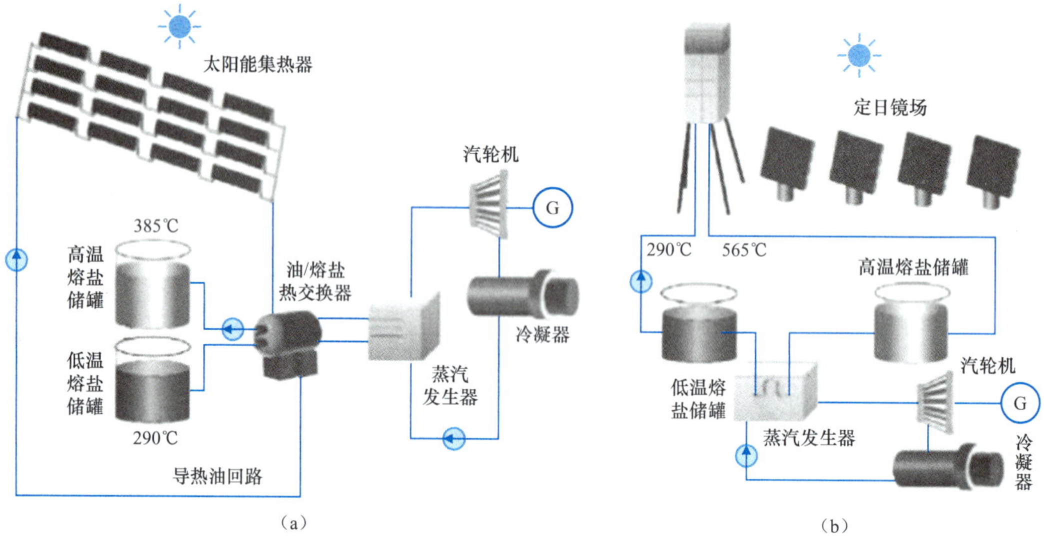

图 3-23 常见光热电站系统结构
(a)直接熔盐储热;(b)间接熔盐储热

固体介质广泛用于低温和高温储存,与液体介质相比,固体介质可以承受更高的温度。岩石是常用的储热材料,它具有较低的体积热容量,可以在高于 100℃的温度下工作。使用固体作为储热材料的主要缺点是其比热容低,导致能量密度相对较低,升高相同的温度,在相同体积中储存的能量不到水的 1/3。

3.4.2 相变储热技术

相变储热又称潜热储能,包括固—固相变、固—液相变、固—气相变和液—气相变。常见相变储热材料熔融焓和熔融温度如图 3-24 所示。

(1)相变储热原理。相变储热基于材料从一种物理状态到另一种物理状态的相变时吸收或释放的热量,其原理如图 3-25 所示。

单位质量相变材料储存的焓值 H 可以通过下式计算

$$H = h + \Delta H \tag{3-2}$$

$$h = C_p \times \Delta T \tag{3-3}$$

$$\Delta H = \beta \gamma \tag{3-4}$$

式中:h 为相变材料的显热,单位为 J;ΔH 为已熔化相变材料的潜热,单位为 J;C_p 为相变材料的比热容,单位为 J/(kg·K);T 为温度,单位为 K;β 为已熔化相变材料的质量分数；γ 为相变焓，单位为 J/kg。

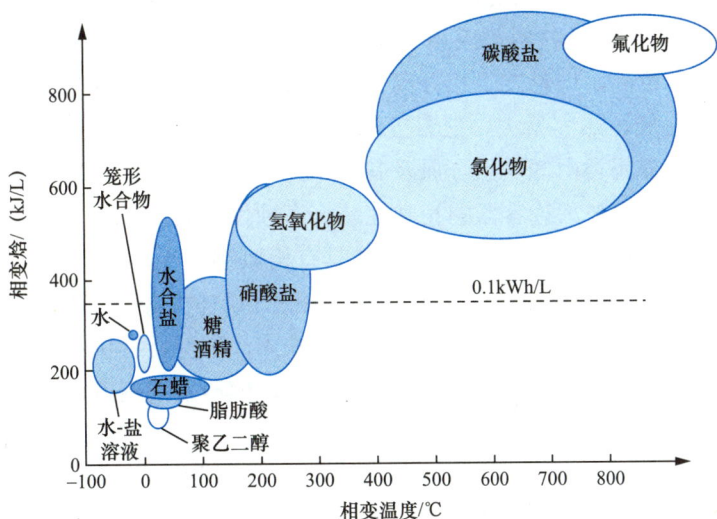

图 3-24　常见相变储热材料熔融焓和熔融温度

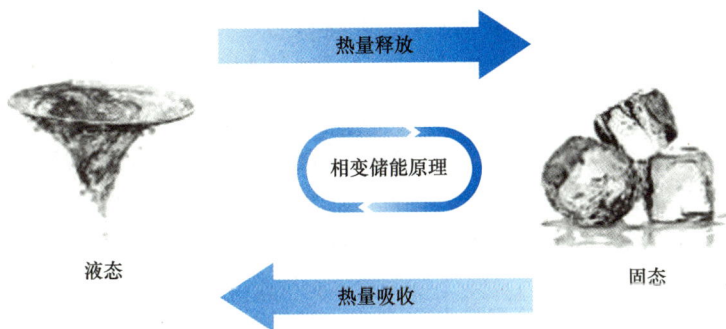

图 3-25　相变储能原理

在相变储热过程中，相变材料的焓值随温度的变化如图 3-26 所示。温度上升至相变温度前，材料以显热的形式储存热量，其温度快速升高。当温度上升至相变温度时，相变材料开始熔化，材料开始以潜热的形式储存热量。在完全熔化之前，材料的温度几乎维持不变。当相变材料完全熔化后，相变储热过程结束，材料又以显热的形式继续储热，温度再次快速升高。

（2）相变材料。

1）有机相变材料。有机相变材料可分为石蜡类（烷烃类及其混合物）和非石蜡类（脂肪酸、醇类、脂类等及其衍生物）。该类材料能在不发生相分离的情况下多次熔化和凝固，结晶时过冷度小或无过冷度，通常无腐蚀性，物理化学性质稳定，相变潜热较大、热稳定性好。

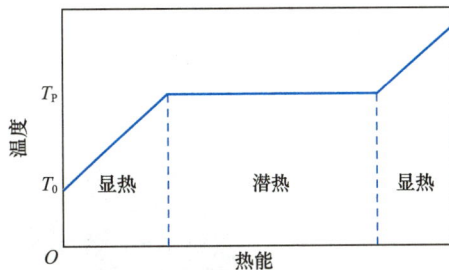

图 3-26　相变储热过程中焓值随温度的变化

但导热系数较小，传热能力较差，部分还具有可燃性。

2）无机相变材料。无机相变材料包括结晶水合盐类、熔融盐类（硝酸盐、碳酸盐、卤化物等）、金属类。该类材料可应用于低温和高温环境。结晶水合盐类有较高的体积熔融潜热、导热系数高，但易发生相分离和过冷现象；熔融盐类导电性能良好、使用温度范围广、蒸汽压低、热容量大、低黏度和稳定性较好，但存在高温分解、低温凝固、腐蚀性强的问题；金属类由低熔点金属及其合金组成，有很高的相变焓值、良好的热稳定性及高导热能力，但与承载容器的相容性差，腐蚀性较大。

3）混合相变材料。混合相变材料一般是具有相似或一致熔点和凝固点的材料组合，包括无机—无机、有机—有机或者无机—有机相变材料的二元或多元共晶体系。该类材料通过混合多种相变材料克服单一相变材料的缺点，可综合有机和无机材料的部分优点，有望获得性能更优、适用范围更广的储热性能，但研发和制备过程相对复杂，需要精确控制各组分的比例和混合工艺。

（3）相变材料的封装与强化换热。相变材料工作时间内将固态转变为液态，这一过程会带来两大技术难题：一是相变是一个非稳态过程，如何尽可能实现熔化过程的可控是提高系统可靠性的重要前提；二是在熔化过程中，大部分相变材料的体积将有 15%～20% 的变化，因此封装存储相变材料的容器必须能在上述体积变化范围内保证系统的可靠运行。上述两大技术难点可从相变材料的封装技术着手解决。常用的相变材料封装技术包括需要外部封装容器的宏胶囊法、微胶囊法和不需要外部封装容器的定形相变材料制备法。

传热速率是决定一个潜热储热系统性能的关键。传热速率是由传热温差、相变材料热导率及换热面积决定的。对于某个具体的应用场景，其热源、负载、环境温度及相变材料的熔点都是确定的，因此增大换热面积和提高材料热导率就成为潜热储热系统强化换热两个主要的研究方向。

相变储能技术在冷链中的应用主要包含火车、汽车货柜运输及家用、商用冰箱等。图 3-27 为蓄冷式移动冷库。此相变冷库可保持箱内温度在 5～12℃长达 140h 或更长，并且所需充冷时间不超过 2h。

图 3-27　蓄冷式移动冷库

3.4.3　化学储热技术

热化学反应储热是利用可逆化学反应，促使热能转化为化学能，并将化学能存储在反应介质之中。当有使用需求时，可通过逆向热化学反应或者燃烧的途径，把储存的化学能以反应热的形式释放出来，进而加以利用。化学储热技术可以分为化学吸附热储存、化学反应热储存两类，在储存和传输能量的过程中具有非常高的能量储存密度和非常低的热损失。这些特性使该过程在低温和高温下都具有优异的长期能量储存能力。化学储热系统利用反应物和产物之间的可逆反应吸收和释放热量，从而达到储热的目的。

热化学吸附储热是指在吸附质分子与固体表面原子形成吸附化学键的过程中所实现的能量存储。这种储热方式的储热密度大约是相变潜热储热的 2～5 倍，呈现出高效储热及变温储热的特性。在能量存储和释放过程的充热阶段，反应物从外界吸收热量，吸附质和被吸收物分离形成离解物，离解物可在室温下分别单独存储。在放热阶段，吸附质和被吸收物结合在一起，形成原始反应物，在此过程中释放出大量的可被利用的热量。一般结晶水合物体系都属于热化学吸附储热类型。与液体吸附质相比，固体吸附材料具有较低的储热密度，但其具有更优良的传热传质速率。沸石和硅胶等固体吸附材料具有较大的孔径，可产生更大的表面积，进而提高其储热能力。目前常见的固体吸附材料有天然沸石、磷酸铝和磷酸硅铝等。

图 3-28 为显热—吸附热混合储能系统示意图。其主要工作过程为：太阳光连续充足时，加热水箱，主用显热储能；在阴雨天气或阳光连续不足期间，环境空气进入内置的吸附床，空气中的水蒸气与沸石吸附放热进而加热水箱，以弥补显热储能的不足；当阳光再次充足时，加热水箱，并使吸附床脱附，实现储热。

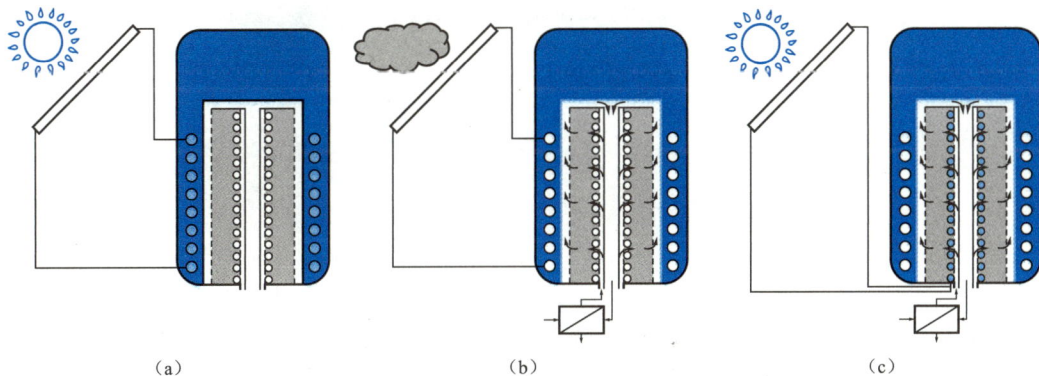

（a）　　　　　　　　　　（b）　　　　　　　　　　（c）

图 3-28　显热—吸附热混合储能系统示意图
（a）太阳能加热水箱；（b）吸附放热；（c）解吸附储热

相较于其他储热方式，热化学反应储热具备以下优点：①热化学反应储热通过化学链的破裂和重组实现能量的热能—化学能—热能转换，其体积和质量储热密度均远高于显热储热或相变储热。②反应产物以化学能形式可在环境温度下长期存储且基本没有热损失，并且可以实现长距离运输。③热化学储热采用化学反应实现能量的存储和转换，能够得到高品位的热能，可广泛应用于新能源的存储，特别是太阳能热发电中热能的存储。典型的热化学反应储热体系有金属氧化物、金属氢化物、氢氧化物、碳酸盐、氨基、甲烷重整等体系。

化学热能储存具备热能储存密度高、时间长、热损失低等优势。但它面临诸多技术挑战，储热材料分解时，可能出现烧结与晶粒长大，致孔隙率降低；需隔离化学物质，致使系统复杂、体积大、投资高、效率低；反应过程复杂，部分反应动力学特性不明，有些材料还需催化剂，有安全要求。

3.4.4 应用案例：大型光热储能项目彰显中国绿色发展决心

（1）甘肃玉门"光热+"示范项目。该项目位于甘肃省玉门市，是国家第一批"沙戈荒"大型风光基地配套项目（图3-29）。总装机70万kW，其中10万kW光热储能项目采用熔盐线性菲涅尔技术路线，集热面积达130万㎡，是全球装机规模最大的熔盐线性菲涅尔光热储能项目。该项目于2024年9月20日并网发电，实现国内首个"光热储能＋光伏＋风电"项目全容量投产。其技术优势明显，采用平面反射镜和固定式集热管，结构简单，施工难度小，建设周期短。在储热方面，配置8h熔盐储热系统，有效解决可再生能源发电间歇性问题。同时，国内首次采用蒸汽发生系统建筑与主厂房一体化设计，缩短四大管道长度，提升汽轮机效率；首次采用进口和国产熔盐泵混合应用方案，节省建设成本；优化熔盐母管及储热罐位置布置，减少热盐管道长度，降低散热损失，提高能源利用效率。

图3-29 甘肃玉门"光热+"示范项目

（2）中广核德令哈100万kW光热储一体化项目。该项目位于青海省海西州德令哈市光伏（光热）产业园区，采用光伏发电与光热熔盐储能相结合的技术。项目总装机容量100万kW，储能配比率高达25%，是国内在建光热储能配比率最高的光热储多能互补项目。其中80万kW光伏发电部分采用"分块发电、集中并网"方案，通过新建330kV升压站接入电网；20万kW光热储能发电部分是国内单体规模最大的塔式光热项目。项目储能时长可达6h，在电力系统中调峰调频作用显著。全部建成投产后，预计年上网电量可达18亿kWh，等效节约标煤消耗约55万t，减排二氧化碳约130万t，经济效益和生态环保效益突出。

此类项目大多选址于我国西北等光照资源丰富且土地相对广袤的地区，合理利用了当地的自然条件，避免了对生态敏感区域的开发，减少了对生态环境的破坏。同时，项目的建设和运营过程中，注重节能减排和资源综合利用。上述项目的成功实施，彰显了我国推动绿色发展的坚定决心和强大行动力。这些项目的示范和引领作用为全球应对气候变化和可持续发展贡献了中国智慧和中国力量。

◇◇ 习题

1．水作为液体显热储热介质，有哪些优点和缺点，分别决定了它适用于哪些场景？

2．为什么熔融盐能在太阳能热发电中得到广泛应用？

3．固体显热储热介质与液体显热储热介质相比，有什么不同特点？

4．简述相变储热的原理。

5．有机相变材料有哪些优缺点？

6．无机相变材料的水合盐存在哪些缺点？

7．相变材料工作时会带来哪两大技术难题，如何解决？

8．简述热化学吸附储热的原理及过程。

9．热化学反应储热相较于其他储热方式有哪些优点？

10．化学储热面临哪些技术挑战？

3.5　电　磁　储　能

电磁储能技术是众多储能新技术中最具代表性的一种，应用电磁储能技术能够使电力系统的稳定性、安全性及运行效率得到显著的提高，其在电力领域的发展中起到不可替代的作用。电磁储能直接以电磁能的方式储存电能，主要包括超级电容器储能和超导磁储能。

3.5.1　超级电容器储能

超级电容器主要由电解液、隔膜和电极构成，结构如图 3-30 所示。其中，正负电极是将正负极活性材料、黏结剂、导电剂在集流体上压制而成的。

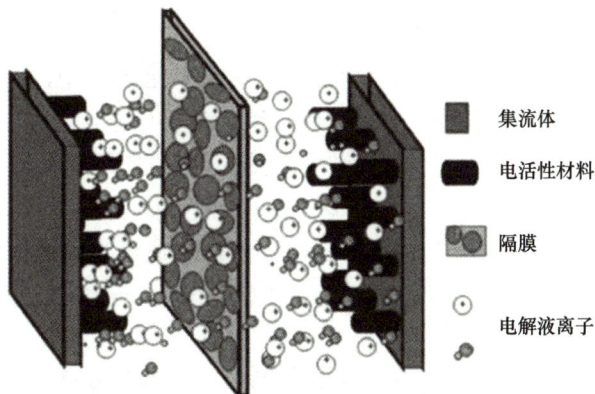

集流体

电活性材料

隔膜

电解液离子

图 3-30　超级电容器结构示意图

电极材料是产生双电层电容和赝电容的必备物质，是超级电容器中的重要组成部分。电极材料由导电性好、比表面积大和孔隙率高的纳米材料构成，目前广泛研究和应用的有碳基材料，金属氧化物、氢氧化物材料，导电聚合物材料等。电解液固有特性，如分解电压、黏度、适应温度、电阻率、离子直径等直接影响超级电容器的性能。通常要求电解液具备高电导率、良好浸润性等特点。电解液种类繁多，主要包括水系电解液、有机电解液、离子电解液等。集流体主要负载电化学活性材料并传递电荷，需与电极材料接触面积大、内阻小、耐腐且不与电解液反应。使用时常用导电剂和黏结剂让活性材料附着于集流体上，但长期充放电易致材料脱落，缩短电容器寿命。隔膜是位于正负极之间，避免电极物理接触，确保离子自由传输的重要材料。隔膜必须是电子的绝缘体，且具有化学稳定性良好、浸湿性强、材质均匀、韧性强等特点。无纺布、玻璃纤维、高分子膜等是比较常用的隔膜材料。

超级电容器基于双电层原理储存电能。对其两极板施加电压，正电极储存正电荷，负极板储存负电荷，电荷产生的电场，使电解液与电极界面形成反向电荷，在固液相接触面形成双电层。在超级电容器中，当两极板间的电势差低于电解液的氧化还原电极电位时，电容器能维持正常工作状态，此时电荷会稳定地存于电解液中，不会脱离。一旦电压超过这一电位，电解液就会发生分解，致使超级电容器处于非正常工作状态。在放电阶段，正负极板上的电荷会通过外电路释放出去，与此同时，电解液界面的电荷也会相应减少。整个充放电过程本质上属于物理过程，并不涉及任何化学反应。

基于储存电能的不同机理，超级电容器可划分为以下三种类型：双电层电容器、赝电容器、混合型超级电容器。

超级电容器的功率密度是普通电池的几十倍，这使其能够在短时间内释放出几百到几千安培的电流。因此，超级电容器非常适合作为瞬时或短时间的功率输出源。循环寿命长，充电快速可逆，可大电流充电，几十秒到几分钟就能完成充电。电荷转移多在活性物质表面，受温度影响小，工作温度范围在 $-40 \sim 100℃$。储存能量与端电压对应，检测端电压就能判断荷电状态，便于能量管理。所用材料安全环保，无噪声污染。相比蓄电池，它能量密度低，相同能量需求下，体积和质量大，不适用于大容量电力储能，应用受限。其端电压随储能变化波动大，充放电时不断升降。单体电压低、储能小，通常需串并联组合才能满足电压和储能容量要求。

当前，超级电容器已经应用于各个领域。在轨道交通车辆中，利用超级电容器功率高、低温特性好、安全性高等优势，再与具有高能量密度的电池混合使用，就可以实现高功率储能或释放，以及制动能量的回收，延长电池的使用寿命，并且还能作为备用电源，以备列车供电故障的不时之需。图 3-31 为混合储能系统的轨道供电系统结构，图 3-32 为混合储能系统在电动汽车上的应用，混合储能可减少电流波动对电池的负面作用，延长电池使用寿命，它还可以通过吸收制动过程中产生的能量来提高电动汽车使用效率。

此外，超级电容器为可再生能源在能量调节、频率调整及稳压方面，提供了切实有效的解决方案。图 3-33 为混合储能系统在电网储能上的应用示意图，系统可以组合多个储能器件，用于缓解和减轻发电源（风能和太阳能）所带来的一些不利影响。

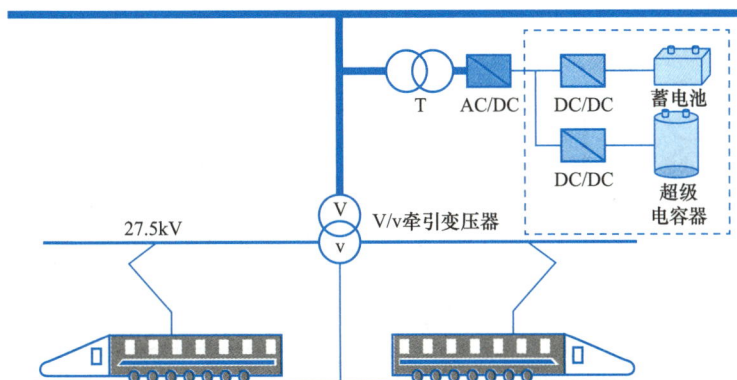

图 3-31 混合储能系统的轨道供电系统结构

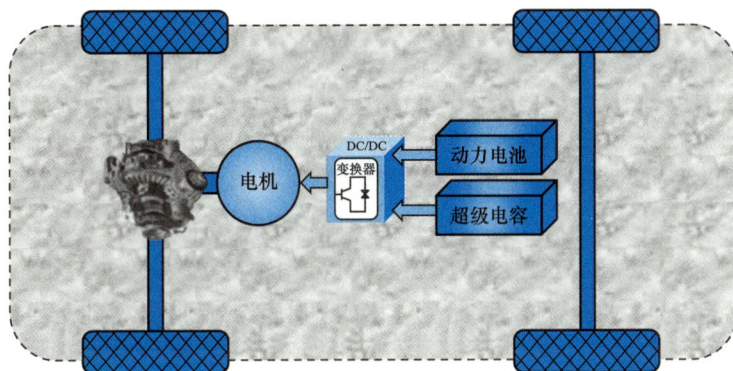

图 3-32 混合储能系统在电动汽车上的应用

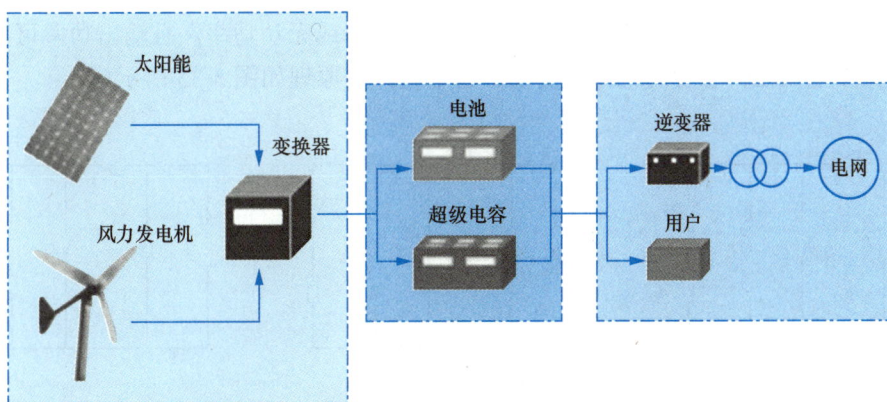

图 3-33 混合储能系统在电网储能上的应用示意图

3.5.2 超导磁储能

超导磁储能系统（SMES）把电磁能存于超导储能线圈，具有转换效率高、响应速度快、大功率、大容量、低损耗及可持续发展条件容易满足等优点。SMES 主要由超导磁体、低温系统、磁体失超保护系统、变流器、变压器、控制系统等部件组成，结构示意如图 3-34 所示。

图 3-34　SMES 结构示意图

SMES 通过超导磁体直接实现电磁能的储存。当有需要时，它不仅能够将储存的电磁能反馈至电网或者其他负载，而且还能灵活应对电网中如电压凹陷、谐波等一系列问题，同时还可以为电网提供瞬态大功率有功支持。其工作原理如下：在正常运行状态下，电网电流会先经过整流环节，之后对超导电感进行充电操作，完成充电后，系统便保持恒流运行状态。SMES 的超导磁体在储能状态下不会产生焦耳热损耗，储能效率高达 95%，可以长时间无损耗地储存能量。由于 SMES 的储能与释能是电磁能量的直接转换，能量转换速度和效率高于电能—化学能、电能—机械能等能量转换形式，因此 SMES 具有响应速度快、功率密度高、反复充放电次数无限制等优点。一旦电网遭遇瞬态电压跌落、骤升，或是瞬态有功不平衡等状况，超导电感就能释放能量。这些能量经逆变器转换，变为交流电，随后向电网输出有功功率或无功功率，且输出功率可灵活调控，能保障电网在瞬态时的电压稳定及有功平衡，其原理如图 3-35 所示。

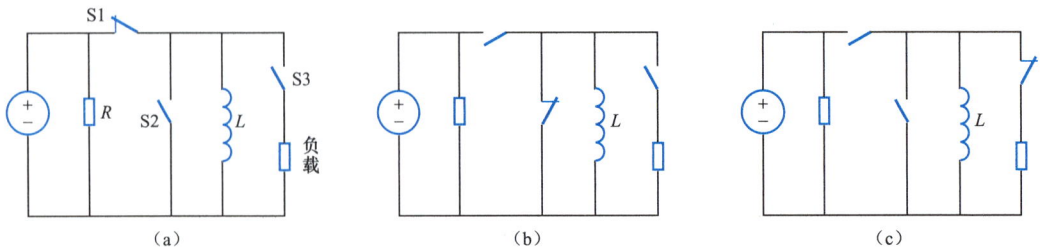

图 3-35　超导磁储能原理

（a）给电感充电过程；（b）电感储存能量过程；（c）电感释放能量过程

充电时，开关 S2 和 S3 处于断开状态，闭合开关 S1，电源对储能电感充电；闭合开关 S2、断开开关 S1，S2 与电感 L 形成闭合回路，此时电感中储存的能量如下

$$E = \frac{1}{2}LI^2 \tag{3-5}$$

式中：E 为电感中储存的能量；L 为电感值；I 为电感中的电流。

放电时，闭合开关 S3、断开开关 S2，电感对负载放电而释放能量。

SMES 作为一种能够灵活调控的有功功率源，具备主动参与系统动态行为的能力。它一方面能够对系统阻尼力矩进行调节，另一方面也能调节同步力矩，这有利于解决系统滑行失步与振荡失步的问题。此外，在扰动消除之后，SMES 还可以缩短暂态过渡过程，助力系统迅速恢复稳定。在改善电能质量方面，SMES 可通过发出功率或者吸收功率的方式，降低负荷与发电机出力变化给电网带来的冲击。同时，SMES 还能充当敏感负载的不间断电源，有效解决配电网供电异常的问题，从而提升供电品质。风机并网点配置 SMES 示意图如图 3-36 所示。由此可知，将超导磁储能装置安装在风电场并网母线处，通过控制超导磁储能装置向系统注入有功功率和无功功率的大小和方向，可以动态改善风电场输出的功率，达到平抑风电场出口处并网母线处功率波动的目的。

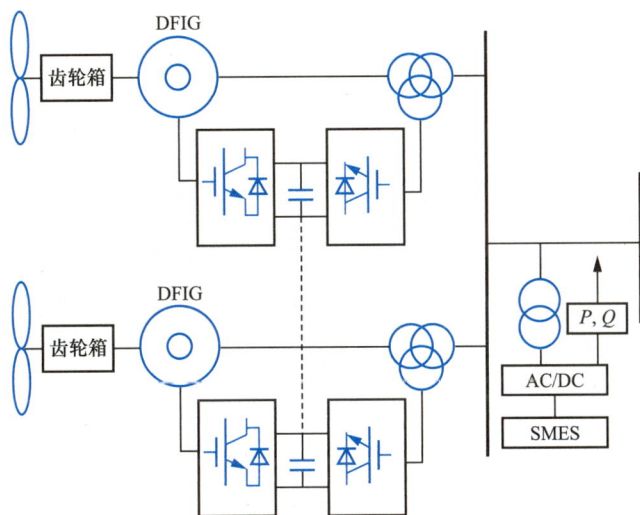

图 3-36　风机并网点配置 SMES 示意图

3.5.3　应用案例：储能项目创新实践推动火电厂资源高效升级

2024 年 12 月 12 日，由西安热工院研制的"10MW×6min 超级电容 +10MW/10MWh 锂电池"混合储能系统在华能左权电厂正式投入商业运行，如图 3-37 所示。该系统是目前全球最大规模容量的超级电容混合储能系统，也是全球首个 10 兆瓦级超级电容储能耦合火电机组电力调频系统。该项目充分结合了锂电池和超级电容两种不同类型储能介质的特点。

广东能源集团 20MW 新型储能系统示范项目（以下简称"新型储能系统示范项目"）于 2023 年 11 月并网投产，该项目是"锂电 + 超级电容器"火储联合调频项目，已列入国家重点研发计划"储能与智能电网技术"重点专项，如图 3-38 所示。该项目采用 16MW/8MWh 磷酸铁锂电池，配备了国内容量最大的 4MW×10min 超级电容器，能在短时间内快速响应电网频率变化，提供瞬间的大功率支持，成功实现了兆瓦级超级电容器的系统集成。通过先进的控制策略和算法，实现了锂电池、超级电容器与燃煤机组之间的协同运行和精准控制，使三者能够根据电网频率变化和机组运行状态，灵活调整充放电功率，达到最佳的调频效果。

图 3-37　华能左权电厂混合储能项目

图 3-38　新型储能系统示范项目

以上两个项目在多个关键领域取得了卓越成绩，彰显了我国在储能技术及相关产业方面的领先地位。该类项目实现了对传统火电厂资源的高效利用与升级发展，同时，项目的成功实施也推动了相关数字技术的产业化发展，为储能与智能电网技术领域的数字产业发展提供了宝贵的实践经验和技术支撑。在项目实施过程中，团队协作不仅解决了复杂的工程问题，还培养了一批专业技术人才，为我国在储能技术领域的持续创新和发展奠定了坚实的人才基础。

◇◇ 习题

1. 简述超级电容器的结构组成及各部分作用。

2. 超级电容器基于什么原理储存电能？充放电过程有什么特点？

3．超级电容器有哪些类型？

4．超级电容器在电力能源领域有哪些应用？为什么适合这些应用？

5．超级电容器的应用受到哪些限制？

6．简述超导磁储能系统的典型结构。

7．超导磁储能的储能机理是什么？

8．超导磁储能系统有哪些特点？

9．超导磁储能在电力系统中能解决哪些问题？

10．超导磁体在超导磁储能系统中起到什么关键作用？

3.6　氢　储　能

氢储能的基本原理是将水电解得到氢气，并以高压气态、低温液态和固态等形式进行存储。以风电制氢储能技术为例，当风电无法上网时，可以用其将水电解为氢气存储起来。当系统处于用电高峰时，再以氢气为燃料，通过内燃发电系统、燃料电池等产生电能。

氢气具有燃烧热值高、大规模存储便捷、可转化形式广和环境友好等优点，受到了能源行业的高度重视，具有极大的发展潜力。其缺点是能量转换率相对较低，比如在电解水制氢过程中，大量的能量被转化成热能。此外，目前的氢储能技术的成本仍然比较高，这也在一定程度上阻碍了氢储能技术的规模化应用。图 3-39 为氢气的主要用途示意图。

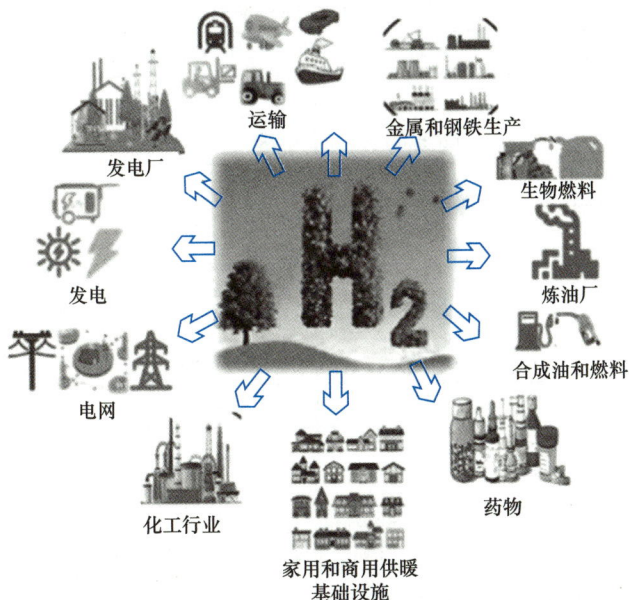

图 3-39　氢气的主要用途示意图

3.6.1 化学储氢

（1）液氨储氢。液氨储氢技术是在特定条件下，使氢气与氮气发生反应生成液氨，进而将液氨作为氢能的载体，用于储存与利用氢能。同等条件下，在标准大气压（1atm=1.013250×10⁵Pa）下氨在 −33℃就能实现液化，而氢气的液化温度则需要降至−253℃左右，并且液氨运输难度相对更低。液氨在常压及 400℃条件下即可得到氢气；同时，液氨储氢的储氢密度高。此外，液氨可进行直接利用，燃烧的产物为水和氮气，对环境没有危害，且液氨储运比液氢更加安全便捷，价格低，是极具前景的储氢方式之一。

借助可再生能源实现电解水制氢，随后通过"氢—氨—氢"的流程，达成"绿氢"的运输。氨凭借其在质量与体积方面具备的高储氢密度的优势，正逐步成为极具潜力的氢运输载体。氢气合成氨及氨分解为氢气和氮气的技术，目前已达到相当成熟的水平。但是，液氨腐蚀性强，氢气合成氨及氨转换为氢的过程存在损耗，反应转换效率也需提升。

（2）有机介质储氢。有机介质储氢技术是借助催化剂让不饱和有机介质与氢进行加氢反应，生成稳定化合物，于常温常压下液态储运。使用时，经催化脱氢反应后放氢。烯烃、炔烃、芳烃等不饱和液态有机物可作储氢介质，是氢能储运领域有望大规模应用的技术之一。有机介质储氢技术主要分为三个过程：①加氢，有机液态储氢载体在催化剂的作用下与氢气反应，在常温常压下即可形成稳定的有机液体储氢化合物；②运输，加氢后的有机液体可利用普通的罐装车进行运输，可采用类似于汽油加注的泵送形式；③脱氢，在脱氢装置中，储氢的有机液体进行催化脱氢反应，之后反应产物气液分离。有机介质储氢的关键在于选择合适的储氢介质。目前研究中主要采用的有机液体储氢介质见表 3-4。

表 3-4   主要采用的有机液体储氢介质

储氢介质	熔点 /℃	沸点 /℃	理论储氢容量 /%
环己烷	6.5	80.7	7.19
甲基环己烷	−126.6	101	6.18
四氢化萘	−35.8	207	3.0
顺式 - 十氢化萘	−43	193	7.29
反式 - 十氢化萘	−30.4	185	7.29
环己基苯	5	237	3.8
4- 氨基哌啶	160	65（18mmHg）	5.9
咔唑	244.8	355	6.7
乙基咔唑	68	190（1.33kPa）	5.8

近年来研发的新型有机液体储氢体系有效地解决了脱氢温度高、效率低等问题。例如，在芳环中引入氮杂原子降低脱氢反应的焓，并使脱氢温度降低。为应对脱氢温度高、效率低等难题，近年来涌现出众多新型有机液体储氢体系。咔唑类有机物作为有机液态储氢载体，其中咔唑和 N- 乙基咔唑的研究最为广泛。

利用有机介质在常温常压下进行液态储氢，其储存与运输过程安全高效，有机液体的成本较低，储氢介质可循环利用，具有储氢密度高、储量大、便于运输、安全性高等优点；但是需要配备专门的加氢、脱氢装置，存在脱氢技术复杂、温度高、效率低、耗能大等亟待解决的问题。

（3）无机物储氢。目前，部分无机物（如 N_2、CO、CO_2）与 H_2 反应，产物可作燃料且分解后能得到氢，实现无机物储氢。该技术借碳酸氢盐与甲酸盐互转储放氢，以 Pd 或 PdO 为催化剂、吸湿性强的活性炭为载体，用 $KHCO_3$ 或 $NaHCO_3$ 作材料，氢气质量密度达 2%，有利于安全、大量储运，但储氢量与可逆性有待提升。

（4）金属基合金储氢。储氢合金吸氢后，氢以原子形式储存，在一定条件下可释放。氢分子先物理吸附到材料表面，解离为氢原子并化学吸附，然后氢原子在表面迁移、渗透，氢原子于 α 相中扩散形成固溶体，α 相再与氢原子反应相变生成 β 相，放氢过程与之相反。氢以原子存于材料，吸放氢受反应速率与热效应限制，安全系数高，且储氢合金有较好可逆性等优点。

（5）配位氢化物储氢。配位氢化物储氢，利用碱金属（如 Li、Na、K）或碱土金属（如 Mg、Ca）与ⅢA族元素能形成配位氢化物的特性。它与金属氢化物不同，吸氢时转变为离子或共价化合物，金属氢化物的氢以原子存于合金。表 3-5 显示部分配位氢化物储氢量极高，是优良储氢介质，但室温分解速率低。配位氢化物的研发，需在探索新催化剂或优化现有催化剂（Ti、Zr、Fe）组合，改善低温放氢与循环性能上深入研究。

表 3-5 　　　　　　　　　碱金属与碱土金属配位氢化物及其储氢量

复合氢化物	理论储氢量（质量分数）/%	复合氢化物	理论储氢量（质量分数）/%
$Be(BH_4)_2$	20.8	$NaBH_4$	10.7
$LiBH_4$	18.5	$LiAlH_4$	10.6
$Al(BH_4)_3$	16.9	$Mg(AlH_4)$	9.3
$LiAlH_2(BH_4)_2$	15.3	$Zr(BH_4)_3$	8.9
$Mg(BH_4)_2$	14.9	$NaAlH_4$	7.5
$Ti(BH_4)_2$	13.1	KBH_4	7.5
$Ca(BH_4)_2$	11.6	$KAlH_4$	5.8
$Zr(BH_4)_2$	10.8	$Th(BH_4)_4$	5.5

3.6.2 物理储氢

（1）高压气态储氢。高压气态储氢是在氢气临界温度以上，通过高压将氢气压缩，以高密度气态形式存储。高压气态储氢是目前发展最成熟、最常用的储氢技术。世界上绝大多数研究燃料电池的公司均采用高压氢气作为汽车的氢源。高压气态储氢的储氢密度主要受压力的影响，储氢罐一般要满足 35～70MPa 的工作压力。按照材质的不同，储氢罐主要分为金属储罐、金属内衬纤维缠绕储罐、全复合轻质纤维缠绕储罐等。

1）金属储罐常由高强度无缝钢管旋压收口制成。材料强度提升后，氢脆敏感性增强，安全性难保证，且单层结构无法实时在线监测安全。因此只适用于小储量、固定式储氢，难满足车载需求。

2）金属内衬纤维缠绕储罐，以不锈钢或铝合金内衬密封氢气，纤维增强层承压，储氢压力超 40MPa。金属内衬不承压、厚度小，能提高储氢密度，常用纤维材料有碳纤维、玻璃纤维、凯夫拉纤维等。因其成本低、储氢密度大，在大规模储氢领域广泛应用。

3）全复合轻质纤维缠绕储罐一般由塑料内胆、纤维缠绕层和保护层构成。塑料内胆类似金属内衬，具有气密性好、耐腐蚀、耐高温、高强度、高韧性等优点，推动高压储氢实用化。其质量约为相同储量钢瓶的 50%，在车载储氢方面优势明显。

在较大的储氢压力下，储氢罐需要通过增加壁厚来满足要求，并且该过程需要的氢气压缩功较大，伴随高能耗及氢气泄漏和容器爆炸等不安全因素，因此高压储氢尤其是在车载储氢方面的应用仍需进一步研究。

车载储氢领域所使用的大容量高压储氢瓶目前可分为四种类型，如表 3-6 所示。

表 3-6　　　　　　　　　储氢瓶的分类及主要技术参数

类型	Ⅰ 型	Ⅱ 型	Ⅲ 型	Ⅳ 型
气瓶结构材质	纯钢质金属	钢内胆纤维缠绕	铝内胆纤维缠绕	塑料内胆纤维缠绕
工作压力（MPa）	17.5～20	26.3～30	30～70	70 以上
产品重容比（kg/L）	0.90～1.3	0.60～0.95	0.35～1.00	0.30～0.80
使用寿命（年）	15	15	15/20	15/20
储氢密度	14.28～17.23	14.28～17.23	40.4	48.8
车载使用情况	否	否	是	是

（2）低温液化储氢。低温液化储氢是把氢气压缩后冷却至 21K（1K＝-272.15℃）变成液氢，封存于特制绝热真空容器。液氢密度是常温常压下气态氢的 845 倍，大幅提升储氢质量，从体积密度与质量密度看是最理想的储氢方式。但它面临两大难题：其一，储氢容器绝热难，液氢易蒸发，对储罐低温承压要求高；其二，氢气液化耗能大，实际耗能达总氢能的 30%。

和高压气态储氢技术一样，液化氢储罐是液化氢储存的关键。液化氢储罐通常分内外两层，内层常用铝合金或不锈钢，靠绝热性好的玻璃纤维带支撑物，置于外层壳体中心盛装低温液氢。内外夹层间填充镀铝涤纶薄膜减少热辐射，加绝热纸增加热阻、吸附未液化气体；用真空泵抽走夹层空气防对流漏热；排放气体管与注入液体管采用低热导率材料，降低热量传递。

低温液化储氢经济性与储氢量紧密相关。储氢量大时，液氢储存成本低于高压气态储氢。小容积（小于 100L）储罐常用真空超级绝热，蒸发损失约每天 0.4%；大型储罐多用粉末绝热，蒸发损失每天 1%～2%。液化储氢技术成本高，液氢吸热致压力升高有安全隐患，安全技术复杂，且单位体积能量密度与汽油、柴油相比差距大。

低温液态储氢是先将氢气在温度 -250℃下液化，然后储存在低温绝热真空容器中。氢气液化耗时、耗能，因此低温液态储氢常用于中大规模的氢气储存和应用，典型液氢储运压力容器如图 3-40 所示。

图 3-40 典型液氢储运压力容器
（a）液氢运输船模型；（b）低温罐车；（c）液氢储存罐；（d）液氢运输船

北京航天试验技术研究所基于氦膨胀流程研制了 1.5t/d 级氢液化装置，于 2021 年 9 月投产，实测满负荷工况产量为 2.3t/d，装置实物如图 3-41（a）示。北京中科富海低温科技有限公司（采用中国科学院理化所技术）基于氦制冷机、液化器研究成果，成功研制出 1.5t/d 级氦制冷氢液化装置，于 2022 年 12 月试车成功，装置实物如图 3-41（b）所示。

（3）冷冻—压缩储氢。冷冻—压缩储氢是新兴复合储氢技术，融合压缩与冷冻储氢，最大程度提升储氢密度，涵盖压缩液态氢与冷冻高压氢气。在低温高压下，液态氢密度更高，压缩冷冻可增加单位体积储氢量。该技术无需将温度降至 20K，能耗低于液态储氢。研究显示，77K 下压缩冷冻氢气，单位体积储氢能力比未冷冻气体提升 3 倍。室温下 41kg 氢气压缩至 100L 需 $740 \times 10^5 Pa$ 压力，77K 时仅需 $148 \times 10^5 Pa$。此技术既提升储氢密度，又增强储氢容器安全性。

（4）物理吸附储氢。物理吸附储氢是指氢分子通过分子间作用力吸附在高比表面积或多孔材料上，达到储氢的目的。该过程中氢分子不发生解离，其电子结构和成键形式不发生变化。该储氢技术属于固态储氢技术的一种，与高压储氢和液态储氢相比，其操作简便，不需要特别高的压力，在储氢密度、安全性和经济性方面都具有明显的优势，是一种较理想的储氢方式。氢分子和吸附材料的分子间作用力很弱，导致物理吸附储氢技术在常温常压下储氢密度较低，只有通过加压或降温才能提高氢气吸附量。除温度、压力和吸附能外，吸附材料的比表面积、孔径和孔体积等因素也会影响储氢能力。因此，目前的研究主要集中在制备高比表面积的多孔轻质固体和提高吸附材料与氢分子的吸附能两方面，图 3-42 为活性炭吸附氢气原理。

（a）　　　　　　　　　　　　　　　（b）

图 3-41　氢液化装置

（a）北京航天试验技术研究所氢液化装置；（b）中科富海氢液化装置

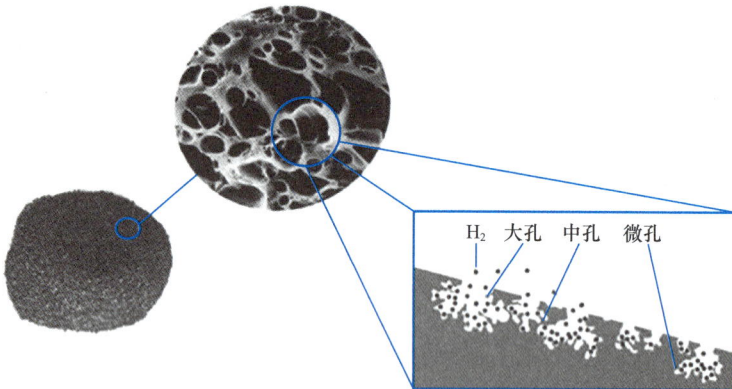

图 3-42　活性炭吸附氢气原理

3.6.3　应用案例：绿色电氢项目塑造中国能源技术强国形象

（1）全球首例大型固态储氢设备出口。2024 年 11 月，全球首例大型固态储氢设备从上海外高桥港区四期码头装船出口东南亚（图 3-43）。该项目出口的是镁基固态储氢罐，其技术原理基于氢气与镁合金的化学反应，从而实现氢气在材料中的固态存储。从技术优势来看，储氢密度大是其显著特点，单台罐体储氢量可达 1t，储氢密度达到 6.4wt%，这使得大规模的氢气运输和存储得以高效实现。安全性上，该设备领先于同类产品。它可在常温、常压下进行运输，极大地降低了因高压等因素带来的安全风险。传统的储氢方式，比如高压气态储氢，需要高压环境，一旦发生泄漏等情况，容易引发严重事故。而镁基固态储氢罐在常温常压下运输，大大提升了运输过程中的安全性。此外，该设备还具有经济、便捷特性。在解决氢气长距离、大规模运输难题的同时，也为氢能产业的发展降低了成本，提高了整体的经济效益。其创新性的技术突破，为全球氢能的广泛应用和能源结构的优化升级提供了有力支撑，标志着我国在固态储氢设备制造领域走在了世界前列，对推动全球氢能产业的发展有着深远影响。

图 3-43　全球首例大型固态储氢设备出口项目

该出口项目不仅是产品的输出，更是我国技术、理念和文化的传播，为全球氢能的广泛应用和能源结构的优化升级提供了有力支撑，推动着全球氢能产业的发展，激励着我们在科技创新和产业发展的道路上不断前行。

（2）小虎岛电氢智慧能源站。小虎岛电氢智慧能源站是国家重点研发计划项目的示范工程，也是国内首个应用固态储供氢技术的电网侧储能型加氢站。2023 年我国的小虎岛电氢智慧能源站成功实现了固态储氢开发项目的并网发电，如图 3-44 所示，标志着我国在新能源技术领域迈出了重要的一步。

图 3-44　小虎岛电氢智慧能源站实景

站内是我国首套自主研发的百千瓦级电氢双向转换装置，基于可逆固体氧化物电池技术，具备电解池和燃料电池两种模式，集制氢与发电功能于一体。在电解池模式下，通过高温电解水制取"绿氢"并存于储氢罐；切换到燃料电池模式，储氢罐内氢气能通过电化学反应按需发电并网，整个电氢转换过程在分钟级内完成。该装置系统电解制氢功率达 100kW，相比传统电解制氢技术，效率提升了 20%～30%。它不仅能在用电低谷时将绿色电能制氢储存，助力粤港澳大湾区新能源消纳，还能在用电高峰或应急时，利用储存的氢气发电，保障电力供应安全可靠、绿色低碳。此外，该装置实现了从材料到系统的全面国产化，未来通过模块化叠加组合，制氢与发电功率有望达兆瓦级。

小虎岛电氢智慧能源站的成功，也为我国新能源技术的发展和推广提供了宝贵的经验和示范。

◇◇ 习题

1. 简述液氨储氢的原理及优缺点。
2. 有机介质储氢技术的三个主要过程是什么？
3. 无机物储氢技术是如何实现储放氢的？其优缺点是什么？
4. 储氢合金吸放氢的过程是怎样的？
5. 配位氢化物储氢与金属氢化物储氢有何不同？
6. 低温液化储氢的关键是什么？其储罐的结构和原理是怎样的？
7. 物理吸附储氢技术的原理和优势是什么？目前研究的重点方向是什么？
8. 为什么说提升电池本体的安全性是保障储能安全的首道防线？应如何提升？
9. 过程安全在保障储能安全中起到什么作用？目前有哪些技术手段？
10. 消防安全在保障储能安全中是如何发挥作用的？针对储能电池引发的火灾有哪些创新技术？

参 考 文 献

[1] 张凯. 储能科学与工程 [M]. 北京：科学出版社，2024.
[2] 梅生伟. 储能技术 [M]. 北京：机械工业出版社，2022.
[3] 王进芝，韩晓蕾，许超锋，等. 基于氧化物固态电解质的储能钠电池的研究进展 [J]. 储能科学与技术，2022,11(9): 2834-2846.
[4] SKYLLAS K M, CAO L, KAZACOS M, et al. Vanadium electrolyte studies for the vanadium redox battery-A review[J]. Chem Sus Chem, 2016, 9(13): 1521-43.
[5] KINGSBURY R S, CHU K, Coronell O. Energy storage by reversible electrodialysis: the concentration battery[J]. Journal of Membrane Science, 2015, 49(5): 502-516.
[6] BOCK R, KIEINSTEINBERG B, SELNES-VOLSE'TH B, et al. A novel iron chlorde red-ox concentration flow cell batter (ICFB) concept; power and electrode optimization [J]. Energies, 2021, 14(4): 1-12.
[7] YAN Y, TIMONEN J V, GRZYBOWSKl B A. A long-lasting conentraion cell based on a magnetic electrolyte[J]. Nat Nanotechnol, 2014, 9 (11)：901-906.
[8] Borri, E., Tafone, A., Romagnoli, et al. A review on liquid air energy storage: History, state of the art and recent developments[J]. Renewable and Sustainable Energy Reviews, 2021, 137: 110572.
[9] 巨星，徐超，郝俊红，等. 新型储能技术进展与挑战Ⅱ：物理储能与储热技术 [J]. 太阳能，2024（8）：48-58.
[10] 郝佳豪，越云凯，张家俊，等. 二氧化碳储能技术研究现状与发展前景 [J]. 储能科学与技术，2022，11（10）：3285-3296.

第 **4** 章

电力系统调度运行技术

随着科技的进步和新能源技术的广泛应用，分布式电源、新型储能、电动汽车等多元主体开始广泛接入电力系统，电力系统面临着前所未有的挑战与机遇。电力系统调度运行技术作为确保电力系统安全、稳定、经济运行的核心手段，在电力生产和供应中发挥着举足轻重的作用。新型电力系统建设的推进，也对加快构建安全主动防御、运行主配协同、资源市场配置、技术数智赋能、管理精益高效的新型调度体系提出了要求。

随着新型电力系统的"双高"特征（高比例新能源、高比例电力电子装置）日益凸显，电力系统可控对象从以电源为主扩展到源网荷储各个环节，亟需增强源网荷储融合互动水平。因此，需求响应技术、微电网技术及虚拟电厂技术在电力系统的稳定运行、能源效率提升以及可再生能源的充分利用方面发挥着日益重要的作用。

本章共分为 4 节。4.1 节"电网调度技术"讲述电网调度的基本概念，电网调度自动化系统的基本架构，新型电力系统下的调度体系要求，以及人工智能技术在新型电力系统调度中的应用；4.2 节"需求响应技术"探讨了需求侧资源如何从被动型向主动型转变，参与电网优化运行与电力市场运营；4.3 节"微电网技术"介绍了微电网的基本概念、分类、运行模式及关键技术；4.4 节"虚拟电厂技术"阐述了虚拟电厂的定义、功能、核心组成及虚拟电厂的类型。通过本章的学习，读者不仅能够掌握电网调度、需求响应、微电网、虚拟电厂的基本原理与关键技术，还能深刻理解这些技术在新型电力系统的能源优化配置、灵活调节和智能化运行中的重要作用。

4.1 电 网 调 度 技 术

4.1.1 电网调度的基本任务

电力系统运行必须安全可靠、经济地给用户提供符合质量标准的电能。电力系统正常运行时，必须使所有运行设备的电流、电压及频率在允许的偏差范围内，同时必须符合越来越严格的环境保护要求。

《电网调度管理条例》中规定，电网调度是指电网调度机构（简称调度机构）为保障电网的安全、优质、经济运行，对电网运行进行的组织、指挥、指导和协调。电网调度的主要任务包括：

（1）充分利用发电、供电设备的能力和调节手段向用户提供质量合格的电能。随着经济建设的发展和人民生活水平的不断提高，全社会的用电需求日益增长，如何利用现有设备的最大能力，最大限度地满足负荷的需要并保证电能质量，就成为调度的一项重要任务。

（2）在发生不超过设计规定的事故条件下，使电力系统安全运行并向用户持续供电。电网调度必须保证整个电网安全可靠运行，因此当系统发生扰动时，调度机构应立即采取相应措施，首先要不影响供电；其次，若影响了供电，影响面不要扩大；第三，即使不可避免地要扩大影响面，也要把影响降低到最小范围，并尽早恢复供电。与此安全运行要求相对应，电力系统设计上需要满足 $N-1$ 原则，即正常运行方式下的电力系统中任一元件（如线路、发电机、变压器、直流单极等）无故障或因故障断开，电力系统应能保持稳定运行和正常供电，其他元件不过载，电压和频率均在允许范围内。

（3）合理使用燃料、水能等资源，使电力系统在安全稳定运行的前提下达到最大的经济性和较小的环境污染。经济合理利用能源，使整个电网在最大经济效率的方式下运行，以降低每千瓦时电能的燃料消耗和电能输送过程中的损耗，使供电成本最低。电网调度需要综合考虑发电机组的经济性，自然资源的分布特性及电网输电方式等因素，合理安排发电机组的启停和出力等，以获得电网的最大效益。

（4）按照有关合同或协议，保证发电、供电、用电等各有关方面的合法权益。

我国电网调度的基本原则是统一调度、分级管理、分层控制。

（1）统一调度是指电网调度机构全面负责全网调度计划（即电网运行方式）的编制和执行，对全网的运行操作及事故处理进行统一指挥。同时，统一安排并指挥全网的调峰、调频和调压工作，协调规定全网继电保护、安全自动装置、调度自动化系统及调度通信系统的运行状态，合理运用水电厂水库，并依据规章制度协调各类与电网运行相关的关系。在调度业务上，统一调度的形式表现为下级调度严格服从上级调度的指挥。

（2）分级管理是指根据电网分层的特点开展工作。信息能够按层级采集，仅需将部分必要信息转发给上一级调度部门。上级调度仅向下级调度下达总指标，具体控制工作由下级调度负责。在这种管理模式下，若局部控制系统发生故障，不会对其他控制部分产生严重影响，而且各分层间能部分互为备用，从而有效提升了电力系统运行的可靠性。在电力系统中，即使处于紧急状态下部分电网与系统解列，也能够分别独立运行，这是因为局部地区同样拥有相应的调度自动化系统，可以对电网实施监控。

（3）分层控制是指按电力系统组织和分层结构来分担全电力系统运行调度和控制的任务。根据电网分层的特点，调度任务分解到不同层级的调度机构。例如，大型电厂和500kV 及以上变电站通常由网调调度，中小型电厂和 220kV 变电站由省调调度，110kV 及以下变电站和配电网由地调调度。分层控制有助于加快处理速度，改善系统响应时间，并便于调度自动化系统的功能扩充、系统升级和分期投资。

我国电网实行五级分层调度管理：国家控制中心（简称国调）、大区电网调度控制中心（简称网调）、省电网调度控制中心（简称省调）及地、县电网调度控制中心（简称地、县调），如图 4-1 所示。

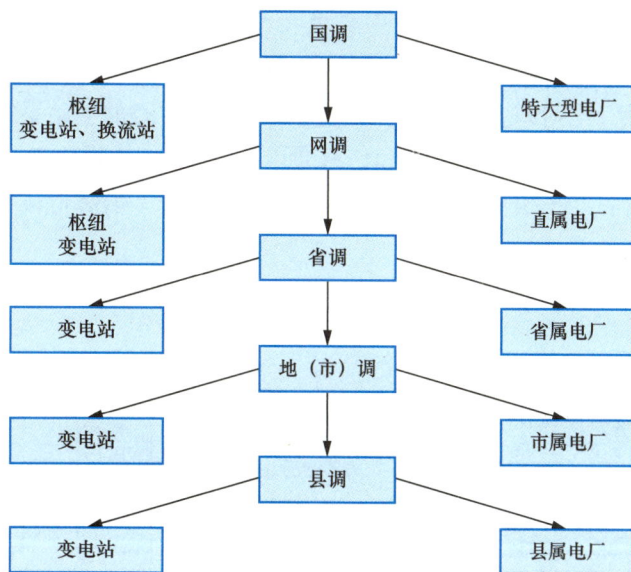

图 4-1　电网分层控制示意图

电力系统的运行是通过发电厂和变电站的控制和操作来完成的，发电厂和变电站在其相应调度范围的调度机构指挥下完成发电机出力增减、频率和电压调整、输电线路和变压器的投入与停送电、网络的合环与解环、母线接线方式的改变、继电保护和自动装置使用状态的改变、设备维护检修等工作。另外，发电厂和变电站还要随时监视其设备正常运行或不正常运行的状态、开关的投切、保护的动作与否、自动化装置的运行情况等。

整个电力系统因故障全部停运后，需要通过黑启动尽快恢复电网的正常运行。黑启动是指在电力系统因严重故障导致大面积停电后，采取的一种恢复供电的特殊操作。这一过程依赖于系统中具有自启动能力的发电机组，这些机组能够在无外部电源的情况下自行启动，并逐步带动其他无自启动能力的发电机组，逐步恢复整个电网的运行。黑启动的关键在于选择合适的电源点，通常首选结构简单、启动速度快的水电机组或燃气轮机。随着技术的发展，新型储能系统，如电化学储能，也逐渐成为黑启动的新选择。在实际操作中，黑启动过程包括选择电网黑启动电源、电网分割、电网节点状态扫描、子系统机组参数调整、启动具有自启动能力的机组、恢复子系统并列运行、恢复电网负荷等多个步骤。黑启动对于提高电网的韧性和安全保供至关重要，能迅速恢复关键设施和重要用户的电力供应，减少停电时间和经济损失。

4.1.2　电网调度自动化系统

电网调度自动化综合运用电子计算机、远动及远程通信技术，达成电力系统调度管理的自动化。这一技术能够切实有效地辅助电力系统调度员履行调度职责，对整个电力系统的运行方式实施精准把控。电网调度自动化系统是基于计算机、通信和控制技术的自动化系统的统称，可实时在线地为各级电力调度机构的生产运行人员提供电力系统运行的关键信息（包括频率、发电机功率、线路功率、母线电压等）、分析决策工具和控制手段。

电网调度自动化系统通过实时监测、控制和管理电力系统的各个环节，提高电网的运行效率和可靠性。电网调度自动化系统主要包括控制中心的主站系统、厂站端的远动终端（Remote Terminal Unit，RTU）和信息通道三大部分，如图4-2所示。根据所完成功能的不同，可以将此系统划分为信息采集和执行子系统、信息传输子系统、信息处理子系统和人机联系子系统。

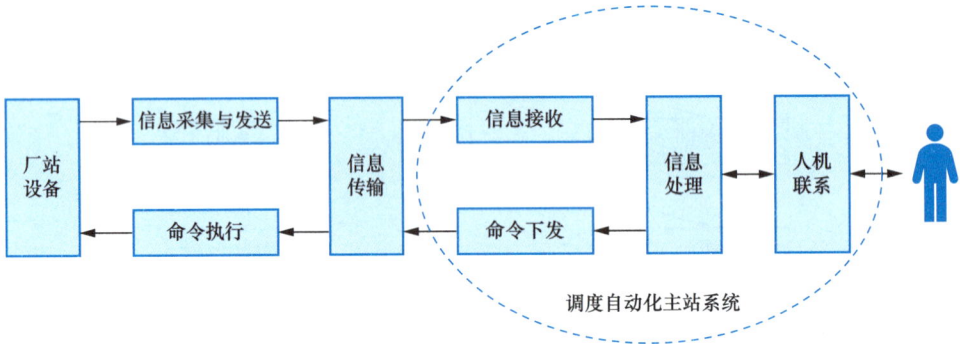

图 4-2　电网调度自动化系统的结构

（1）信息采集和执行子系统。信息采集和执行子系统是指设置在发电厂和变电站中的远动终端。远动终端与主站配合可以实现四遥功能。

1）遥测：采集并传送电力系统运行的实时参数，如发电机功率、母线电压、线路潮流等。

2）遥信：采集并传送继电保护的动作信息、断路器的状态信息等。

3）遥控：接收并执行从主站发送的遥控命令，并完成对断路器的分或合操作。

4）遥调：接收并执行从主站发送的遥调命令，调整发电机的有功功率或无功功率等。

（2）信息传输子系统。信息传输子系统为信息采集和执行子系统与调度控制中心提供了信息交换的桥梁。其核心是数据通道，通过调制解调器与RTU及主站前置机相连。信息传输子系统按其信道的制式不同，可分为数字传输系统和模拟传输系统两类。对于数字传输系统，数字信号可被直接传输。对于模拟传输系统，远动终端输出的数字信号必须调制成模拟信号后，才能传输。

（3）信息处理子系统。信息处理子系统是整个调度自动化系统的核心，也被称为电网的大脑，包括信息的收集、处理、控制。该子系统收集分散在各个发电厂和变电站的实时信息，对这些信息进行分析和处理，并将结果显示给调度员或产生输出命令对系统进行控制，实现对整个电网的监测、控制和优化运行。

（4）人机联系子系统。人机联系子系统从电力系统收集的信息，经过加工处理后，通过显示装置反馈给调度人员，可以充分、深入和及时地掌握电力系统实时运行状态，做出正确的决策和相应的措施，通过键盘、鼠标、显示屏等操作手段，对电力系统进行控制，使电力系统能够更加安全、经济地运行。

电网调度自动化系统由电力系统中的各个监控与调度自动化装置的硬件和软件组成，按其分布特点与实现的功能又可以分成面向变电站的变电站自动化系统、面向配电网的配电管理系统、面向输电网的能量管理系统。

（1）变电站自动化系统（Substation Automation System，SAS）。变电站是电力系统中的一个重要组成部分，实现变电站自动化是电网监控与调度自动化得以完善的重要方面。变电站综合自动化采用分布式系统结构组网方式、分层控制，基本功能包括通过分布于各电气设备的 RTU 实现对运行参数与设备状态的数字化采集处理、微机化继电保护、监控计算机与各 RTU 和继保装置的通信，完成对变电站运行的综合控制，完成遥测、遥信数据的远传，以及控制中心对变电站电气设备的遥控及遥调，从而实现变电站的无人值守。

（2）配电网管理系统（Distribution Management System，DMS）。配电网管理系统是一种对变电、配电到用电过程进行监测、控制、管理的综合自动化系统，包括配电自动化（DA）、馈线自动化（FA）、地理信息系统（GIS）、配电网络重构、配电信息管理系统（MIS）、需求侧管理（DSM）等部分。

配电自动化是配电网管理系统中最主要的部分，如图 4-3 所示，其中的数据采集与监视控制（SCADA）系统接收安装于变电站、开闭所的远方终端，以及安装于线路分段开关的馈线终端（FTU）传送来的配电网运行数据和故障数据，对数据进行综合分析，对运行状态进行判断，相应发出维护配电网安全运行的控制操作。

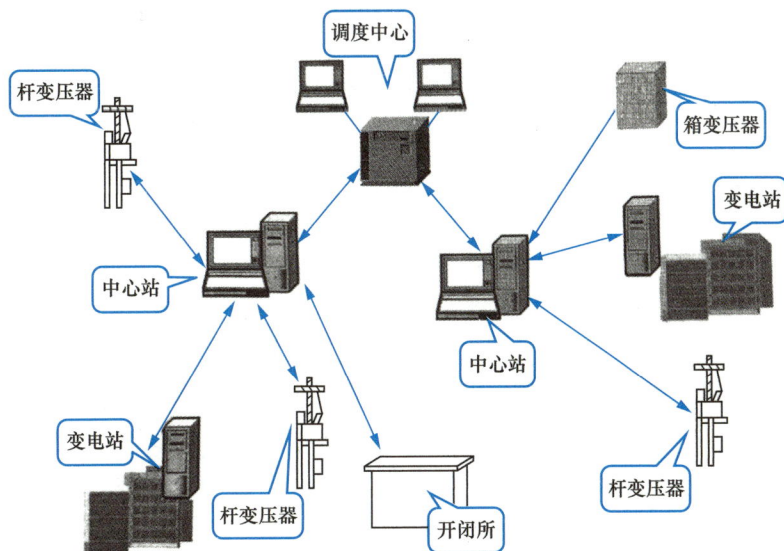

图 4-3　配电自动化系统图

图 4-4 所示的馈线自动化系统实现了“故障定位、故障隔离、负荷转移”的功能。目前，我国配电网采用“环网设计、开环运行”的模式。在此模式下，同一负荷可由两个或多个电源供电。一条两端有电源的多段线路，通过多个分段开关划分成若干个分

段。正常运行时，联络开关处于开断状态，其余分段开关保持闭合。一旦某一分段线路出现故障，安装在各个分段开关处的 FTU 便开始发挥作用，迅速将故障相关信息进行传送。系统接收到信息后，故障定位、隔离与恢复供电（FLISR）模块通过逻辑判断实现"故障定位、故障隔离、负荷转移"三大功能，以实现将故障线段成功隔离，负荷持续供电、不停电的目标。

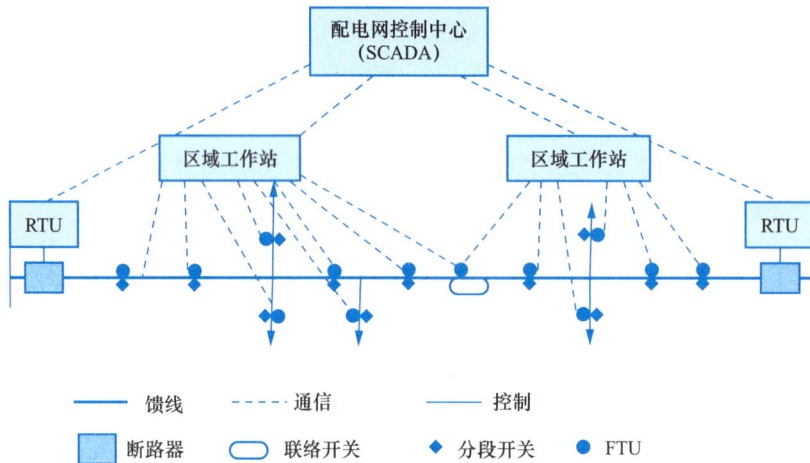

图 4-4　馈线自动化系统

地理信息系统是把配电网运行状态叠加在地理信息图上，通过基于拓扑网络着色显示，为调度人员提供实时、直观的运行信息内容。同时，GIS 还能实现配电网电气设备的管理、设备故障的寻找与排除、统计与维修计划等服务。

配电信息管理系统的管理对象为配电网运行数据历年数据库、用户设备及负荷变动，实现业扩、供电方式与路径、统计分析等数据显示与建议功能。

需求侧管理提供电力供需双方对用电市场进行共同管理的手段，包括供电合同下的负荷监控、削峰和降压减载、远方抄表、用户自发电管理等，达到提高供电质量与可靠性，减少能源消耗及供需双方的供用电费用支出的目的。

（3）能量管理系统（Energy Management System，EMS）。能量管理系统是电力系统监视与控制的硬件及软件的总称，国内也将此系统称为智能电网调度技术支持系统。该系统可分为实时监控与预警、安全校核、调度计划、调度管理，具体而言主要包括：数据采集与监控（SCADA）、自动发电控制（AGC）与经济调度控制（EDC）、自动电压控制（AVC）、高级应用软件（PAS）、调度员培训仿真（DTS）等。

1）数据采集与监控。其主要功能有数据采集、数据预处理及报警、事件顺序记录（SOE）、事故追忆（PDR）、远方控制、远方调整、趋势曲线和棒图、历史数据存储和制表打印、系统统一时钟、模拟盘接口等。

2）自动发电控制（AGC）与经济调度控制（EDC）。对于独立运行的省网或区域电网，AGC 功能的目标是自动控制网内各发电机组的功率，以保持电网频率为额定值。

对跨省的互联电网，各控制区域（相当于省网）AGC 的功能目标是既要承担互联电网的部分调频任务，以共同保持电网频率为额定值，又要保持其联络线交换功率为规定值，即采用联络线偏移控制的方式进行控制。

EDC 通常与 AGC 配合运行。当系统在 AGC 下运行较长时间后，可能会偏离最佳运行状态，这就需要按一定的周期（通常可设定为 5 ~ 10min）启动 EDC 程序重新分配机组功率，以维持电网运行的经济性，并恢复调频机组的调节范围。

3）自动电压控制。自动电压控制利用电网实时运行的数据，从整个电网的角度科学决策最佳的无功电压调整方案，实现对无功电压的安全性、经济性和电能质量等的协调，实现全网无功的分层分区协调控制，以提升电网电压品质和整个系统经济运行水平，提高无功电压管理水平，从而保证电网安全稳定运行。

4）高级应用软件。高级应用软件将电路理论的知识运用到电网调度中，使调度控制由经验型调度过渡到分析型调度，进而达到智能型调度水平。其主要功能有网络建模、拓扑着色、电力系统状态估计、调度员潮流、安全分析、负荷预测等。

a．网络建模的主要工作是生成电网的拓扑结构和录入设备的电气参数。

b．拓扑着色是根据开关开合状态和电网一次接线确定节点—支路连通关系，拓扑着色可以将每个设备当前的带电状况通过颜色直观地显示在厂站接线图上。

c．电力系统状态估计（State Estimator，SE）是利用实时量测系统的冗余度来提高精度和自动排除随机干扰引起的错误数据，估计出系统的运行状态，并产生"可靠的数据集"，供潮流计算、电压、无功优化，安全分析等应用使用。

d．调度员潮流是调度人员用来研究当前电力系统可能出现的运行状态，运方人员用来校核调度计划的安全性和合理性，并对历史运行方式的变化进行分析。

e．安全分析（Security Analysis，SA）分为静态安全分析和动态安全分析。静态安全分析是对电网的一组可能发生的事故进行假想的在线计算机分析，校核这些事故后发生电力系统稳态运行方式的安全性，从而判断当前的运行状态是否有足够的安全储备。当发现当前的安全储备不够时，就要修改运行方式，使系统在有足够安全储备的方式下运行。动态安全分析是校核电力系统是否会因为突然发生的大事故而导致失去稳定的计算。

f．负荷预测可分析未来负荷走势，为上一级调度安排发电计划提供数据。它按预测内容分为系统负荷预测、母线负荷预测；按时间尺度分为超短期、短期、中期和长期负荷预测；按行业分为城市民用负荷、商业负荷、农业负荷、工业负荷及其他负荷预测。

5）调度员培训仿真系统。DTS 通过对电网的模拟仿真，可使调度员得到离线的运行操作训练，培养调度员处理紧急事件的能力。

我国电网调度管理为"统一调度、分级管理、分层控制"模式，因而调度自动化系统的配置也与之相适应，信息分层采集、逐级传送，命令也按层次逐级下达。为了保证电力系统的安全、经济、高质量地运行，对各级调度都规定了一定的职责与功能。如图 4-5 所示为国、网、省三级调度智能电网调度技术支持系统框架示意。

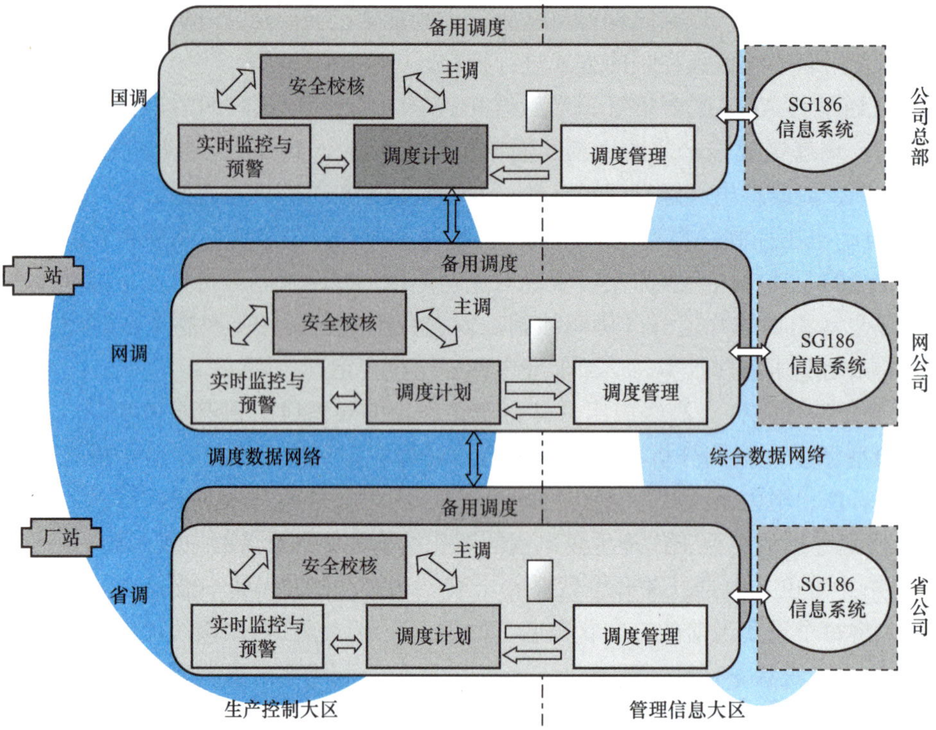

图 4-5　国、网、省三级调度智能电网调度技术支持系统框架示意

4.1.3　新型电力系统下的电网调度体系

随着新型电力系统的快速发展，电网调度体系也面临着新的挑战和机遇：

（1）新能源大规模接入的挑战。新能源具有间歇性、波动性与随机性等特征，给电网调度工作带来了巨大挑战。从功率平衡的角度来看，新能源发电输出的不稳定会大幅增加电网维持功率平衡的难度。在预测精度方面，当前新能源的预测精度相对较低。目前的技术水平难以满足需求，给电网调度的前瞻性和准确性带来了挑战。

（2）电力市场改革带来的挑战。电力市场改革正持续向纵深推进，电网调度的目标和任务产生了重大转变。在当下的市场环境之中，电网调度不仅要确保电网的安全稳定运行，更要致力于实现电力资源的优化配置及市场效益的最大化。调度人员在制定调度计划时，必须充分考虑如市场价格、交易规则等因素，以此来协调各市场主体的利益关系。与此同时，市场主体的行为具有不确定性，也给电网调度带来了很大的不确定性和风险。

（3）智能化发展的挑战。智能电网的发展对电网调度提出了更高的要求。一方面，大量智能设备和传感器的应用产生了海量的数据，如何高效地处理和分析这些数据，提取有价值的信息，为调度决策提供支持是一大问题。另一方面，智能电网的高度信息化和网络化使得网络安全问题日益突出，黑客攻击、恶意软件等可能会破坏电网的调度系统，导致电网瘫痪，保障网络安全成为电网调度的重要任务。

（4）负荷增长和需求变化的挑战。经济的快速发展和社会的进步使得电力负荷持续增长，同时负荷的特性也在不断变化。电动汽车、分布式能源等新型负荷的出现，使得负荷的波动性和不确定性增加。这就要求电网调度能够准确预测负荷变化，合理安排电网运行方式，以满足不断增长的电力需求。此外，需求响应的实施也给电网调度带来了新的挑战，调度人员需要制定合理的激励机制，引导用户积极参与需求响应，实现电网的供需平衡。

因此，新型电力系统下的电网调度体系将以"强安全、保供应、促消纳、提质效"为基本职责，以"安全主动防御、运行主配协同、资源市场配置、技术数智赋能、管理精益高效"为主要特征，实现新型电力系统"清洁低碳、安全充裕、经济高效、供需协同、灵活智能"运行的任务。

（1）安全主动防御：构建全维度主动安全防御体系，推动新能源从依赖跟随型向主动支撑型转变，稳定管理由"系统分析"向"控制设计"转变。强化主动防御、广域协同、在线监测，研究适应电源特性变化的保护新原理，加强连锁反应阻断措施研究应用，部署宽频振荡防控手段，提升三道防线适应性、协调性和有效性。

（2）运行主配协同：优化五级调度职责定位，完善调度范围划分，强化网调对区域交流主网的安全管理，强化省调主配协同管理和源网荷储平衡能力，强化地县（配）调有源配网运行管理。

（3）资源市场配置：变革电源单向匹配负荷变化的平衡方式，形成源网荷储多元互动的新型模式。不断完善"统一市场、两级运作"的电力市场体系，全面建设现货和辅助服务市场，形成市场主导的资源优化配置模式。

（4）技术数智赋能：推动新型电力系统原创技术研究，加强"大云物移智链"等现代信息技术与电力技术融合创新。完善高比例电力电子化系统平衡与稳定理论，加快大电网电磁暂态高性能仿真、在线分析决策、构网型安全支撑、海量异构资源协调控制、跨流域水电与风光储协同调度等关键技术攻关。

（5）管理精益高效：健全核心业务纵向贯通、横向协同机制，强化安全与合规内控，健全新型电力系统运行控制标准体系，提高调度管理质效。

4.1.4　人工智能技术在新型电力系统调度中的应用

近年来，随着人工智能技术的快速发展，智能调度系统逐渐成为电力系统调度运行的重要解决方案。人工智能技术具有强大的数据处理能力和模式识别能力，能够有效地提高电力系统调度运行的效率和准确性，降低运营成本，提升系统的可靠性和安全性。图 4-6 为人工智能应用于电网调度领域的技术架构。

（1）基础设备层主要由高性能计算架构，包括计算设备、存储设备和网络设备等组成，为机器学习、深度学习提供强大的计算能力，以解决海量数据、多层级网络参数下训练学习时间过长的问题，同时为电网海量运行数据提供存储支撑。

（2）数据管理层主要实现对各类结构化、非结构化数据的汇集，形成调度大数据平台，为上层的分析提供全维度的数据支撑。针对不同结构、采样频率，采用不同的数据存储方式，包括以存储静态模型参数为主的关系型数据库，以实时数据处理为主的内存数据库，以历史数据存储为主的列式数据库等，最终为上层提供统一的数据访问服务。

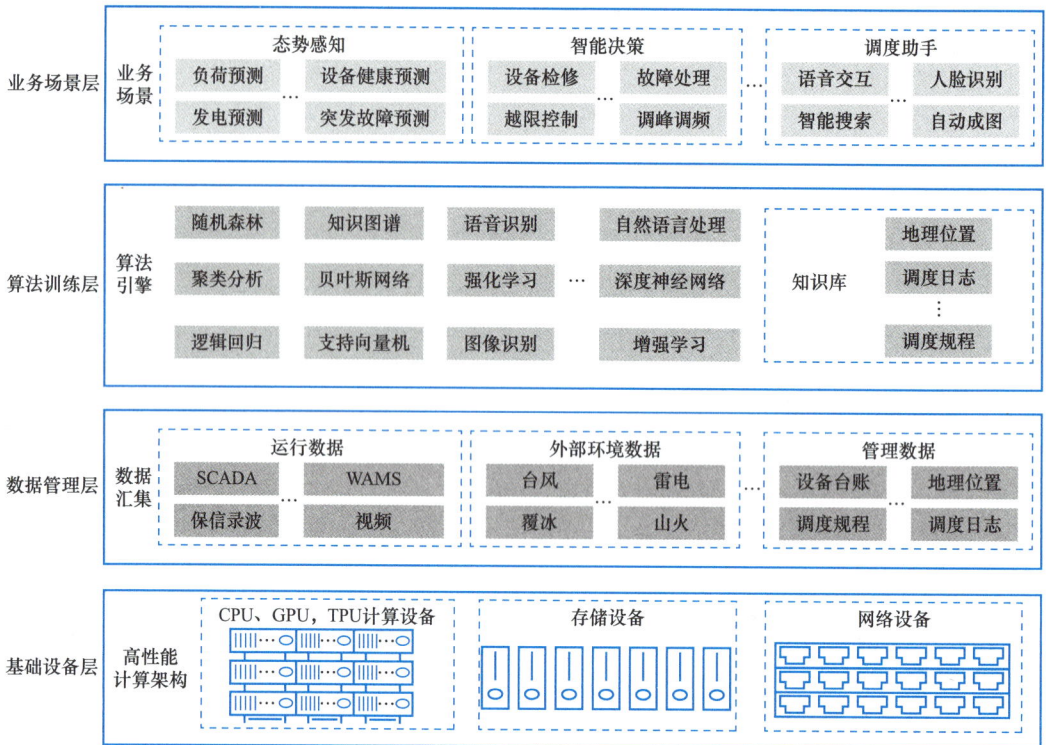

图 4-6　人工智能应用于电网调度领域的技术架构

（3）算法训练层通过对各类算法的封装，为上层应用提供统一的算法引擎支撑，包括随机森林、聚类分析、知识图谱及自然语言处理等。知识库是在现有调度规程、操作规范及运行经验的基础上，通过自然语言处理技术对文本、日志进行学习和理解之后，形成知识化表达的规则库。

（4）业务场景层是在数据汇集、算法引擎和知识库的基础上，针对电力调度业务场景进行设计的，包括态势感知、智能决策和调度助手三个方面。其中，态势感知采用"数据驱动＋物理建模"相结合的方式进行训练分析，主要包括负荷预测、发电预测、突发故障预测等方面。智能决策是"规则知识＋物理模型"相结合的方式，主要包括设备检修决策、故障处置决策等方面。调度助手包括语音交互、智能搜索、自动成图和人脸识别等功能，为调度日常操作、信息查询和人机交互提供更为便捷的手段。

【课程思政案例 4-1】我国电网调度自动化系统的发展历程

我国电网调度自动化技术自 20 世纪 80 年代四大网引进以来，经历了一个从无到有、从弱到强、不断创新的过程，其发展历程可分为如图 4-7 所示的四个阶段：早期探索、引进消化、自主开发、逐步超越，并率先实现了从数字化、自动化向智能化的重大技术进步，开创了智能电网新时代。

（1）早期探索阶段。我国在 20 世纪 60 年代初期开始离线潮流的研制，20 世纪 70 年代末期开始在线应用软件的研制。20 世纪 80 年代中期，我国尝试在湖北电网自动化系统上安装状态估计、潮流、故障分析和最优潮流等网络分析应用软件，标志着电网调度控制系统的初步探索。在此阶段，电网调度采用专用的计算机，没有操作系统，也没有网络系统。

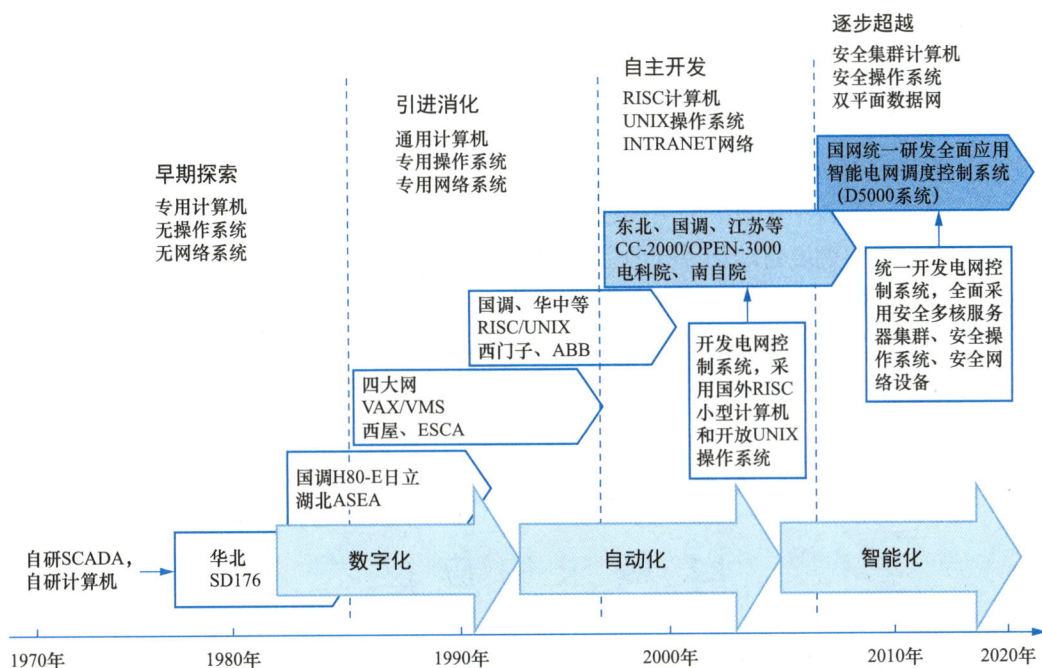

图 4-7　我国电力调度自动化系统的发展历程

（2）引进消化阶段。1985 年，华北、华东、东北及华中"四大网"开始引进国外的相关技术与电力控制系统。此阶段电网调度控制系统的特点是采用专用操作系统（VMS）、专用网络（DECNET）及小型计算机（VAX）等。同时，我国的相关电力科研机构积极吸收其他国家的先进技术，开发出不同地区之间的数据采集与监控系统（SCADA）。

（3）自主开发阶段。1995 年后，电网调度技术得到了极大发展。互联网、UNIX 及精简指令计算机等获得了飞速发展，为我国电网调度控制技术的更新换代提供了良好的机遇与挑战。基于 RISC 计算机、UNIX 操作系统、INTRANET 网络技术，我国电力工作者研发了 CC-2000、OPEN-3000 等电网调度控制系统。这两个系统在市场上的占有率都很高，并能够与国外相同级别的控制系统相媲美。

（4）逐步超越阶段。2008 年后，我国智能电网调度控制系统的研发进入了自主研发与创新的新阶段。在国家电力调度控制中心（国调中心）的领导和组织下，配合精益化调度计划工作的开展，我国开始自主研发智能电网调度控制系统 D5000。该项目得到了国家"核高基"重大专项和 863 计划的支持，旨在实现智能电网调度控制系统的国产化。在这一阶段，我国不仅完成了智能电网调度控制系统的总体设计、主要应用功能技术规范的制订，还完成了系统平台的研发和基本应用移植。此阶段电网调度控制系统的特点是采用了安全集群计算机、安全操作系统、双平面数据网等技术。D5000 系统通过了实践的检验，并在全国多个电网完成了工程建设并投入运行。

随着技术的不断进步和应用的不断深入，我国智能电网调度控制系统将在未来发挥更加重要的作用，为新型电力系统的安全、稳定、高效运行提供有力保障。

⬦ 习题

1．电网调度的任务是什么？

2．简述电网调度的基本概念。

3．简述电网调度员在电网运行和事故处理中的主要职责。

4．解释电网调度中的"$N-1$"原则及其在实际应用中的意义。

5．电力调度自动化系统的主要结构是怎样的？

6．简述电网调度自动化系统的主要功能及其作用。

7．简述电网调度中的黑启动过程及其重要性。

8．分析电网调度中需求侧管理的主要策略及其效果。

9．阐述电网调度中自动发电控制（AGC）和自动电压控制（AVC）的作用及其相互关系。

10．新型电力系统下电网调度中面临的主要挑战及其应对策略。

4.2 需求响应技术

4.2.1 需求响应的概念

需求响应是指电力用户根据电力市场价格信号或激励机制，调整其用电行为，以实现电力供需平衡、提高电网稳定性和可靠性、降低能源消耗和成本的一种能源管理手段。需求响应可以分为价格型需求响应和激励型需求响应两种类型，如图 4-8 所示。

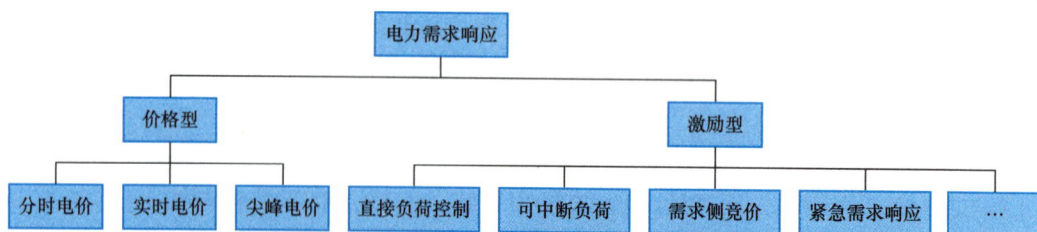

图 4-8　需求响应的分类

（1）价格型需求响应。价格型需求响应是指用户根据电力市场价格的变化，调整其用电行为，如在电价高时减少用电，在电价低时增加用电。从经济角度来看，电力用户可尽量将原来的用电时间转移到系统低谷时的低电价时段，既节约电费又稳定负荷。一般来说，执行基于价格的需求响应的方式主要分为：①针对某些特殊电力用户强制性要求执行某种电价；②为电力用户提供一个可供选择的、详细的不同时段对应不同电价的价格表，并签订电价合同，愿意主动配合用电负荷进行转移或者调整执行。基于价格型需求响应主要由分时电价（Time-of-Use Price，TOU）、实时电价（Real-time Price，RTP）、尖峰电价（Critical Peak Price，CPP）构成。

（2）激励型需求响应。激励型需求响应是指用户根据电力公司提供的激励措施，如补贴、奖励等，调整其用电行为。当系统在高负荷时，项目的实施方让某些电力用户减少甚至终止用电，并根据减少用电的幅度情况以激励报酬的形式来补偿参与需求响应的用户。这样可在系统出现被迫停机等极端现象时，通过需求响应及时减少电力需求，达到系统稳定运行的目的。参与激励型需求响应的电力用户要与实施方达成系统高峰时期配合调整负荷的共识并签订合同，在合同中要明确参与方基本用电需求量和参与需求响应用户降低的电力负荷与报酬回报之间对应的量化公式，以及当用户没有承担按照合同中配合项目的实施方调整负荷的任务时要对项目的实施方进行相应的赔偿等。激励型需求响应主要包括直接负荷控制（Direct Load Control，DLC）、可中断负荷（Interruptible Load，IL）、需求侧竞价（Demand Side Bidding，DSB）、紧急需求响应（Emergence Demand Response，EDR）等。

需求响应的目标为：

（1）实现电力供需平衡。通过引导用户调整用电行为，减少高峰时段的电力需求，增加低谷时段的电力需求，实现电力供需的平衡，提高电网的稳定性和可靠性。

（2）降低能源消耗和成本。通过引导用户调整用电行为，提高能源利用效率，降低能源消耗和成本。

（3）促进可再生能源的发展。通过引导用户调整用电行为，增加对可再生能源的消纳能力，促进可再生能源的发展。

在电力系统发展的早期，需求响应主要是通过行政手段来实现的，如拉闸限电等。这种方式虽然能够在一定程度上实现电力供需平衡，但会给用户带来很大的不便，也不利于经济的发展。

随着电力市场的发展，需求响应逐渐走向市场化。一些国家和地区开始建立电力需求响应市场，通过价格信号和激励机制米引导用户调整用电行为。例如，美国电力市场、欧洲电力市场等建立了需求响应市场，通过拍卖等方式来确定需求响应资源的价格和数量。

近年来，随着智能电网技术的发展，需求响应进入了智能化阶段。智能电网技术可以实现对用户用电行为的实时监测和分析，为需求响应提供更加精准的决策依据。同时，智能电网技术还可以实现对用户用电设备的远程控制，为需求响应提供更加有效的实施手段。

4.2.2 需求响应运行体系

需求响应运行体系以各个信息系统的紧密连接和信息交互为基础，组成需求响应系统，如图 4-9 所示。该系统运行的核心包括需求响应聚合系统、需求响应服务系统和需求响应终端，以及支撑这些系统运行的信息通信网络系统。

需求响应系统还包括针对电能供应商的需求响应管理系统，以及针对监管者的需求响应监管系统。电能供应商所使用的需求响应管理系统与电力业务应用系统相互连接，以实现数据交互和业务协同。需求响应监管系统通过通信网络与需求响应管理系统、需求响应服务系统相连接，以此来对需求响应业务的执行情况进行监督和指导，确保需求响应业务在执行过程中符合相关规定和要求，保证整个系统的有序运转。

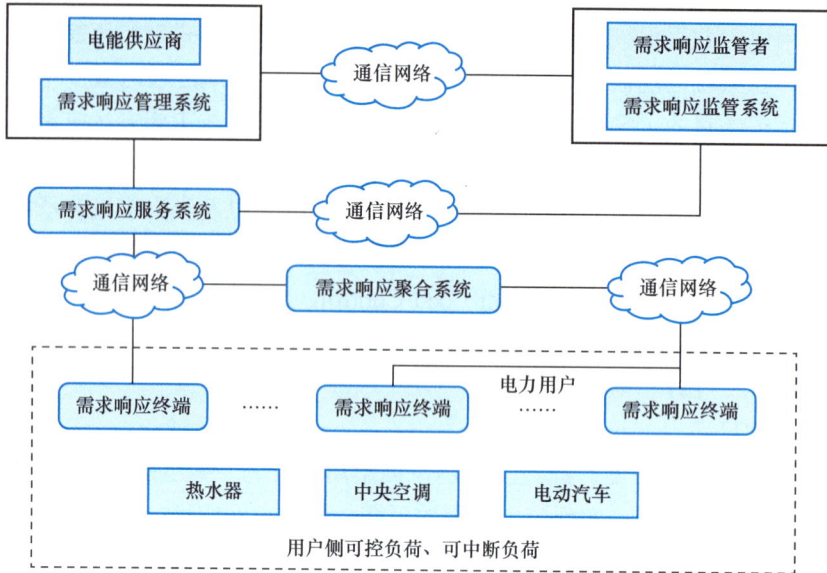

图 4-9　需求响应运行体系结构

4.2.3　需求响应的关键技术

（1）自动需求响应技术。自动需求响应技术是一种运用先进信息技术和自动化控制手段，促使电力用户依据电力市场价格信号或电网运行状况自动调节自身电力需求的技术。其核心原理是在用户侧安装的智能设备，如智能电能表、智能电器等，实时监测电力市场价格或电网运行状态，并按照预先设定的策略自动调整用户的用电行为，以达到优化电力资源配置、提高电网运行效率和稳定性的目的。

在国内，自动需求响应技术尚处于起步阶段，江苏、上海、山东等地区已开展相关的研究工作。关键技术之一是信息物理系统（Cyber Physical Systems，CPS），它具备支撑网络和负荷之间信息交互的能力，并且可以支持需求响应用户侧设备接入并实现其被主动识别的功能，这有助于网荷侧信息迅速达到协调和共享的状态。当前，江苏、上海已经构建了 CPS 并融合了实时仿真平台，更全面的功能有待进一步开发。另一关键技术是网荷接口标准。在国际网荷通信领域内，较为流行的协议标准是 OpenADR 2.0。而在国内，已经发布了 DL/T 1867—2018《电力需求响应信息交换规范》，该标准的出台有助于对设备通信接口进行统一和规范，进而提高需求响应的效率，推动自动需求响应技术在国内的应用和发展。

（2）智能控制策略。需求响应技术中的控制策略是保障电力系统供需平衡和稳定运行的关键部分。它主要基于数据监测与感知获取的信息，通过多种方式对电力负荷进行控制。针对工业用户生产负荷及非生产负荷，商业楼宇可调负荷、照明设备负荷及其他设备，结合用户设备实时运行状态，采用电压型、电流型、频率型等控制技术对用户侧设备进行调节控制，构建设备级、用户级、区域级负荷调控方案（见图 4-10）。同时，智能控制策略也在不断发展，利用智能算法和自动化系统，根据实时电力供需情况动态地调整控制措施，以实现精准、高效的需求响应，提升电力系统的灵活性和可靠性。

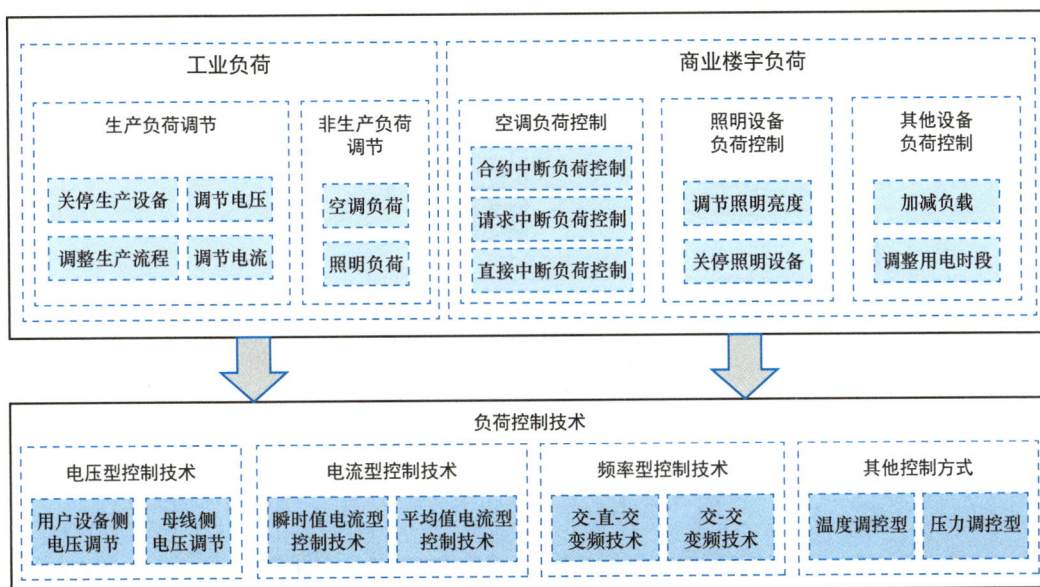

工业负荷

生产负荷调节
关停生产设备｜调节电压
调整生产流程｜调节电流

非生产负荷调节
空调负荷
照明负荷

商业楼宇负荷

空调负荷控制
合约中断负荷控制
请求中断负荷控制
直接中断负荷控制

照明设备负荷控制
调节照明亮度
关停照明设备

其他设备负荷控制
加减负载
调整用电时段

负荷控制技术

电压型控制技术
用户设备侧电压调节｜母线侧电压调节

电流型控制技术
瞬时值电流型控制技术｜平均值电流型控制技术

频率型控制技术
交-直-交变频技术｜交-交变频技术

其他控制方式
温度调控型｜压力调控型

图 4-10　需求响应控制策略

（3）非侵入式负荷监测技术。传统的负荷监测需要在负荷内部的每个或每类用电设备加装传感器，利用侵入式的测量，实现对用电设备能耗及运行状况的监测与分析。非侵入式负荷监测技术是一种无须对负荷内部进行侵入式的测量，即可了解用电设备类型、实时功率消耗及运行状况，实现电力负荷分析的新技术。

如图 4-11 所示，非侵入式负荷监测技术以具体到户内用电设备级的用电信息为检测目标，利用在总电源入口处安装的传感器，采集负荷总电流和端电压，并以提取的负荷特征模式为基础，通过对电压、电流及功率数据的分析，识别负荷特征，完成对电力负荷的组成分析，进而获得总负荷内每个或每类用电设备的功率和工作状态等信息，知晓每个或每类电气设备的耗电状态和用电规律。非侵入式负荷监测系统是负荷监测的一个重要发展方向，随着新型电力系统的发展，还将会衍生出更多的作用和功能。

（4）负荷聚合技术。负荷聚合技术将众多分散的中小用户所拥有的可调负荷及分布式能源进行整合，进而构建具有一定规模的资源库，以此来参与需求响应项目。

一方面来看，负荷聚合技术对于提升需求响应的实施效果具有显著的促进作用。它可以对大量分散的负荷实施统一管理，能更为精确地预测和把控总体负荷的变化情况，在电网需要开展需求响应操作时，能够快速做出反应，保证需求响应的及时性和有效性。另一方面，对于单个用户而言，参与负荷聚合具有诸多好处。用户不仅可以获得一定的经济收益，还能够享受更为优质的能源管理服务和更加智能化的能源管理方案。

（5）效果测量与验证。需求响应技术中的效果测量与验证是对需求响应项目实施效果的全面评估，其核心在于精准判定项目达成既定目标的程度。首先，通过基础分析计算基线负荷；然后进行响应有效性判定，若有效则进一步计算节约电力及消纳填谷电量等指标；最后依据这些计算结果进行结算；整个流程涵盖了从数据基础分析到最终效果量化及结算的全过程，全面评估需求响应技术在电力节约与负荷调节等方面的实际效果，为技术的优化与推广提供有力依据。图 4-12 为效果验证的流程示意。

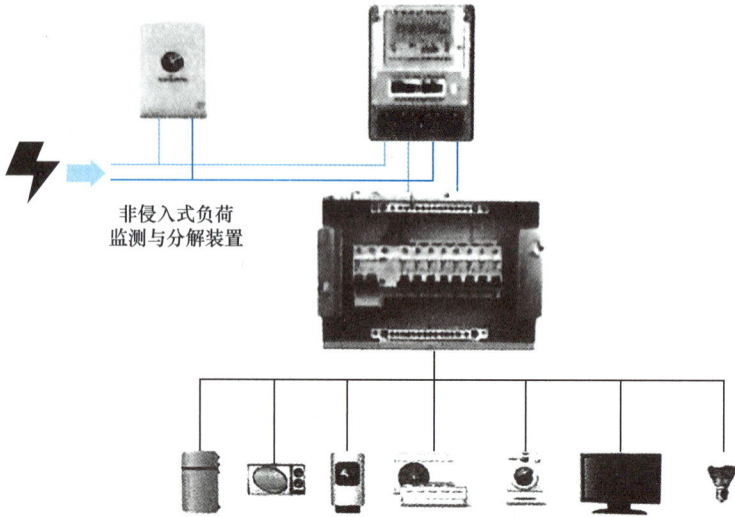

非侵入式负荷
监测与分解装置

图 4-11　非侵入式负荷监测分析

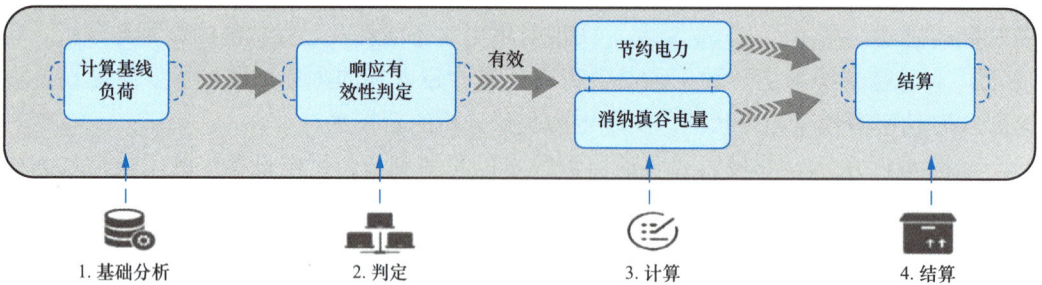

1. 基础分析　　2. 判定　　3. 计算　　4. 结算

图 4-12　效果验证流程

（6）效益价值综合评估。在需求响应技术中，效益价值综合评估也是一个重要的环节（见图 4-13）。效益价值综合评估涵盖了多个方面的考量：

1）从经济的角度来讲，需求响应技术能够有效降低用户的用电成本。当用户参与到需求响应活动，若其在高峰时段主动减少用电，或者在低谷时段增加用电，通常都能够享受价格上的优惠或者补贴，以此实现经济方面的节约。对于电力公司而言，需求响应的开展有助于减少对新建发电设施的资金投入，同时降低运营成本，进而提升电力系统的经济效益。而且，借助合理的价格机制引导用户调整用电行为，还可以促进电力市场更加稳定、健康地发展。

2）从环境的角度考虑，需求响应有着重要的积极影响。它可以减少能源的消耗，并降低温室气体的排放。通过对用电模式进行优化，提高能源的利用效率，从而降低对传统化石能源的依赖程度，为环境保护贡献一份力量。效益价值的综合评估为需求响应技术的推广和应用提供了至关重要的决策依据，有助于推动需求响应技术在经济、环境以及电网稳定等多个方面实现共赢的良好局面，为电力系统的可持续发展以及整个社会的绿色转型带来诸多益处。

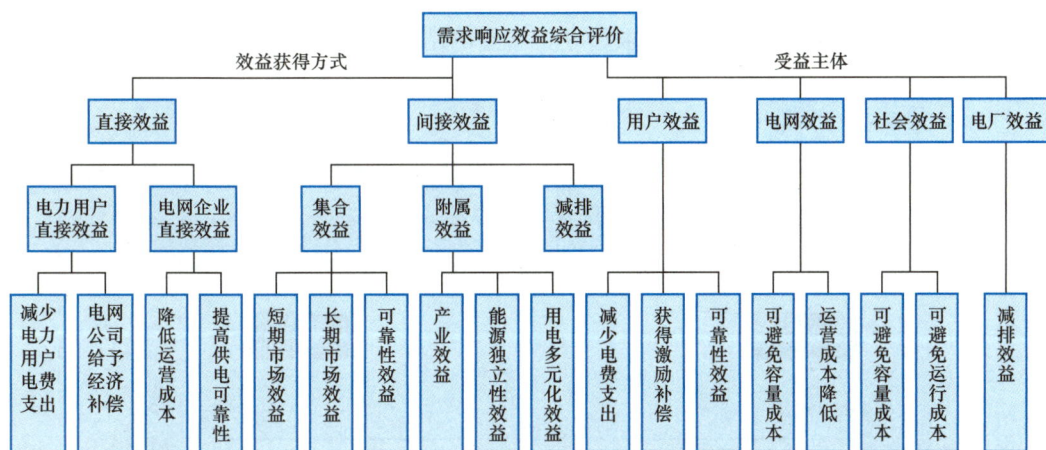

图 4-13　需求响应效益综合评价分类图

（7）多能综合利用技术。多能综合利用技术是在能源互联的多能源网络系统中，对包括电力能源在内的多种能源进行综合利用的先进技术，包括多能流置换技术、多能源智能管理技术、综合用能特性预测分析技术等一系列新技术，可以促进能源系统实现更灵活、更高效、更智能的响应。

1）多能流置换技术可实现多能流汇聚输入、置换输出及多能互补利用，是实现用户能源消费具有可选择性的重要途径，其关键设备是能源集线器，也称为能源路由器。

2）未来电力系统中，家庭能量管理（Home Energy Management，HEM）、自动需求响应（Automated Demand Response，ADR）等智能用电管理技术将逐渐成熟，智能用电将进入实施阶段。多能源智能管理技术在保证用户的基本用能需求和用能感受的同时，能够更便捷地实现供需互动。

3）在新型电力系统建设背景下，电力用户的角色正在从单向的电力能源消费者向双向的生产消费者转变。用户的综合用能特性是其能量生产与消费单元自平衡后的外部表现特征。综合用能特性预测分析技术将对用户基本用能需求、各类型分布式能量单元出力及可调控潜力等进行精准的分析和预测，使电力需求响应更加高效和准确。

【案例 4-2】江苏客户侧储能自动需求响应项目

面对极端天气频发造成的用电危机和供需失调导致的电力缺口，加强电力系统灵活调节能力及需求侧管理变得尤为迫切。为促进需求响应的有效实施，《电力需求侧管理办法（2023 年版）》《电力负荷管理办法（2023 年版）》等政策相继发布，旨在通过经济激励措施鼓励电力用户根据电力系统运行的需求自愿调整用电行为，实现削峰填谷，促进可再生能源电力消纳，提高电力系统灵活性。

截至 2023 年 8 月，我国已有 20 余个省、市制定了需求响应补贴政策。2020 年 4 月下旬，国网江苏省电力公司以丹阳为试点建设客户侧储能自动需求响应项目，将江苏淘镜有限公司、海昌隐形眼镜有限公司等 5 家企业的储能电站纳入首批计划，在不影响企业生产的前提下，自动调整储能电站功率，实时参与需求响应，系统实施架构如图 4-14 所示。2020 年 5 月 28 日，国网江苏省电力公司储能需求响应资源管理系统向 5 家企业的储能电站模拟发出削峰需求指令。储能电站用时 15s 自动放电 2468.3kWh。

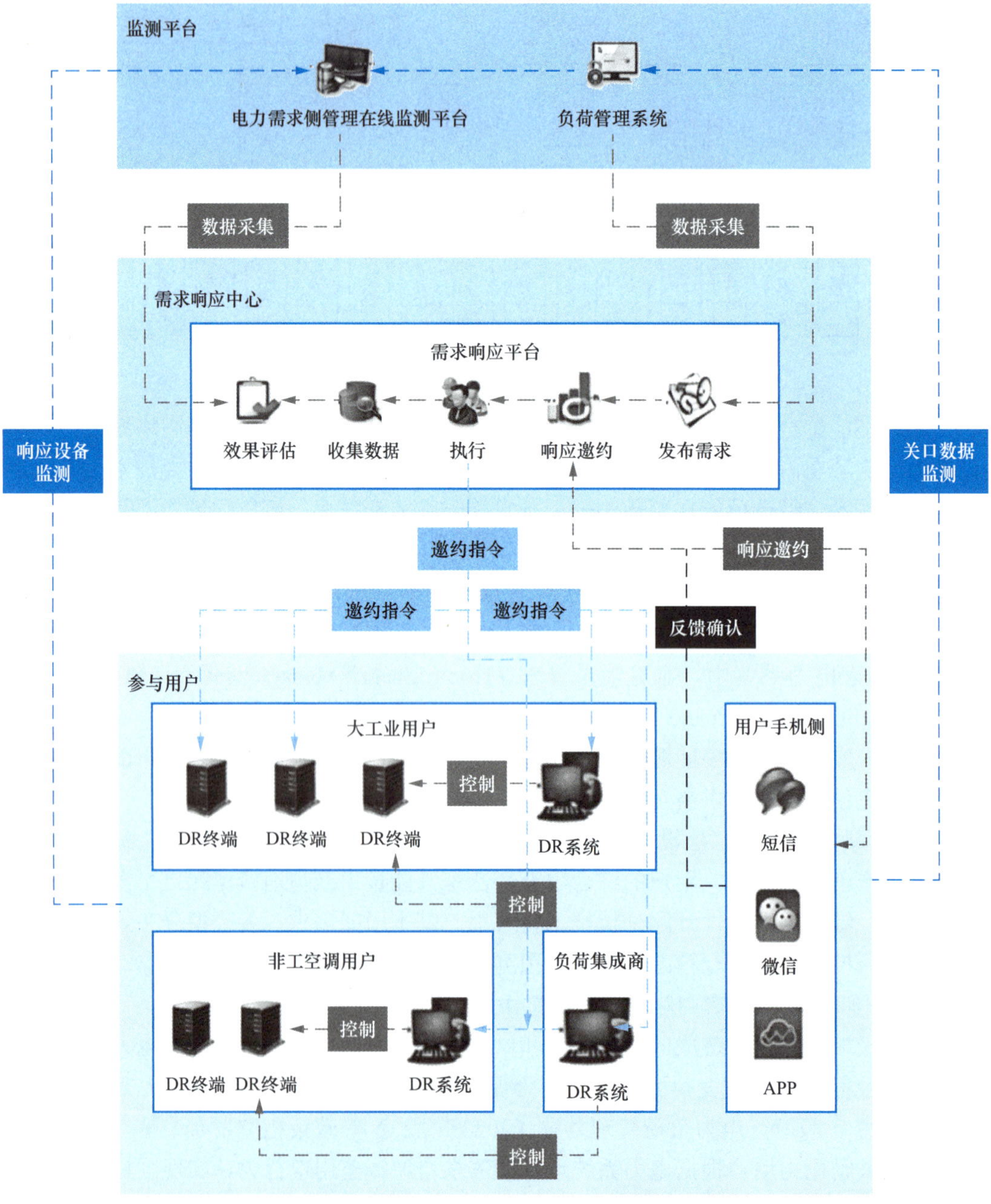

图 4-14　江苏需求响应系统实施架构

该项目利用了非侵入式负荷监测技术，以客户的用户信息为检测目标，采取负荷总电流和端电压，识别负荷特征，了解企业的用电偏好。同时，项目利用自动需求响应技术，根据企业负荷特性和经济性，通过储能需求响应资源管理系统，将指令实时发送至客户储能电站自动执行，实现了客户侧储能资源的精细化调配。最后项目利用效果测量与效益综合评估技术，基于基线负荷进行响应的有效性判定，测算发现客户侧储能电站参与削峰和填谷需求响应的最高容量可达 2.75MW，为区域电网安全稳定运行提供可靠支撑，响应速度达到秒级，节约发输电系统建设成本约 2970 万元。这对企业而言，既不影响日常经营，又能得到一定补贴收益。

目前，江苏省客户侧储能容量共 128MW，若全部参与自动需求响应，预计每年可促进新能源电量消纳 844800kWh，为客户创造经济收益 464.64 万元，经济效益与社会效益显著。

◇◇ 习题

1．需求响应的类型有什么？
2．什么是价格型需求响应？
3．什么是激励型需求响应？
4．分析需求响应在电力市场中的作用。
5．简述需求响应项目中用户参与的主要激励措施。

4.3　微电网技术

4.3.1　微电网的基本概念

微电网（Microgrid）作为新型电力系统中的关键技术之一，在保障电力可靠性、提升能源效率和促进可再生能源集成等方面发挥着越来越重要的作用。微电网是一种小规模的分布式电力系统，通常由分布式电源、储能设备、负荷、监控和保护装置等组成，如图 4-15 所示。微电网具备发电、配电和用电功能，可以有效实现网内的能量优化，是一个能够实现自我控制和管理的自治系统。微电网有时在满足网内用户电能需求的同时，还需满足网内用户热能的需求，微电网可扩展为微能源网。

微电网的基本组成如下。

（1）电源：电源是微电网的基本组成部分。电源要满足微电网内负荷的需求，如容量及其他技术层面、经济层面的要求。微电网中常见的电源包括分布式光伏、分布式风能、燃料电池、微型涡轮机、往复式内燃机，以及其他分布式发电技术，如小型水电、小型潮汐发电、小型波浪能发电、地热发电等。

（2）负荷：微电网中的用电设备，如住宅、商业建筑、工业设备等。

（3）储能系统：储能系统可以让微电网实现内部的电力供需平衡，从而维持电压和频率的稳定；也可保证用户的用电需求能够得到满足。微电网中常见的储能设备为电池、燃料电池＋电解池、超级电容及飞轮储能等。

（4）微电网控制装置：用于管理和控制微电网运行的设备，如逆变器、断路器、智能电能表等，以实现微电网的高效和稳定运行。

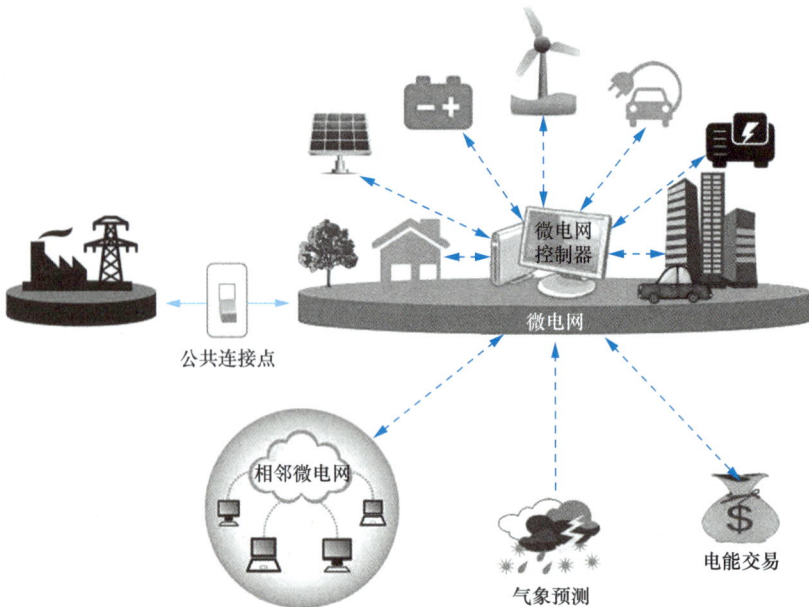

图 4-15　微电网示意图

微电网通常与主电网相连，从而实现与主电网的电力交换。这种类型的微电网在校园和医院中十分常见。此外，微电网的发展趋势之一是使用先进的监测和控制系统，将很多个微电网连接起来，形成微电网群。

微电网具有如下一些特点：

（1）微电网是分布式能源接入电网的有效途径。分布式能源具有能量波动和不确定的特点，如果直接接入电网，将会给电网带来稳定性和电能质量方面的问题。微电网将分布式能源、储能装置及负荷整合为一个小型发电系统，降低了分布式能源接入电网带来的不利影响，提高了分布式能源的供电可靠性；同时分布式能源的分布式特性也使微电网具有高度的灵活性与自适应能力。

（2）微电网的运行方式更加灵活。微电网不仅可以并网运行，通过双向电力交换参与市场和调度；也可以在上级电网出现故障时脱离电网孤岛运行，当上级电网恢复正常供电后，微电网再通过调节重新并入电网运行。这种运行方式使微电网能向用户提供更可靠的电能，保障敏感负荷的不间断供电。

（3）微电网可增强电网韧性。通过分布式发电与储能设备的协同作用，微电网可以增强电网在面对自然灾害、电网故障等突发情况时的韧性，确保电力系统的可靠性和稳定性。

（4）微电网运行控制具有更高的挑战性。与传统的电网相比，微电网内的能源更加多样化，除风能、太阳能、生物质能等可再生能源外，还包括柴油机发电、储能、燃料电池、小型水力发电等。微电网内能源的种类繁多，工作特性也各不相同，且一些能源具有输出能量随机波动的特点，因此，微电网发电控制具有更大的难度。微电网配有智能监控、控制和调度系统，能够实时监测各类设备的运行状态，并根据负荷需求、能源供给等因素灵活调度能源流向，提高整体效率。

在新型电力系统中，分布式可再生能源的比例逐渐增大，微电网作为分布式能源的集成平台，能够有效解决可再生能源的消纳问题。微电网可以通过内置的储能系统和智能调度功能，平衡可再生能源的波动性和间歇性，降低对主电网的依赖，提高可再生能源的利用率。未来微电网将不仅是一个孤立的能源系统，而是与主电网、配电网深度融合，形成一个互动型的分布式能源网络。通过智能调度与市场机制的协同作用，微电网将能够实现与主电网、配电网的互联互通，在提高电力系统安全性和可靠性的同时，提升整体能源利用效率。

4.3.2　微电网的分类

根据是否与常规电网连接，微电网可分为联网型微电网和独立型微电网。

（1）联网型微电网：具有并网和独立两种运行模式。在并网工作模式下，它一般与中、低压配电网并网运行，互为支撑，实现能量的双向交换。通过网内储能系统的充放电控制和分布式电源出力的协调控制，它可以实现微电网的经济运行，并对电网发挥负荷移峰填谷的作用，也可实现微电网和常规电网间交换功率的定值或定范围控制，减少由于分布式可再生能源发电功率的波动对电网的影响。利用微电网能量管理系统，可有效提高分布式电源的能源利用率。在外部电网故障的情况下，联网型微电网可转为独立运行模式，继续为微电网内重要负荷供电，提高重要负荷的供电可靠性。通过采用先进的控制策略和控制手段，它可保证微电网高电能质量供电，也可以实现两种运行模式的无缝切换。

（2）独立型微电网：不和常规电网相连接，利用自身的分布式电源满足微电网内负荷的长期供电需求。当网内存在可再生能源分布式电源时，常常需要配置储能系统以抑制这类电源的功率波动，同时在充分利用可再生能源的基础上，满足不同时段负荷的需求。这类微电网更加适合在海岛、边远地区等无电地区为用户供电。目前独立型微电网一般采用交流母线技术实现分布式电源间的并联运行，便于微电网内分布式电源的接入和微电网扩容。

在实际应用中，微电网又可根据其内部结构分为交流微电网、直流微电网及交直流混合微电网三种。

（1）交流微电网。交流微电网中，分布式电源、储能装置及负荷均通过电力电子装置连接至交流母线；通过对公共连接点（Point of Common Coupling，PCC）处开关的控制，可实现微电网并网运行与孤岛模式的转换。由于构建此类微电网无须对传统电网进行大范围改造，且能够快速实现与传统电网发电设备及负载的有效对接，所以它成为当前微电网最主要的应用形式。典型的交流微电网结构如图 4-16 所示。

（2）直流微电网。典型的直流微电网通过直流母线将分布式电源、储能装置及负荷联系在一起，并且通过电力电子装置实现直流网络与外部交流电网的能量交互。由于光伏阵列、燃料电池等可再生能源的输出形式均采用直流，且存在 LED 照明灯、电动汽车、低压电子设备等需要直流供电的负荷，采用直流/直流（DC/DC）变换器实现直流可再生能源与负载直接连接的拓扑形式具备更大的优势。在这种直流微电网拓扑结构中，采用直流/直流（DC/DC）变换器，有效降低了采用直流/交流（DC/AC）和交流/直流（AC/DC）变换器传输电能带来的损耗，提高了系统的供电效率。图4-17为公共母线型直流微电网的典型结构图。与交流微电网相比，直流微电网由于各分布式电源与直流母线之间仅存在一个线电压变换装置，降低了系统建设成本；不同电压等级的交流、直流负荷的能量调整可同时实现，有效降低了控制的难度；同时由于直流系统中不存在无功与谐波问题，因此，可有效实现系统损耗的降低及电能质量的改善。

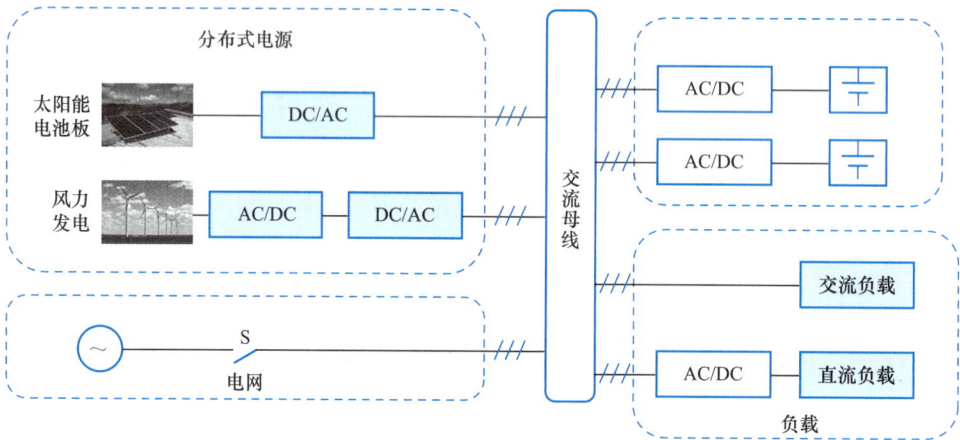

图4-16 典型的交流微电网结构

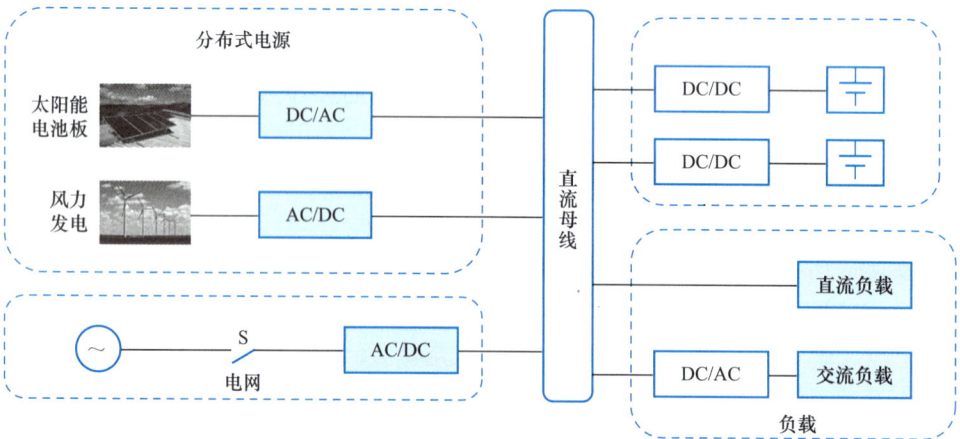

图4-17 公共母线型直流微电网的典型结构

（3）交直流混合微电网。目前所采用的交流微电网与直流微电网拓扑结构大多仅含有一条公共母线，一旦系统中一个节点发生故障，系统内所有节点的稳定性都会受影响。因此为有效提高大规模和大容量微电网系统的稳定性，交直流混合微电网的概念被提出，并在近年来得到了越来越多的关注。典型的交直流混合微电网结构如图4-18所示，该系统中既含有交流母线，又含有直流母线；既可以直接向交流负荷供电，又可以直接向直流负荷供电。但是，从整体结构上看，交直流混合微电网可视为一个交流微电网，而直流微电网可视为一个通过单独电源接入交流母线的微电网。交直流混合微电网采用交流/直流（AC/DC）变换器实现交流与直流母线的连接，各个节点采用线路阻抗或电力电子变换器连接，因此分布式负载大多无法等效为唯一的公共负载。

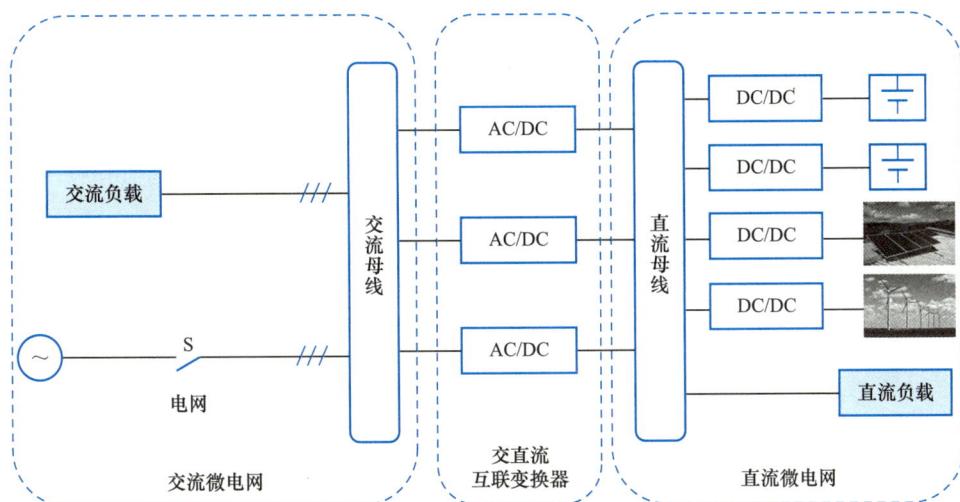

图 4-18　典型的交直流混合微电网结构

4.3.3　微电网的运行模式与控制策略

（1）微电网的四种典型运行模式。

1）联网运行模式：在正常情况下，微电网以模块化的可控发电或负荷单元形式联网运行，大电网为其提供电压与频率支撑。微电网通过对所管辖的各类电源（包括储能）和负荷进行协调控制，满足配电网并网接口要求及负荷的供电需求，同时还能保证联络线功率按照给定运行计划运行。此外，微电网也可以向外部电网提供一定的辅助服务，比如支撑当地电压等。

2）独立运行模式：当大电网出现电能质量下降、故障、停电等问题时，微电网应能够基于本地信息迅速且有效地切换至独立运行模式，并快速建立起电压和频率支撑，跟踪微电网内的负荷变化，向所管辖的负荷，尤其是重要负荷提供合格可靠的电能。

3）从联网模式切换到独立模式的过渡过程模式：联络线功率的缺失及一些分布式电源控制策略的切换等情况可能会引发微电网内短时的功率供需不平衡。让这一过渡过程尽可能缩短，减少功率暂态不平衡对微电网内负荷的影响是这一状态下控制策略需要达成的主要目标。

4）从独立模式切换到联网模式的过渡过程模式：此时，微电网必须满足一定的并网条件才能够接入配电网。如何协调控制各种类型的分布式电源（包括储能），满足并网运行条件的要求，实现微电网的快速并网是这一过程中的主要控制目标。

确保微电网在各种运行模式下满足相应的运行要求，是联网型微电网控制系统需要具备的基本功能。对于独立型微电网而言，保证微电网长期可靠稳定运行是其控制系统要实现的主要目标。

（2）微电网分布式电源控制策略。在微电网里，分布式电源依据并网方式的差异，可划分为逆变型电源、同步发电机型电源及异步发电机型电源这几类。小型同步发电机的控制与并网技术已较为成熟，同时异步发电机的控制也相对简单，而在微电网中，如光伏发电系统、燃料电池、微型燃气轮机等众多电源大多属于逆变型分布式电源。所以，逆变型分布式电源的控制问题更受关注，其控制性能对于微电网的稳定运行和管理等有更为重要的影响，是微电网研究和实践中的一个关键要素。

1）恒压、恒频控制。在该控制模式下，并网逆变器的控制器电压幅值参考值 V_{ref} 和频率参考值 f_{ref} 保持恒定不变，控制目标为保证逆变器输出端口电压幅值和频率不变。采用该控制模式的分布式电源可以独立带负荷运行，而且输出电压和频率不随负荷变化而变化。当微电网独立运行时，采用该控制模式的分布式电源可作为支撑系统电压和频率的主电源、维持微电网的电压和频率在合适的范围内。对微电网中的负荷或其他分布式电源来说，采用恒压、恒频控制的分布式电源实质上是作为一个电压源，其输出功率和电流由系统中的负荷和其余分布式电源输出的功率决定。

2）恒功率控制。恒功率控制的主要目的是使分布式电源输出的有功功率和无功功率等于给定参考功率 P_{ref} 和 Q_{ref}。采用该控制方式需要满足一个前提条件：分布式电源并网逆变器交流侧母线电压和频率稳定。如果是一个独立运行的微电网，系统中必须有维持频率和电压稳定的分布式电源（即采用恒压、恒频控制的分布式电源），如果是联网运行的微电网，则由常规电网维持电压和频率稳定。

3）下垂控制。下垂控制是模拟传统同步发电机组一次调频、调压静特性的一种控制方法。该控制方法有两种基本模式，即 P-f 和 Q-V 下垂控制模式和 f-P 和 V-Q 下垂控制模式。

a. P-f 和 Q-V 下垂控制：控制器的频率参考值 f_{ref} 和电压幅值参考值 V_{ref} 分别是逆变器输出的有功功率和无功功率的函数，也就是由并网逆变器的输出功率值决定频率和电压参考值，如图 4-19 所示。当逆变器输出的有功功率和无功功率分别为 P_b 和 Q_b 时，逆变器频率参考值 f_{ref} 和电压幅值参考值 V_{ref} 分别为 f_b 和 V_b，意味着系统到达稳态时输出电压频率和幅值为 f_b 和 V_b；当逆变器输出的有功功率和无功功率分别为 P_a 和 Q_a 时，逆变器频率参考值 f_{ref} 和电压幅值参考值 V_{ref} 分别为 f_a 和 V_a，意味着系统到达稳态时逆变器的输出电压频率和幅值为 f_a 和 V_a，以此类推。采用该控制模式的分布式电源可以独立带负荷运行，其输出电压和频率由负荷情况决定；也可以并网运行，此时由于系统电压幅值和频率由电网决定，依据图 4-19 所示下垂控制原理，逆变器并网运行时应根据相应的电网电压幅值和频率输出相应的有功功率和无功功率。

b. f-P 和 V-Q 下垂控制：f-P 和 V-Q 下垂控制基本原理亦如图 4-19 所示。与 P-f 和 Q-V 下垂控制原理不同，在 f-P 和 V-Q 下垂控制模式下，由逆变器交流侧母线电压频率 f 和幅值 V 分别决定逆变器输出有功功率和无功功率的参考值。采用该控制模式的分布式电源，依据图 4-19 所示下垂控制原理，逆变器运行时应根据接入点的系统频率和电压幅值决定其相应的有功功率和无功功率输出值，如当频率和电压幅值分别为 f_c 和 V_c 时，分布式电源输出的有功功率和无功功率将分别为 P_c 和 Q_c。

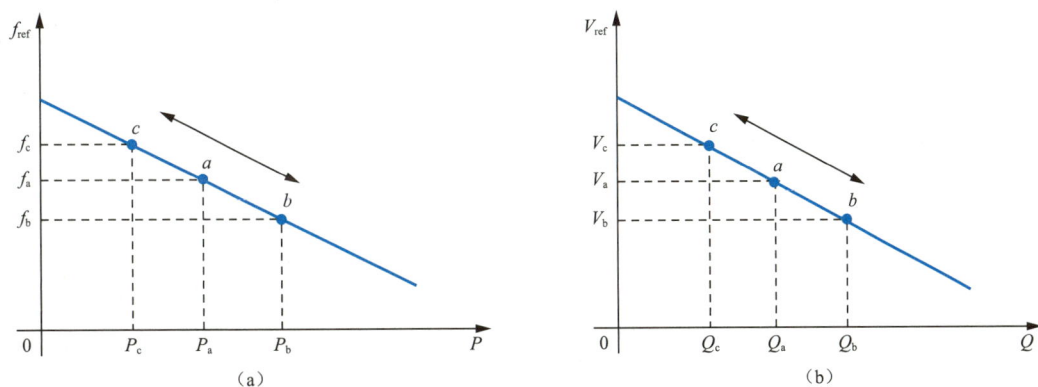

图 4-19　下垂控制原理
（a）P-f 下垂控制；（b）Q-V 下垂控制

（3）微电网综合控制策略。微电网综合控制策略通常和微电网运行模式有关，在不同运行模式下，微电网的控制功能和实现目标会有所不同。

1）微电网联网运行控制。微电网联网运行控制框图如图 4-20 所示。微电网联网运行时，由电网提供电压和频率参考、微电网内各分布式电源一般采用恒功率控制模式。部分可控型分布式电源也可采用下垂控制方法，当电网电压幅值和频率降低时，分别增大其无功功率和有功功率输出，起到支撑电网电压和频率的作用。

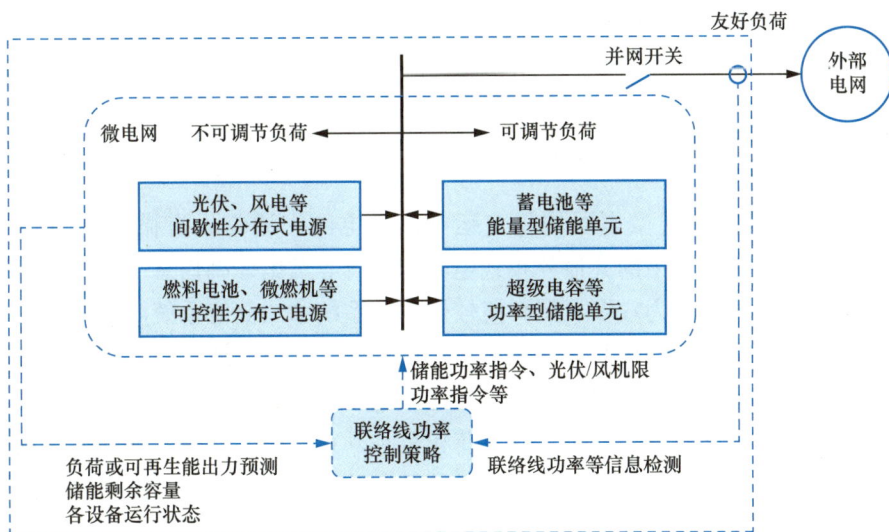

图 4-20　微电网联网运行控制框图

微电网中光伏、风电等的出力具有间歇性、随机性的特点，因此微电网联网运行模式的主要控制目标是有效克服微电网与常规配电网间联络线上功率的波动降低微电网对配电系统的影响。这是微电网联网运行模式时的主要控制目标。微电网一般要求控制成为一个友好负荷形式。

2）微电网独立运行控制。当微电网独立运行时，需由微电网内分布式电源提供电压和频率支撑，依据微电网频率和电压稳定的控制方式不同，此时的控制可分为主从控制模式和对等控制模式。

a．主从控制模式：主从控制模式是指在微电网处于独立运行模式时，其中一个分布式电源（或储能系统）采取 V/f 控制模式，向微电网中的其他分布式电源提供电压和频率参考，而其他分布式电源则一般采用 PQ 控制模式。这种控制模式如图 4-21 所示。采用 V/f 控制的分布式电源称为主电源，其控制器称为主控制器，其他分布式电源为从电源。系统中电源和负荷间的不平衡功率主要由作为主控制单元的分布式电源来平衡，因此要求其功率输出应能够在一定范围内可控，且能够足够快地跟随不平衡功率的波动变化。

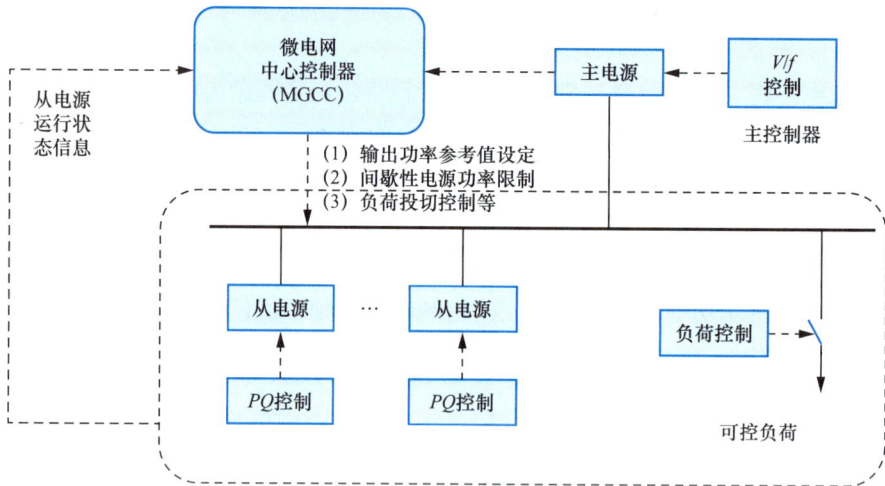

图 4-21　主从控制模式结构

为保证主从控制模式微电网的稳定运行，微电网中通常设有微电网中心控制器（MGCC），用于向微电网中的其他分布式电源和负荷等发出控制信息：①如果系统中光伏、风电等可再生能源出力较多，但负荷较轻时，系统中的储能系统可能一直处于充电状态，当微电网中心控制器检测到储能系统接近满充时，可以选择投入相应负荷或限制光伏、风电等间歇性电源的功率输出等，保证微电网处于安全运行状态；②如果系统中光伏、风电等可再生能源出力较少，且负荷较重时，系统中的储能系统可能一直处于放电状态。当微电网中心控制器检测到储能系统接近放电容量限制值时，可以选择切除部分非重要负荷，保证微电网处于安全运行状态。

b．对等控制模式：对等控制模式是指微电网中参与 V/f 调节和控制的多个可控型分布式电源（或储能系统）在控制上都具有同等的地位，各控制器间不存在主从的关系。对于这种控制模式，分布式电源控制器通常选择下垂控制方法，每个分布式电源都根据接入系统点输出功率的就地信息进行控制，如图 4-22 所示。与主从控制模式相比较，在对等控制模式下，采用下垂控制的分布式电源能够自动参与输出功率的分配。尽管对等控制模式能够同时处理电压与频率的稳定控制以及输出功率的合理分配等问题，但在负载发生变化时，系统的稳态电压和频率也会出现相应的变化。若微电网中的分布式电源配置的容量恰当，并且负荷对系统中电压和频率的要求并不高，那么仅采用这种对等控制模式便可以满足微电网的运行需求，其分布式电源之间无需通信的优点有利于实现分布式电源的即插即用。若微电网中的负荷对频率和电压水平要求较高，为了满足微电网供电质量要求，可以配备微电网中心控制器（MGCC），除保证微电网中各分布式电源处于安全运行状态外，其主要作用是补偿下垂控制模式所导致的微电网电压和频率变化，以保证电压和频率满足负荷可靠运行的要求。微电网中心控制器检测微电网电压和频率，与期望电压和频率参考值进行比较，然后通过集中通信网络与各分布式电源本地控制系统进行通信，通过调整其下垂曲线设定点等控制参数（相当于上下平移图 4-19 中所示下垂特性曲线），实现微电网电压和频率恢复控制。

　　主从控制和对等控制是相对而言的，有时为了充分发挥各种分布式电源的运行特点，也可以将两种模式加以结合，例如，可以让多个分布式电源工作于下垂控制模式，共同承担微电网内功率的平衡责任，实现 V/f 的控制目标；而另外一些功率输出波动性比较强的可再生能源类分布式电源可以采用恒功率控制模式，以便最大限度地利用可再生能源。

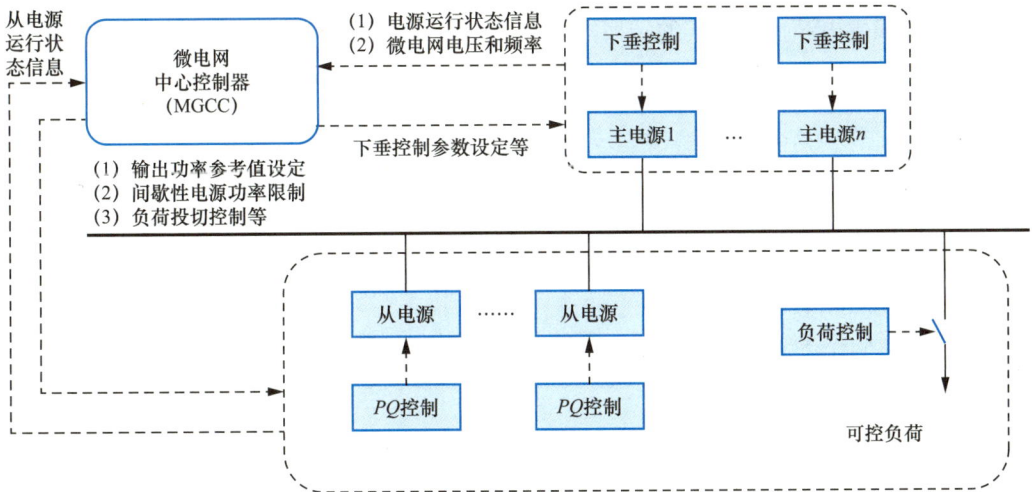

图 4-22　对等控制模式结构

　　3）微电网运行模式切换控制。当外部电网发生故障时，微电网若继续联网运行，一方面有可能导致系统故障加剧，另一方面也影响微电网内部用户的可靠供电，此时需要微电网快速脱网进入独立运行模式。微电网转入独立运行模式后，微电网内负荷由微电网内分布式电源独立供电。当电网故障切除后，电网电压恢复正常时，微电网需要重新并入电网运行。对于微电网内负荷供电质量要求不太高的微电网，为避免简单的切换控制导致负荷电流或电压冲击过大，微电网运行模式切换时，常常需要短时停电。理想情况下的微电网，要求在各种运行状态下，尤其是在运行模式切换时，都能保证系统内重要负荷的供电质量不受影响。因此，实现微电网的无缝切换控制对微电网内重要负荷的不间断供电意义重大。为快速隔离电网故障，切断与主电网的电气连接，实现无缝切换，微电网需通过静态开关（Static Transfer Switch，STS）接入外部电网。静态开关一般是由电力电子器件构成的，能在接收到关断信号后半个工频频率内断开微电网与主电网间的电气联系。

在微电网处于独立运行状态时，分布式电源采用主从控制模式最为常见。下面就以采用这种控制模式的微电网为例，介绍其模式切换过程。

在微电网联网运行时，其主电源一般也应采用恒功率控制（PQ 控制）模式，目的是使主分布式电源运行在最佳功率输出状态，从电源则一直工作在恒功率控制模式。当微电网独立运行时，主电源需采用恒压、恒频控制（V/f 控制）模式，以维持微电网电压和频率恒定。因此，在不同的微电网运行模式下，主电源为了实现相应的控制目标需采用不同的控制模式。当微电网运行模式切换时，如果同时下发静态开关开、闭指令和主电源控制模式切换信号，由于静态开关关断或闭合需要短暂的过程，会使微电网主电源出现 V/f 控制时微电网短暂处于并网运行模式及 PQ 控制时微电网短暂处于独立运行模式，这将分别导致主电源输出电流和电压不可控状态的出现，微电网输出功率与负荷不匹配时，会使微电网电压幅值和频率发生暂态波动，切换过程中极易出现暂态电流或电压冲击，导致无缝切换失败。因此，为保证微电网运行模式实现无缝切换，并网开关的开闭状态和主电源控制模式的转换需要遵循一定的时序关系，如图 4-23 所示。

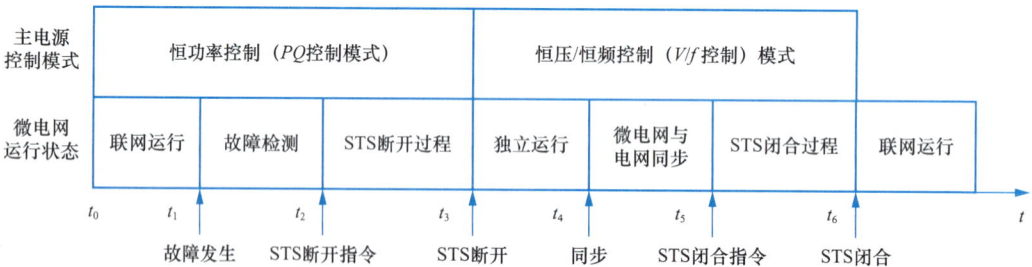

图 4-23　微电网运行模式切换基本控制时序

如图 4-23 所示，微电网联网运行时，在 t_1 时刻，若电网侧发生故障，导致电网侧电压幅值或频率偏离正常设定值，微电网运行模式控制系统检测到该故障后，立即下发静态开关断开指令（t_2 时刻），当检测到联络线电流瞬时值接近零时，静态开关彻底断开（t_3 时刻），同时下达主电源控制模式切换控制信号。当电网故障切除、电网电压恢复正常时，微电网运行模式切换控制系统在 t_4 时刻启动同步控制，调节微电网电压、频率和相位，检测到微电网满足并网条件后，在 t_5 时刻下发静态开关闭合指令，确认开关闭合的同时（t_6 时刻），下达主电源控制模式切换信号。

值得注意的是，如果微电网采用对等控制模式，在联网和独立运行模式下分布式电源均采用下垂控制方法，则在微电网运行状态切换时，分布式电源不需进行控制模式切换。这一点是对等控制相对于主从控制最为明显的优势。但在微电网采用对等控制模式时，若微电网处于独立运行状态，采取下垂控制策略的分布式电源之间可能会由于微电网不平衡功率分配不均而影响系统稳定运行，相对于主从控制而言，其实现难度较大。因此主从控制模式在实际微电网工程中应用更加广泛。

4.3.4　微电网的关键技术

微电网是一个具备多种运行状态的自治系统，既需要具备脱离大电网独立运行的能力，又要确保与大电网友好协作。微电网中包含着大量的分布式能源，这使得其潮流流动方向和大电网有所不同，这种情况会给微电网的规划设计及经济运行带来一些挑战。同时，要保证微电网稳定运行，实现多个分布式电源之间的合理调控和联合运行是一个必要前提。由于分布式能源大多是通过电力电子装置接入电网的，所以如何对微电网系统中的电力电子装置进行有效控制，便成为微电网发展过程中不可或缺的前提条件。

为保障微电网实现可靠高效运行，本节对目前受到广泛关注的研究方向进行了归纳和总结。

（1）微电网孤岛检测技术。当大量分布式电源接入配电系统后，若配电网发生故障，通常应避免分布式电源与邻近负荷形成孤岛继续运行，因为这可能给电网检修人员带来人身安全隐患，还会使配电系统的一些自动化装置（如重合闸装置）失效。按照当前的运行导则（如 IEEE 1547《分布式能源与电力系统互联标准》），需配置反孤岛保护（loss of mains protection/anti-island protection），以防止此类现象发生。与分布式电源直接接入配电系统不同，微电网自身具备孤岛运行能力，当外部系统出现故障时，只要检测到外部故障，微电网就能迅速从联网运行模式转换为独立运行模式，从而发挥微电网能够孤岛运行的优势。为此，微电网需要具备外部故障检测能力，即孤岛检测。

微电网孤岛检测方法可分为三类：被动检测法、主动检测法、基于通信技术的开关状态检测法。

1）被动检测法，也被称为内部无源法。在外部配电网发生故障的前后，微电网与外部系统的公共连接点处的电气量会呈现出相应的变化。该检测方法主要是依据对外部电网电压、频率变化的分析，来判断微电网是否需要进入孤岛运行状态。具体而言，当微电网内分布式电源的功率输出和微电网内负载需求存在较大差异，也就是微电网与外部电网的联络线功率较大时，一旦外部系统出现故障，微电网自身的电压和频率将会发生显著的变化，在这种情况下，被动检测法能够发挥其检测功能。被动检测法涵盖了多种具体的检测手段，主要包括电压或频率检测，电压相位突变检测，功率、频率变化率检测等。

2）主动检测法，又称为内部有源法。此方法需要对微电网内分布式电源的输出施加一定的扰动，然后通过检测微电网的响应情况，来判断微电网外部是否出现了故障。主动检测法主要有幅值偏移法、频率偏移法和相位偏移法。其中，幅值偏移法主要是通过控制微电网内分布式电源并网逆变器输出电流的幅值，对 PCC 点电压幅值产生扰动，之后通过检测电压幅值的变化，来判断是否发生孤岛现象；频率偏移法是通过改变分布式电源并网逆变器输出电流的角频率，对 PCC 点电压频率造成扰动，在并网运行时，电压频率会保持工频稳定，而当处于孤岛状态时，电压频率会受到逆变器输出电流频率的影响而发生变化，一旦超出设定的门槛值，即可判定为产生了孤岛；相位偏移法主要是对分布式电源并网逆变器控制系统中的锁相环所输出的频率进行判断，看其是否超出允许范围。主动检测法具有一定的优势，其检测盲区较小，检测速度较快。

3）基于通信技术的开关状态检测法主要运用通信手段来进行操作。它可以对断路器的开断状态进行检测，也可以在电网侧发出载波信号。在微电网内安装有相应的接收器，这些接收器会依据信号的变化来判断外部系统是否出现故障。如断路器状态检测法依赖于外部电网和微电网之间的通信，具体操作是在外部馈线断路器上安装一个小型的发送器，当外部出现故障致使相关断路器断开时，该发送器会通过微波、电话线或其他通信方式向微电网发送信号，微电网可根据接收到的信号知晓外部系统的故障情况，进而做出相应调整，保障微电网的安全稳定运行。

被动检测法虽然原理简单，但存在检测盲区，特别是当外部配电网故障时刻恰巧微电网与外部电网联络线功率接近零的小概率事件出现时，基本无法检测到故障信息；主动检测法检测盲区较小，但由于需要对分布式电源并网逆变器发出干扰信号，对微电网的电能质量可能会产生影响；开关状态检测法无盲区、不影响电能质量，但需要一些关联性开关与微电网进行通信，实现起来较为复杂或是经济性略差。

（2）微电网能量管理系统（microgrid energy management system，MEMS）。微电网内可采用的分布式电源的种类很多，一些基于可再生能源的分布式电源（如光伏发电系统、风力发电系统）的输出功率具有较强的随机波动性，有些微电网还需要满足用户冷、热、电综合负荷的需求，所有这些因素对微电网的运行优化与能量管理提出了更高的要求。为了充分发挥微电网对分布式电源、储能装置及相关负荷的管理能力，有效提高微电网安全、稳定、经济运行水平，微电网能量管理系统成为有效手段。与传统电力系统的能量管理系统不同，MEMS 需要充分结合微电网自身的特点，通过对微电网内部数据的实时监控及外部信息的及时交互，制定合理的经济运行方案，对微电网设备进行有效的管理和控制。MEMS 需综合考虑微电网的各种运行模式、设备运行条件及外部相关信息，对分布式电源、储能装置、负荷进行协调优化控制和管理。

MEMS 的功能可以分为能量管理、SCADA 两个功能模块，配套以支持性的软硬件平台。MEMS 通过与微电网、运行人员、配电网能量管理系统的通信和人机交互实现其基本功能，如图 4-24 所示。

根据能量管理模块的主体功能，可以将其划分为四个子模块：数据预测、数据分析、优化调度和运行控制。其中，优化调度子模块为 MEMS 的核心，其任务是制定微电网的运行优化调度策略，需要根据系统运行目标、满足系统安全运行的约束条件，构造微电网运行优化问题，通过对优化问题的求解获得系统的优化运行调度策略。

通常情况下，优化调度主要通过以下几个步骤实现：

1）数据预测。数据预测是优化调度的前提和基础。考虑到系统中风力发电、光伏发电及负荷的不确定性，在制定优化调度策略前需要对相应的数据进行合理的预测。预测过程通常可以概括为历史数据分析、预测建模和确定预测结果三个环节。

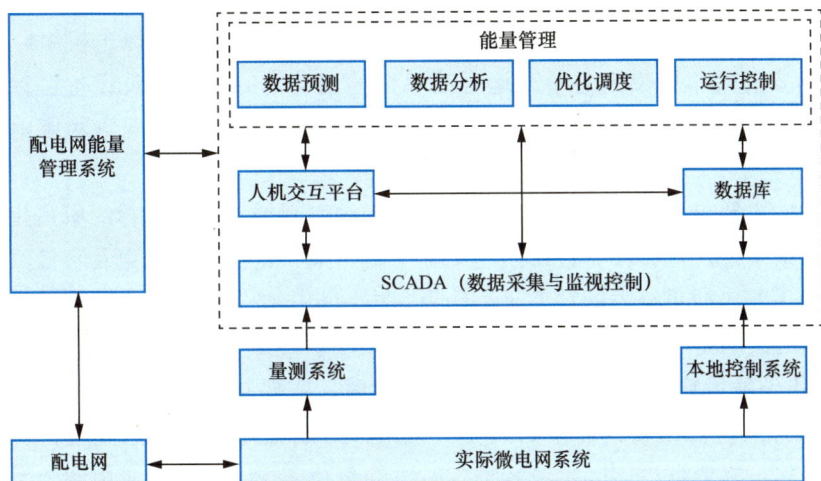

图 4-24　MEMS 功能图

历史数据分析：在进行预测时，首先应当着重关注原始数据的收集工作及其分析工作。尤其需要注意的是，要将其中的"异常数据"或者"伪数据"剔除。这些数据通常是由历史上曾发生的突发事件或某些特殊情况而形成的。"异常数据"或"伪数据"会对预测系统的预测精准度产生负面影响，因此必须采取有效措施将其排除，确保预测系统的准确性，避免这些不良数据对预测结果造成干扰和误导，从而提高预测系统的可靠性和有效性。

预测建模：其核心在于从样本集中找出计算某一数值的规律，这一过程包含特征提取和预测建模这两个关键步骤。特征提取是指从已知数据中挑选出具有代表性的数据，以此来构建特征向量，并且假定该特征向量所包含的信息足以对目标输出展开预测。预测建模需考虑以下几个问题：怎样构建特征向量，特征向量应涵盖哪些信息，以及针对这些信息应进行何种预处理操作（如归一化处理、差分处理等）。同时，预测模型的种类繁多，不同的模型对不同的数据具有不同的适用性。因此，在进行预测时，正确挑选预测模型是至关重要的一步，若模型选择失误，极有可能导致预测误差偏大。常见的预测模型包括线性回归模型、时间序列模型、灰色系统模型、神经网络模型等。

确定预测结果：首先通过选用恰当的预测技术，构建用于预测的数学模型，从而得出预测值。然后需要对初步得到的预测结果进行综合分析、对比、判断推理和评价，并根据这些操作对预测结果进行调整和修正。同时，要深入分析预测误差及预测结果的准确性，通过这样一系列的操作，最终确定准确的预测结果，为后续的决策和操作提供可靠依据。

2）目标函数与约束条件。优化调度模型的目标函数呈现出多种形式，既可以选取经济成本最小化、环境效益最大化、能源消耗最小化等单一目标，也可以选取其中某两个甚至多个目标的组合形式。在构建微电网的多目标优化调度模型的过程中，鉴于不同目标之间往往存在冲突，因此需要充分依据系统当前的实际状况来进行权衡，以达到微电网综合效益最大化的目标。一般来说，经济成本最小化是主要的运行目标，它包含多个方面的成本，如燃料消耗成本、设备折旧成本（将发电机、风电机组、光伏和储能等设备的安装成本转换为每小时运行或单位输出功率的成本）及设备运行维护成本等。对于联网型微电网，其经济成本还涉及从电网购电的成本及向电网售电所产生的收益。

约束条件主要分为设备运行约束和系统运行约束两类。设备运行约束是指设备自身所具有的约束条件，比如部分设备的功率上下限约束、运行时间约束及容量约束等。系统运行约束主要包括系统内的功率平衡约束，电网购电量约束，蓄电池充、放电始末荷电状态（SOC）约束等。

3）优化调度策略。对微电网实施优化调度时，需要制定恰当的调度策略。优化策略是通过求解上述优化问题而得到的相关策略，可细分为静态优化策略和动态优化策略。静态优化策略依据当前时刻或者特定时段的负荷需求、各分布式电源的发电成本及额定功率，遵循相应目标函数达到最优的原则，按序确定设备的运行组合和输出功率。这种策略不考虑各个时段之间的相互关联，会对每个时段进行独立的优化操作。动态优化策略是根据未来多个时间段的预测数据，对整个调度周期内的目标函数展开优化。由于动态优化策略将多时段设备运行的协调配合纳入考虑范围，通常情况下，它能够取得比静态优化策略更为理想的优化效果，但这需要更精准地掌握微电网的运行数据和运行条件，而在实际系统中，这一要求有时难以实现。对于实际的微电网而言，采用何种调度策略应当结合系统的实际运行情况来决定。另外，在制定调度策略时，还需要综合考虑微电网内设备类型的多样性、运行目标的多样性，以及风、光等可再生能源发电和负荷需求的随机性因素对优化结果所产生的影响。

（3）微电网规划设计。微电网规划设计的目的是根据规划期间的综合用能情况、可再生能源资源情况和现有网络的基本状况确定最优的系统建设方案，使得系统的建设和运行费用最小。规划设计工作需依据特定的优化目标和系统约束，确定系统最优配置（包括设备类型、设备容量）与分布式电源的选址，优化系统的建设方案。

由于可再生能源的随机性和波动性对微电网的可靠运行影响较大，同时有别于常规电网的规划，微电网的规划设计问题与其运行优化策略具有高度的耦合性，规划时必须充分考虑运行策略的影响，综合考虑系统全生命周期内的运行信息对微电网进行优化规划设计。微电网运行策略多样，也增加了微电网规划设计问题的复杂性。一般而言，微电网规划设计的基本工作流程如图 4-25 所示。

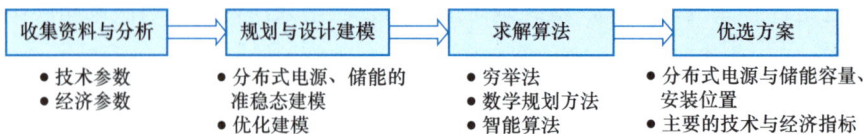

图 4-25　微电网规划设计的基本工作流程

微电网规划设计的目标可以是系统成本的最小化、投资净收益的最大化、污染物排放的最小化、系统供电可靠性的最大化等目标中的单个或者多个。

优化变量主要涉及分布式电源、储能装置及冷、热、电联供系统相关设备的型号、容量和位置等要素。设备的安装位置与容量会对系统短路电流的大小以及节点的电压分布等产生影响。合理的安装位置和适宜的容量有助于提升网络电压水平，降低系统损耗。鉴于实际的工程应用条件和某些技术方面的限制，这里所提及的优化变量基本上都属于离散变量，例如风电机组的类型（涵盖容量类型）和台数、柴油机组的台数、光伏组件支路的并联数（其中，光伏组件支路的串联数由其连接的变流器的直流侧电压来确定）等。在开展优化规划设计之前，要明确可供选择的设备类型，之后再通过对优化问题的求解，从中挑选出最佳方案。

约束条件包括微电网电（冷、热）功率平衡约束；设备运行约束条件，如设备出力上下限限制、爬坡率限制、运行时间限制、储能存储容量约束等；最小能源利用率约束、最大碳排放量限制等；总成本的最大值约束，投资回收期约束等；相关设备的安装面积及台数的限制；微电网供电可靠性约束、供热和供冷可靠率约束、系统供能质量约束等。

【课程思政案例 4-3】广州从化桃莲乡村末端微电网项目

广州从化桃莲村位于广州北部，距离广州中心城区 90km，森林覆盖率达 70%。由于地理位置偏远和自然环境复杂，电力线路建设和维护的难度极大。同时，区域内水利资源丰富，聚集了 8 个小水电站，负荷波动较大，每到雨季线路故障多发，季节性的电压不均衡严重影响村民用电质量。此外，光伏发电的引入虽然增加了清洁能源的利用，但也增加了电网的不稳定因素，时常有村民投诉电器损坏的情况。

为了解决这些问题，南方电网广州供电局决定在桃莲村实施乡村末端微电网项目，提升供电可靠性和电压质量。桃莲末端微电网项目在线路末端建设了 7 套储能设备，协调接入 8 个小水电站、64 个分布式光伏，构建了水、光、储一体的多能互补智能微电网集群。该项目旨在通过微电网的灵活调配和智能控制，提升电力供应的稳定性和可靠性，同时促进清洁能源的利用和节能减排。

项目建成后，能够确保在主供电源故障停电情况下，微电网能持续供电 4～6h。桃莲村年均停电时间由 103.2min 降为 0min，保障了微电网片区居民用户的优质绿色供电。同时，微电网的灵活调配和智能控制也提升了电力供应的稳定性和可靠性，减少了电网故障对村民生活的影响。

此外，桃莲末端微电网项目还促进了清洁能源的利用和节能减排。通过整合分布式电源和储能系统，项目实现了清洁能源的自给自足和高效利用，减少了化石燃料的消耗和温室气体的排放。

广州从化桃莲乡村末端微电网项目是广东首个整村灵活构网型智能微电网，标志着南方电网乡村新型电力系统示范建设取得突破性进展。该项目不仅大幅提升了从化森林浴场新乡村示范带的供电可靠性和电压质量，还为乡村建设绿色智能微电网提供了先行示范。

◇ 习题

1．简述微电网的基本概念。

2．描述微电网的组成结构及其各部分的作用。

3．简述微电网的分类。

4．分析微电网孤岛运行时的主要挑战及其应对策略。

5．阐述微电网的经济性分析中需要考虑的主要因素及其影响。

6．解释微电网能量管理系统的主要功能及其作用。

7．讨论微电网中储能系统的重要性及其选择原则。

8．列举并解释微电网中常用的控制策略及其优缺点。

9．分析微电网并网运行时需要关注的关键问题及其解决方法。

10．分布式发电与微电网有什么关系？

11．简述微电网内分布式电源的控制方法及原理。

4.4 虚拟电厂技术

4.4.1 虚拟电厂概述

（1）定义。虚拟电厂（Virtual Power Plant，VPP）的概念在 1997 年被提出，旨在通过对多个分散的能源单元进行协调管理，使其在电力市场上以统一的身份进行交易，并满足电力系统对负荷平衡和稳定性的需求。

与传统的集中式电厂不同，虚拟电厂是一种分布式能源集合体，可以包含多种不同类型的能源资源和负荷，通过现代化信息技术平台进行集成，形成一个虚拟的"发电厂"。这一虚拟电厂在电力市场上可以参与调峰、调频等辅助服务，提升电力系统的灵活性、可调节性、可靠性。虚拟电厂可以基于需求动态调整输出，响应电网的频率波动和电力供需变化，有效缓解峰谷差异，实现能源资源的最优配置。

虚拟电厂的核心是通过信息化和智能化手段，将众多小型、分散的电力资源聚合成一个能够进行集中管理和控制的"虚拟发电实体"，其目标是优化资源的整体效益，支持电力市场的交易需求，提升能源利用率，并为电力系统的安全稳定运行提供保障。虚拟电厂是基于电力系统架构，运行现代信息通信、系统集成控制等技术，聚合分布式电源、可调节负荷、储能等各类分散资源，作为新型经营主体协同参与电力系统优化和电力市场交易的电力运行组织模式。虚拟电厂结构示意如图 4-26 所示。

（2）虚拟电厂的外特性。

1）功率输出的伸缩性。虚拟电厂集合了大量的分布式能源资源。这些资源通常会受到外界环境条件的影响（如天气变化、地理位置等），使得电力输出呈现较强的波动性和不确定性。虚拟电厂能够在这一背景下，通过内部灵活的调控机制实现功率的动态调整，以满足电网的实时需求。例如，虚拟电厂可以通过对储能设备的充放电管理，调节电力输出，实现负荷的平衡，从而达到削峰填谷的效果，保障电网的安全稳定运行。

2）快速响应性。虚拟电厂内部的分布式能源种类多样，不同类型能源的输出特性也不同，虚拟电厂有较强的快速响应能力。在电力系统负荷发生波动时，虚拟电厂可以迅速调节其输出功率，快速响应电力需求变化，进而为电网提供必要的辅助服务。同时，通过协调不同种类的能源资源，虚拟电厂能够在短时间内实现功率的精细调节，为电网的运行稳定提供保障。

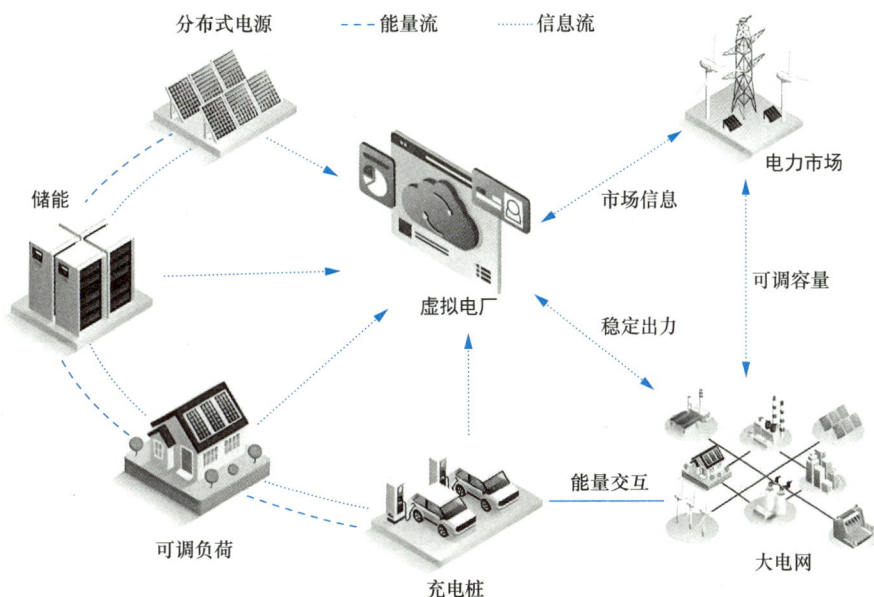

图 4-26　虚拟电厂结构示意图

3）源荷协调性。虚拟电厂通过协调其内部的能源生产和负荷需求，能够实现源荷动态平衡。具体而言，虚拟电厂不仅能够根据电网的负荷需求增加或减少电力输出，还可以通过内部的智能化调度，在负荷需求降低时将多余电能储存起来，以备后续使用。因此虚拟电厂既能满足电网实时的用电需求，也能实现内部资源的高效利用，减少能源浪费，提高整体运行效率。

4）环境友好性。虚拟电厂的分布式能源以清洁能源为主，这使得虚拟电厂在减少污染物排放方面具有显著优势。相比传统集中式火电厂，虚拟电厂的二氧化碳排放和污染物排放量更低，符合现代低碳环保的要求。此外，虚拟电厂的分布式特性避免了单一大型发电设施的集中排放问题，分布式组件的灵活运用减少了对周边环境的影响，更加符合可持续发展的要求。

5）广域消纳性。虚拟电厂具备强大的广域消纳能力，能够有效整合和利用地理分布广泛的分布式能源。由于虚拟电厂可以通过信息和通信技术将不同区域的分布式能源连接起来，因此其能源生产和消耗不再局限于某一个特定地点，而是可以在更广的地理范围内灵活调配。不同地区的发电量可以通过虚拟电厂平台进行调度，以匹配各地的用电需求，从而避免了单一地区过剩或短缺的情况。这种广域消纳特性使得虚拟电厂能够更好地适应电网负荷的变化，提升电网的整体消纳能力，特别是在风电和光伏等波动性较大的可再生能源的接入方面，能够更有效地平衡供需关系，促进可再生

169

能源的高效利用。

4.4.2　虚拟电厂的核心组成

虚拟电厂的核心组成有分布式发电设备、储能系统、智能负荷管理与信息通信和控制平台（见图 4-27）。

（1）分布式发电设备。包括各种分布式电源，如风电、光伏、微型燃气轮机（MT）和燃料电池（FC）等。这些设备能够根据资源条件和电力需求灵活调节输出，实现电力的就地生产和高效利用，从而减少对大规模集中式发电的依赖。

（2）储能系统。为了平衡电力供需，虚拟电厂通常配备电池等储能装置，可以在电力供应过剩时储存能量，并在需求高峰时释放。储能系统在整个结构中充当"能量缓冲"的角色，提升系统灵活性和可靠性，确保在可再生能源波动发电的情况下仍能维持稳定输出。

（3）智能负荷管理系统。通过智能负荷管理系统，虚拟电厂可以实现用户端负荷的有效调节，实现削峰填谷。该系统允许根据电网的实时情况动态调整用电需求，进而优化电力的供应与消耗，减少不必要的电力浪费。

（4）信息通信和控制平台。作为支撑虚拟电厂运营的核心，信息通信和控制平台负责连接和协调不同地点的发电、储能和负荷资源。借助实时的数据采集、分析与调度决策，该平台能够灵活应对电力市场的变化，为电网提供稳定可靠的辅助服务。

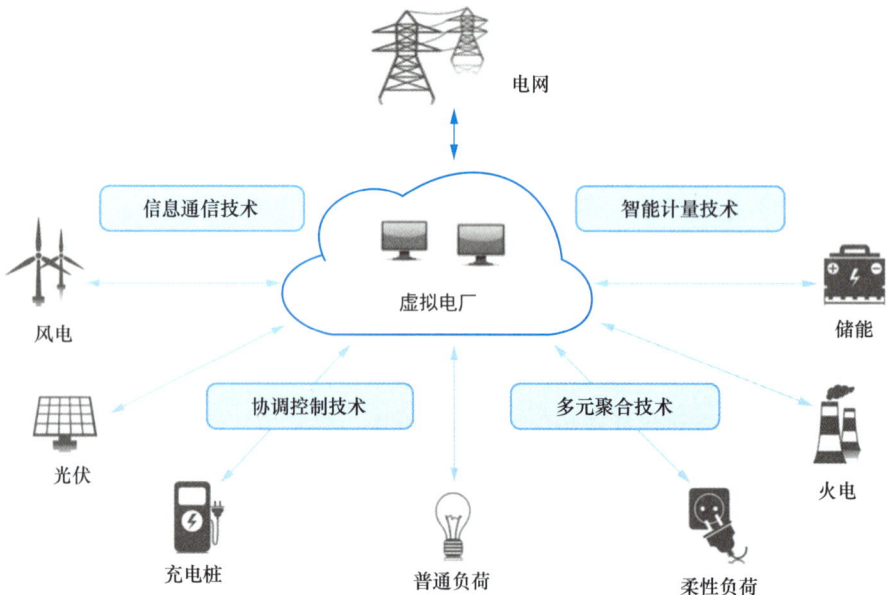

图 4-27　虚拟电厂的核心组成

4.4.3　虚拟电厂的功能特征

（1）商业型虚拟电厂（CVPP）。商业型虚拟电厂聚焦于市场参与和经济收益的最大化，通过聚合大量分布式能源资源（DER），在电力市场中作为一个整体实体进行交易和竞价。商业型虚拟电厂其核心功能在于通过优化各类分布式能源的发电、储能及负荷资源，降低用电成本、增加盈利。商业型虚拟电厂会根据市场价格、供需情况等动态调整其资源的调度策略，以获得最大的经济回报。这类虚拟电厂通常由第三方运营，重点在于市场策略、资源整合和经济效益的实现。

（2）技术型虚拟电厂（TVPP）。技术型虚拟电厂更关注电力系统的运行优化和可靠性，通过整合和管理分布式能源资源，为电网提供调频、调压等辅助服务。技术型虚拟电厂利用控制算法和智能化调度系统，实现对分布式能源和负荷的精确控制，以确保电网的安全和稳定运行。技术型虚拟电厂强调与电网的实时交互和反馈，通过合理调度分布式资源，为电力系统提供快速响应的支持功能。其主要目的是提升电力系统的稳定性和适应性，而非直接追求经济收益。

（3）商业型虚拟电厂和技术型虚拟电厂间的配合。商业型虚拟电厂和技术型虚拟电厂在实际运行中通过协调和资源共享共同实现电网的经济效益和技术稳定性（见图 4-28）。商业型虚拟电厂主要目标是通过参与电力市场获取收益，侧重于根据市场价格和供需情况优化分布式能源的调度，从而实现利润最大化。它负责将分布式能源资源组合为一个整体，与电力市场进行交易。通过市场价格预测和响应机制，商业型虚拟电厂可以在电力价格较高时释放储能、增加发电量，在价格较低时减少发电或增加储能充电，以此实现经济利益。

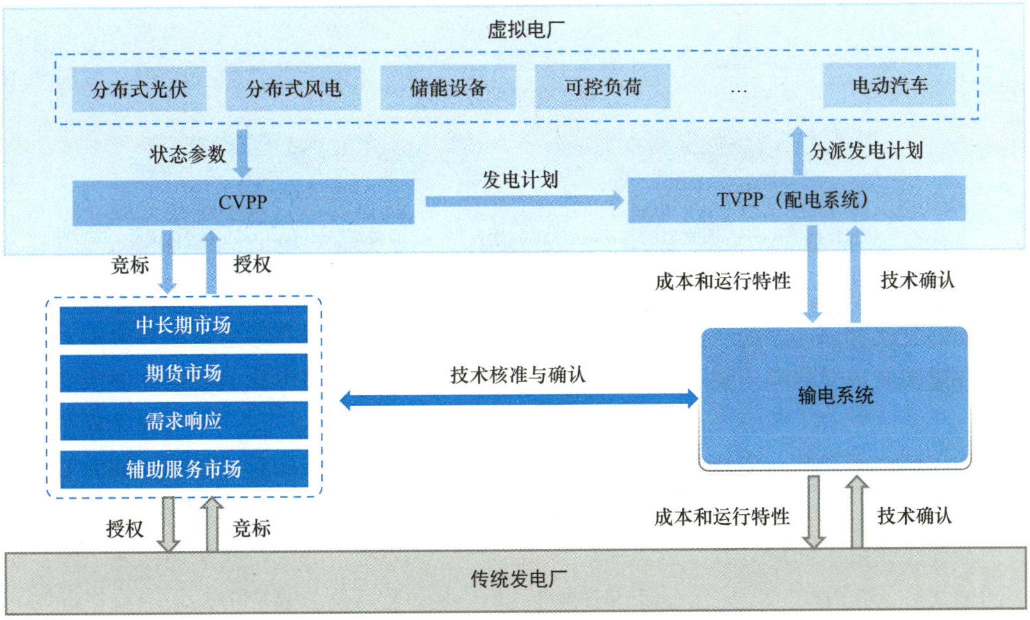

图 4-28　商业型虚拟电厂和技术型虚拟电厂间的配合

技术型虚拟电厂则以维持电网的安全运行为核心目标，专注于为电网提供辅助服务，如调频、调压等，以增强系统的稳定性。通过实时监控电网的负荷和运行参数，技术型虚拟电厂能够快速响应电网需求变化，及时调节储能设备和分布式发电设施，保持电网频率和电压的平衡。

在实际操作中，技术型虚拟电厂可以根据电网的需求信息，将负荷需求和电网状态传递给商业型虚拟电厂，商业型虚拟电厂可以据此调整分布式能源的输出策略。例如，当电网需要稳定电压或频率时，商业型虚拟电厂可以根据技术型虚拟电厂的请求释放储能设备的电力，配合电网的调频调压需求。在电力需求低谷时，商业型虚拟电厂则可以利用低电价储备更多电量，以备未来需求高峰时释放，从而在保障电网稳定的同时获取经济收益。

这种双向协作机制使得商业型虚拟电厂和技术型虚拟电厂各自的优势得以充分发挥。商业型虚拟电厂的市场灵活性可以与技术型虚拟电厂的电网稳定需求相适应，双方的资源协同和信息交互不仅提高了电力系统的整体运行效率，还能够实现成本效益与系统安全的平衡。

4.4.4 虚拟电厂的类型

（1）需求响应型虚拟电厂。需求响应型虚拟电厂（DR-based VPP）侧重于负荷侧管理，通过引导用户调整用电行为来实现电力系统的供需平衡（见图4-29）。该类型的虚拟电厂通过调控用户在电价较高或电网负荷较大的时段减少用电量，在负荷低谷时段适当增加用电量，实现削峰填谷的效果。这类虚拟电厂通常涉及大型工业用户或商业用户的可控负荷（如空调系统、照明系统和供热设备等），也可以涵盖部分住宅用户。

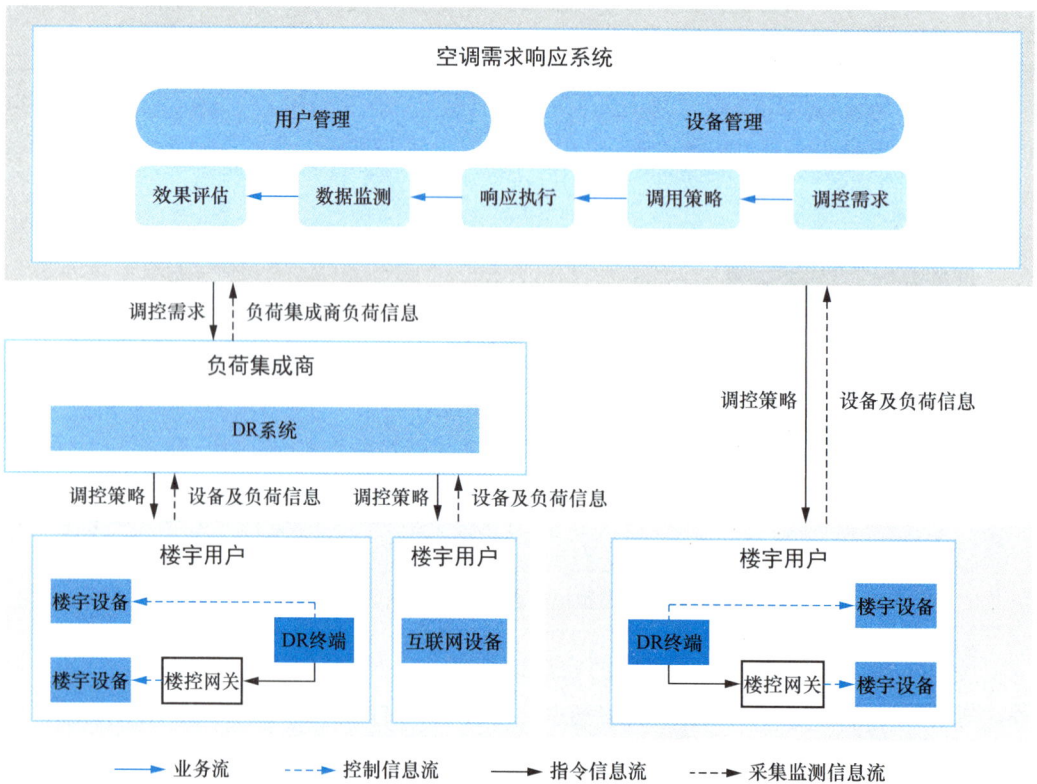

图4-29 需求响应型虚拟电厂

需求响应型虚拟电厂依赖于智能化监控和通信系统，实时监测和控制用户的用电设备。当电价上升或电网负荷增加时，该虚拟电厂向用户发送响应信号，引导其在高峰时段减少用电，从而有效缓解电网负荷压力。此外，需求响应型虚拟电厂在极端天气或紧急情况下能够提供响应服务，通过减少用电需求来维持电力系统的平稳运行。因此，该类型虚拟电厂不仅提升了电网的调节能力，也能为用户提供经济激励，有助于降低其用电成本。

尽管需求响应型虚拟电厂在负荷管理方面具有显著优势，但其调控效果高度依赖用户的响应配合，用户的主动性和反应速度直接影响到负荷调节的效果。此外，需求响应型虚拟电厂的调节能力通常较为有限，在应对电网突发性需求变化时的响应速度较慢。因此，在极端天气或电网出现大幅波动时，仅依靠需求响应型虚拟电厂难以提供足够的支撑。

（2）供给侧虚拟电厂。供应侧虚拟电厂（supply-side VPP）主要通过整合分布式发电资源（如风力发电、光伏发电、生物质能发电等）和储能装置，形成统一的调度与管理系统。其核心目的是在电力需求高峰时提供额外电力支持，而在电力需求低谷时将多余电力储存，以实现供需平衡。

供应侧虚拟电厂具备较强的快速响应能力，可以依据电网的负荷需求进行灵活调整，其特点在于将分散的可再生能源资源统一管理，减少对化石能源的依赖，提升电力供应的稳定性。通过实时获取各分布式发电设备的发电量和运行状态，供应侧虚拟电厂能够根据电网需求进行精准的输出调节。当光伏发电因天气变化导致出力下降时，供应侧虚拟电厂可及时调用储能装置释放电能，确保电网供电的连续性和稳定性。此外，供应侧虚拟电厂可通过电力市场参与电能交易，在保障供需平衡的同时获取经济收益。

供应侧虚拟电厂能够协调大量分布式发电资源的调度，使其作为一个整体参与电力系统的辅助服务市场，为电网提供调频、调压等辅助服务。通过优化调度方案，供应侧虚拟电厂在提高可再生能源消纳率的同时，也提升了系统的供电可靠性和经济性。供应侧虚拟电厂由于配置了发电单元，能够快速响应负荷变化，实现独立自主的供电。然而，该类型虚拟电厂在运行中忽视了需求侧电力用户的消费模式变化，通常将需求侧负荷视为固定负荷，通过增加供应侧发电能力来满足日益增长的电力需求。这种模式在高负荷压力下可能导致系统失稳，危及电力系统的整体平衡；在低谷负荷时段，则可能造成能源浪费，不符合绿色低碳发电的理念。此外，在低负荷情况下，为避免资源浪费，部分发电单元可能被迫停机，无法实现发电资源的高效利用。

（3）混合资产虚拟电厂。混合资产虚拟电厂（mixed asset VPP）结合了需求响应和供应侧管理的特点，是一种集成分布式发电、储能系统和可控负荷管理的综合性虚拟电厂。该类型的虚拟电厂不仅能够在电力需求高峰时提供额外的电力支持，还能够通过需求响应机制在高峰时段降低用户的负荷需求，实现系统的双向调节和平衡（见图4-30）。

混合资产虚拟电厂通过统一的能量管理平台，对发电、储能和负荷资源进行集中监控和优化调度。该平台不仅能够实时掌握电网的运行状态，还能够根据市场价格和电网负荷动态调节资源配置。在高峰负荷时段，混合资产虚拟电厂可以通过需求响应减少部分用户的用电需求，同时调用储能设备释放电能；在低谷负荷时段，它可以将分布式发电的多余电量储存，以备未来需求高峰使用。

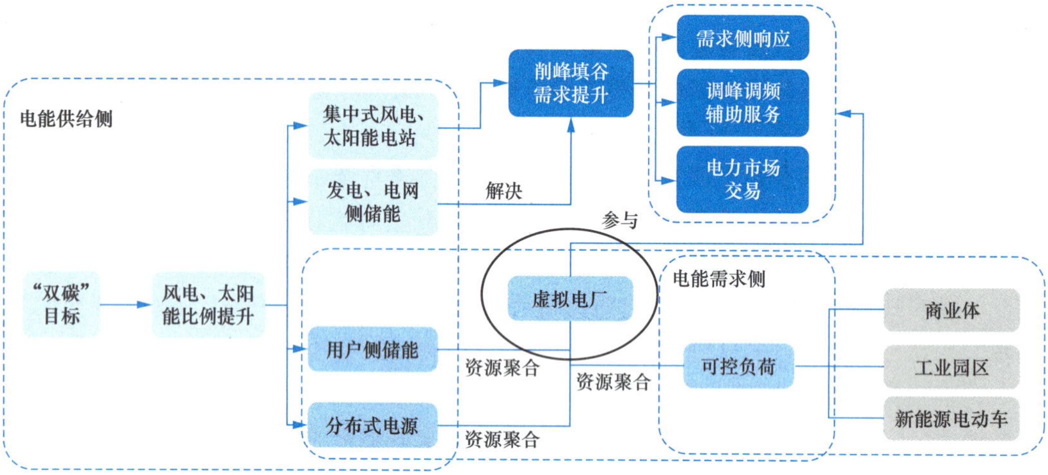

图 4-30　混合资产虚拟电厂

混合资产虚拟电厂的优势在于其高度的灵活性和适应性，能够在满足电力系统运行需求的同时，参与市场交易以获取经济效益。该类型的虚拟电厂还能够在电力系统中提供调频、调压等辅助服务，是智能电网和综合能源管理中的重要发展方向。

4.4.5　虚拟电厂的发展方向

随着可再生能源的快速增长及对灵活、高效的电力系统需求的提高，虚拟电厂逐渐成为智能电网中不可或缺的一部分。虚拟电厂通过聚合不同类型的分布式能源，如风能、太阳能、电动汽车、储能设备和智能负荷等，构建一个具有更高灵活性和可靠性的综合能源平台。未来，虚拟电厂将呈现出多个发展趋势，这不仅会推动电力系统向更加智能化、绿色化的方向发展，也将为用户提供更多的参与电力市场机会和可能。

（1）能源架构的多元化与智能化。虚拟电厂的能源架构将逐步发展为多元化和智能化。传统电力系统中的大型集中式发电厂逐渐被分布式能源所取代，虚拟电厂作为连接这些分布式能源的桥梁，其发展前景愈加广阔。虚拟电厂将更加注重多种能源形式的协调调度，包括可再生能源与传统的常规发电，以及新型的储能技术、电动汽车（EV）和智能负荷。

未来，虚拟电厂不仅将依赖风光互补、储能系统和热电联产等传统能源形式，还将通过创新技术和控制算法进一步提升能源系统的稳定性与高效性。例如，随着电动汽车数量的增加，它们不仅可以作为移动负荷出现在电网中，还能够在某些情况下作为电网的储能设备。这些设备将为虚拟电厂提供更多的调度灵活性，既能参与电网的负荷管理，又能为电网的调节提供更多的储备。

此外，虚拟电厂将进一步加强储能系统的作用，储能设备将在电力系统中扮演重要角色，通过调节电能的存储和释放，优化电网的供需平衡。储能设备能够缓解可再生能源的间歇性与波动性，为电力系统提供缓冲，降低能源不稳定性带来的风险。

（2）运行控制模式的灵活性。虚拟电厂的核心价值之一是其能够灵活地管理和调度多种分布式能源资源，优化电力生产和消费模式。在未来，虚拟电厂的运行控制将趋向于更加智能化和自动化。随着人工智能（AI）、大数据分析和物联网技术的发展，虚拟电厂的运行控制将不限于简单的负荷调节，而是将涵盖复杂的动态优化与实时决策支持。

虚拟电厂的控制模式将朝着更加灵活和精细的方向发展。具体来说，虚拟电厂的控制模式可分为三类：集中控制、集中—分散控制和完全分散控制。未来，随着技术的进步，完全分散控制模式将逐渐成为主流，在这种模式下，各分布式能源单位将能够独立进行实时优化调度，同时与虚拟电厂的中央管理系统进行信息交流与协调，从而在保证系统稳定性的同时，最大化运行效率。

此外，随着更加智能化的控制策略和优化算法的应用，虚拟电厂将能够实时响应电网的波动和需求变化。例如，通过需求响应技术，虚拟电厂可以根据电力市场价格的变化、负荷的波动及电网的频率偏差，自动调节分布式能源的发电或负荷，从而确保电网的稳定运行并提高资源的利用率。

（3）电力市场交易的深化与协同。虚拟电厂的未来发展将深度融入电力市场，不仅参与电力的交易，还能够提供多种辅助服务。这些服务包括负荷平衡、备用电力、频率调节和电能质量改善等。随着电力市场的进一步开放，虚拟电厂将能够整合更多的能源资源和需求侧管理工具，参与到更加复杂的市场交易中。

在电力市场中，虚拟电厂将通过"联合竞标"机制，形成虚拟电厂联盟。通过联盟合作，多个虚拟电厂可以协同参与电力市场竞标，从而获得更大的市场份额并提高竞争力。这一模式不仅能够优化虚拟电厂之间的资源配置，也将有助于降低分布式能源出力不确定性所带来的风险。

虚拟电厂的市场交易功能将逐步扩展，除能量市场外，还可以参与到其他辅助服务市场，如备用市场、调频市场等。通过有效聚合多个分布式能源，虚拟电厂能够提供高质量的辅助服务，降低电网运行成本，并提高电力系统的可靠性和安全性。

同时，虚拟电厂的市场化运营模式还将推动电力市场的进一步深化。未来，随着售电侧市场的逐步放开，虚拟电厂能够将负荷侧资源作为一个整体参与市场，从而提高负荷侧资源的市场竞争力。这将有助于推动电力市场的多元化发展，促进各类电力资源更加有效地整合与使用。

（4）智能化管理与大数据的应用。虚拟电厂的运行不仅依赖于智能化的控制系统，还将广泛应用大数据分析技术，以实时获取和处理来自各个分布式能源设备的运行数据。未来，虚拟电厂将通过大数据技术实现对能源生产、消费、存储和分配的全方位监控与优化。

随着物联网和大数据技术的成熟，虚拟电厂能够更加精准地捕捉到电力系统中各类设备的实时状态，结合历史数据和市场信息，通过数据挖掘和预测算法制定最优调度计划。这将使虚拟电厂不仅能够响应当前的需求波动，还能预测未来可能的负荷变化和能源生产趋势，从而提前做出决策，减少调度成本。

此外，人工智能和机器学习技术的应用将使虚拟电厂能够根据电力市场的变化、气象条件的波动及设备运行的状态进行自我学习和调整，提高其操作的智能化水平。这些技术将为虚拟电厂提供更强的实时调度能力和决策支持，进一步提升电力系统的灵活性和稳定性。

（5）政策与市场支持的进一步加强。虚拟电厂的快速发展离不开政策和市场环境的支持。随着可再生能源发电占比的逐步提高，对虚拟电厂的政策支持逐渐增多。未来，政府和相关监管机构将出台更多鼓励分布式能源聚合、储能技术应用以及需求响应的政策，进一步推动虚拟电厂的发展。

同时，电力市场机制的逐步完善也将为虚拟电厂提供更多的市场机会。例如，在未来的电力市场中，虚拟电厂将有机会参与更多种类的市场，如容量市场、灵活性市场等，从而为分布式能源提供更广阔的收益渠道。此外，随着电力行业"去中心化"和"智能化"的发展趋势，虚拟电厂的商业模式和运营机制将更加灵活和多样化。

【案例 4-4】上海市黄浦区虚拟电厂示范项目

2016 年，上海市黄浦区启动全国首个商业建筑虚拟电厂示范项目，2022 年又发布了全国首个商业建筑虚拟电厂技术文件。在此基础上，黄浦区进一步将居民小区纳入虚拟电厂覆盖范围，于 2023 年 11 月创新了居民虚拟电厂 2.0 版。截至 2024 年 6 月，黄浦区虚拟电厂平台已接入商业建筑 155 幢，覆盖率超过 50%，已被纳入上海电力需求响应常规调度资源，累计调度超 2000 幢次 /50 万千瓦，单次最大削减负荷 50.5MW，柔性负荷调度能力超过 10%（见图 4-31）。

图 4-31　黄浦区商业建筑虚拟电厂运营平台

黄浦区虚拟电厂示范项目通过融合"物联网通信＋互联网聚合＋人工智能调度"技术，构建了全国首座商业建筑虚拟电厂及居民虚拟电厂。黄浦区虚拟电厂示范项目，通过智慧管理实现居民用能监测与管理，增加低碳社区板块，以"碳普惠"形式激励居民参与节能降碳行动，从而促进社区用能和碳排放管理，助力打造国内领先的绿色低碳智慧社区。这一举措不仅提升了居民的节能意识，还推动了社区低碳生活的普及和发展。

习题

1. 什么是虚拟电厂？
2. 简述技术型 VPP 和商业型 VPP 分别有何特点？
3. 虚拟电厂的核心组成有什么？
4. 简述虚拟电厂在电力市场中的作用。
5. 简述虚拟电厂在运营管理中面临的主要挑战是什么？解决措施有什么？

参 考 文 献

[1] 范瑜. 电气工程概论 [M]. 3 版. 北京：高等教育出版社，2021.
[2] 罗毅. 电气工程基础 [M]. 北京：高等教育出版社，2020.
[3] 王成山，许洪华，等. 微电网技术及应用 [M]. 北京：科学出版社，2016.
[4] 王信杰，朱永胜. 电力系统调度控制技术 [M]. 北京：北京邮电大学出版社，2022.
[5] 韦钢，张永健，陆剑峰，等. 电力工程概论 [M]. 3 版. 北京：中国电力出版社，2009.
[6] 张永健. 电网监控与调度自动化. 4 版. [M]. 北京：中国电力出版社，2012.
[7] 翟明玉. 现代电网调度控制技术 [M]. 北京：中国电力出版社，2020.
[8] 国网北京市电力公司电力科学研究院. 人人参与碳中和——新型电力系统下的电力需求侧响应 [M]. 北京：中国电力出版社，2023.
[9] 王鹏. 走近虚拟电厂 [M]. 北京：机械工业出版社，2021.
[10] 国家发展改革委 国家能源局关于加快推进虚拟电厂发展的指导意见（发改能源〔2025〕357 号）.

第 5 章

电 动 交 通 系 统

交通运输业是我国碳排放的重点行业之一，为了实现碳排放总量与碳排放强度控制，加强交通工具的电动化替代，逐步实现电动交通系统是交通行业碳减排的重要举措。在能源安全与减排政策的驱动下，电动汽车等电动交通工具数量快速增长，大量的动力电池充电对电网的运行带来一定的挑战；另外，大量动力电池在车网互动技术及需求响应策略下逐步成为电网的柔性负荷，是绿色电网与低碳系统发展的重要组成部分。

本章的主要内容包括五个小节，其中 5.1 节介绍了电动交通系统的发展历程、基本构成及其优势；5.2 节阐述了电动汽车的动力电池系统、驱动电机及其控制系统及电动汽车的智能化发展趋势；5.3 节主要讲述电动汽车充电基础设施及电动汽车充电站的类型、充电标准；5.4 节讲述车网互动（V2G）的实现方法、控制流程和需求响应策略；5.5 节选取了典型的电动汽车技术，详细介绍了电机、充电、换电和智能驾驶方面的具体案例。通过本章的学习，读者将对电动交通系统特别是电动汽车有更加全面的认识，并能够了解到我国电动汽车产业的蓬勃发展态势。

5.1 电 动 交 通 系 统 概 述

电动交通系统是一种以电能为主要能源的交通工具及相关基础设施的总称。电动汽车（Electric Vehicle，EV）、电动公交、电气化铁路等电动交通工具和配套的电能供应与管理系统，可以实现清洁、高效和智能化的交通运输，不仅能够减少碳排放和环境污染，还可以提高能源使用效率，已经成为现代城市可持续发展的重要基础。

5.1.1 电动交通工具的发展历程

（1）早期发展。电动交通工具的早期探索可追溯至 19 世纪早期。1828 年，匈牙利科学家阿纽什·耶德利克（Ányos Jedlik）在实验室中试验了一种电磁转动装置，被认为是直流电机的雏形。1834 年，美国发明家托马斯·达文波特（Thomas Davenport）制造了一辆由不可充电干电池驱动的三轮小车，但因续航和动力不足，仅停留在实验阶段。1832—1839 年，苏格兰人罗伯特·安德森（Robert Anderson）将四轮马车改装为电力驱动，但使用的是无法充电的电池。

1859 年，法国物理学家加斯顿·普兰特（Gaston Planté）发明了首个可充电铅酸电池，但因早期技术限制，其容量和稳定性较差，未直接用于车辆。直到 1881 年，法国工程师卡米尔·福尔（Camille Faure）对铅酸电池进行关键改进，采用涂膏式极板，大幅提升了电池的容量和充电性能，使其能够量产；同年，另一名法国工程师古斯塔夫·特鲁夫（Gustave Trouvé）利用福尔改进的铅酸电池，成功制造出世界上第一辆可充电三轮电动汽车，并在巴黎公开展示，其续航可达 26km，速度 12km/h，成为电动汽车实用化的里程碑，如图 5-1 所示。

（2）商业化尝试。19 世纪末到 20 世纪初，电动交通工具开始了商业化尝试。1879 年，德国发明家和企业家维尔纳·冯·西门子（Ernst Werner von Siemens）发明了第一辆电动列车，如图 5-2 所示，在德国柏林的工业展览会上进行的电力机车载客试验，成为铁路电气化的开端。1897 年电动汽车首次实现了商业化，此后电动汽车的速度不断提升。1899 年比利时发明家、赛车手卡米尔·耶纳齐（Camille Jenatzy）驾驶一款名为"永不满足号"的电动汽车，以 105.88 km/h 创下了当时的陆地速度记录。

图 5-1　世界第一辆可充电电动汽车　　　　图 5-2　第一辆电动列车

（3）电气化轨道交通发展。20 世纪中期，电气化技术推动了电动交通工具的快速发展。20 世纪 50 年代，德国开始使用高电压电气化技术，使得铁路运输的效率大大提高。英国也加速了铁路的电气化，使用电气化列车代替了传统的蒸汽火车。美国纽约的地铁系统和旧金山的电气化轨道交通都采用了电动化技术，改善了城市交通的效率。

技术的进步也促使有轨电车系统发展。德国柏林和慕尼黑、法国巴黎、美国波士顿和旧金山等城市逐渐恢复并扩展了有轨电车网络，以减少城市的空气污染并为公众提供更舒适的出行选择。

（4）电动交通快速发展。

1）电动汽车兴起。21 世纪开始，由于环境问题的不断突出，人们的环境保护意识不断加强，同时电池等相关技术的进步，促使了电动汽车的兴起，电动交通系统迎来了快速发展，市场规模不断扩张，成为引领全球制造业的新引擎。

【课程思政】

在环境保护、能源安全、产业升级等多重因素驱动下，我国大力发展新能源汽车产业。2012 年，我国首款量产的纯电动汽车上市，经过十几年的快速发展，2024 年我国新能源汽车产量突破 1000 万辆，已经成为全球最大的新能源汽车生产与出口国。

图 5-3　纯电动汽车

2）高速铁路快速发展。21 世纪以来，中国、日本、法国、德国等国家不断推进高铁技术升级，推动了世界高铁快速化、智能化、绿色化发展。从 2008 年第一条高速铁路运营开始，到 2024 年速度为 400km/h 的 CR450 动车组发布，我国高铁实现了从无到有、从追赶者到领跑者的跨越。

3）智能电动交通。物联网、人工智能和智能电网技术等技术的进步，使电动交通系统智能化水平和安全性能进一步增强。高级驾驶辅助系统（ADAS）及自动驾驶系统（ADS）已经可以实现车辆的自动加速、制动、转向等功能。车联网技术（IoV）不断发展，通过互联网连接车辆、基础设施和交通管理系统（见图 5-4）优化了交通流量和道路安全，实现实时数据的交换与分析，为电动汽车提供了更高效的路径规划、能量管理、驾驶辅助等服务。

5.1.2　电动交通系统的构成

电动交通系统是一个综合性、跨学科的系统，如图 5-5 所示，它涵盖了电动交通工具、能源供应与管理设施、交通管理系统等多个方面。

（1）电动交通工具。电动交通系统中的核心组成部分是电动交通工具。如图 5-6 所示，电动交通工具包括但不限于以下几类：

1）电动汽车。电动汽车是指以车载电源为动力，用电机驱动车轮行驶，符合道路交通、安全法规各项要求的车辆。电动汽车与传统燃油汽车的主要区别在于动力源和驱动方式的不同，电动汽车使用电力作为动力，而传统燃油汽车使用汽油或柴油等化石燃料。

2）电动公交车。电动公交车是指以车载蓄电池或电缆等供电设备，提供电能驱动行驶的公交车。电动公交车具有噪声小，行驶稳定性高，并且实现零排放的特点，是城市公共交通的一个重要组成部分，有助于减少城市空气污染。

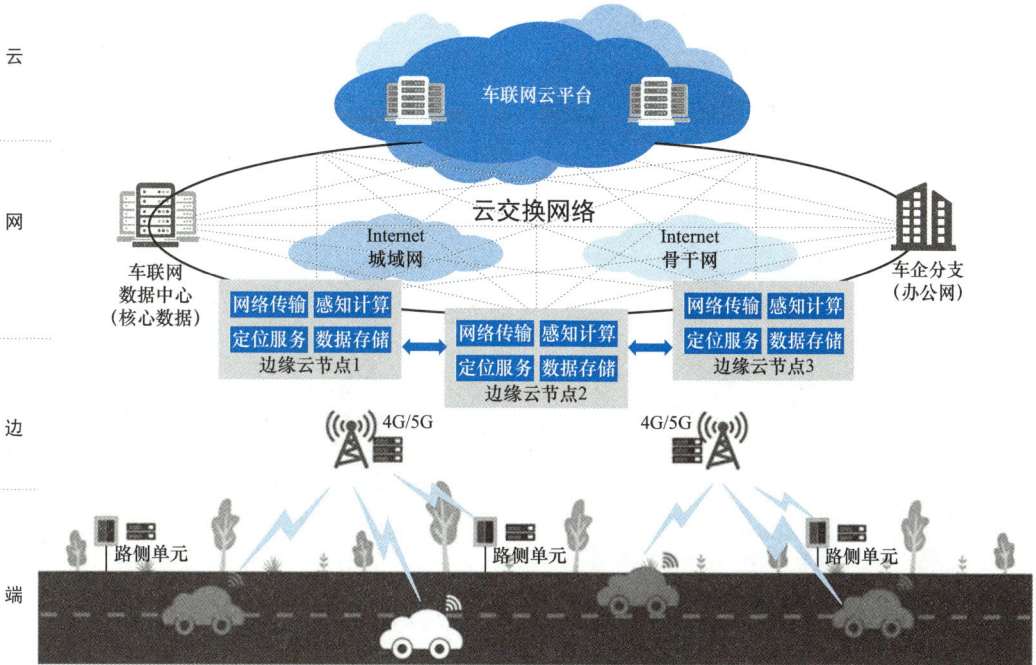

图 5-4　智能电动交通

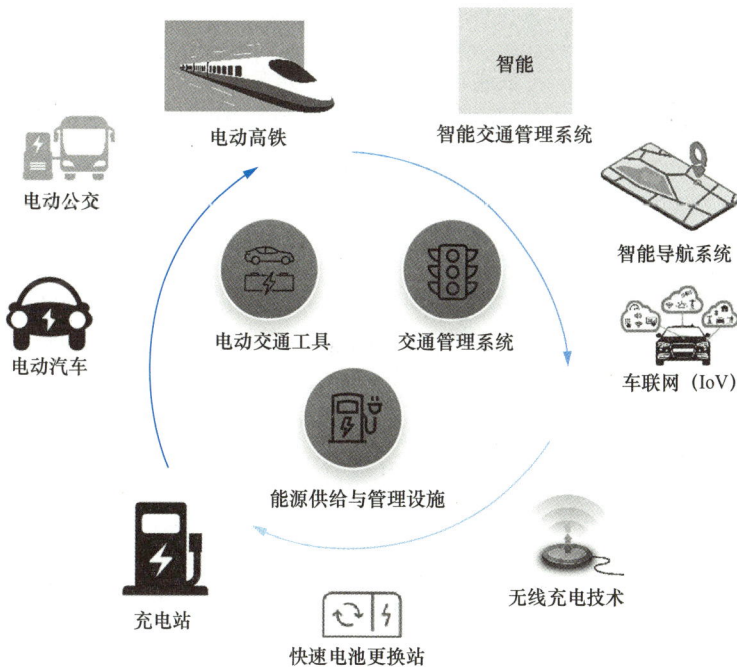

图 5-5　电动交通系统

　　3）地铁和高铁。地铁和高铁都属于电气化铁路交通工具。地铁主要是指在城市内部运行的公共交通系统，主要服务于城市内部的交通需求，特点是站点密集、运行频率高。高铁是运行速度达到200km/h以上的铁路系统，具有速度快、运行平稳、安全性高的优点，它们在现代交通网络中互相补充，共同构成了高效、便捷的城市交通系统。

图5-6　电动交通工具

4）磁悬浮列车。磁悬浮列车通过电磁力实现列车与轨道之间的无接触的悬浮和导向，再利用直线电机产生的电磁力牵引列车运行。轨道的磁力使之悬浮在空中，减少了摩擦力，行走时不需要接触地面，只受来自空气的阻力，高速磁悬浮列车的速度可达400km/h以上。

5）电动垂直起降飞行器。电动垂直起降飞行器（eVTOL）是以电力作为飞行动力来源且具备垂直起降功能的飞行器，具有垂直起降、智能操作、快捷机动、低成本、低噪声、零排放、易维护、高安全性等特点。eVTOL在载人客运、载物货运、公共服务、私人飞行等场景具有重要的应用价值，是低空经济的首选工具和最重要的载体之一。

（2）能源供给与管理设施。能源供给与管理设施是电动交通系统的重要组成部分，它可以保证电动交通工具的高效运行。能源供给与管理设施包括以下几个重要组成部分：

1）充电站。由于续航里程有限，各种电动交通工具需要在一定的运行里程范围内补充电能，充电站是电动汽车的主要能源供应设施。在城市中，公共充电桩的布局可以方便车主在商场、写字楼、住宅小区等场所为车辆充电，一些快速充电桩能够在短时间内为电动汽车补充大量电能，大大缩短了充电时间，从而保障电动交通系统的高效运行。

2）无线充电。无线充电是一种基于电磁感应、磁场共振、无线电波等原理，为电动交通工具等进行充电的技术，它摆脱了传统有线充电中插头和插座的限制，具有便捷、安全的特点，可以提高充电的便捷性和运营效率。

3）快速电池更换站。电池更换站（换电站）是一种为电动汽车提供快速电池更换服务的设施，车主可以在短时间内将耗尽电量的电池更换为充满电的备用电池，从而实现快速补能。随着换电模式的规模化推广、电池更换站的标准化和通信协议的规范化，电池更换站作为一种高效、便捷的补能方式，正在逐步成为电动汽车基础设施的重要组成部分。

4）分布式能源管理系统。分布式能源管理系统能够根据电动汽车的实时需求和分布式能源的供应情况，动态调整能源分配，在太阳能、风能等分布式能源出力较大时，引导电动汽车进行有序充电，从而提高能源利用率。另外，电动汽车可以作为分布式能源的存储单元，在电网负荷较低时充电，在高峰时段向电网放电，实现"车网互动"，从而能降低充电成本，并缓解电网负荷压力。

（3）交通管理系统。交通管理系统运用先进的信息技术、数据通信技术、传感器技术及人工智能技术等，实现交通流畅、安全、高效地运行，同时减少环境污染，提高出行体验。它主要包括以下几个方面：

1）实时交通监控与调度系统。实时交通监控系统使用各种传感器、摄像头和数据分析平台，帮助交通管理部门对道路流量、交通事故和拥堵情况进行实时监控和调度。例如，城市交通管理平台可以根据实时交通数据动态调整交通信号灯、公交车路线等。

2）车联网（IoV）与智能导航。车联网（Internet of Vehicles，IoV）是利用先进的传感器技术、网络通信技术、数据处理技术及自动控制技术等，将车辆、道路基础设施、行人等交通参与者连接在一起，实现车与车（V2V）、车与基础设施（V2I）、车与行人（V2P）及车与网络（V2N）之间的全方位网络连接和信息交互，从而为车辆提供智能化的交通管理和信息服务的系统。通过车联网，电动汽车可以实现自动驾驶、路况预警、车队调度等功能，进一步提升交通系统的安全性与效率。

3）智能交通管理。智能交通管理是利用大数据、人工智能和云计算等技术优化城市交通流量，减少交通事故和空气污染的管理方式。人工智能技术的应用将进一步提升智能交通系统的感知、决策和自适应能力，优化交通资源配置，提升出行体验。

5.1.3　电动交通的优势

电动交通系统相较于传统的内燃机交通工具，具备显著的优势，不仅在环保和能源使用上表现出色，还在智能化、运营成本等方面展现了巨大的潜力。

（1）环境友好。电动交通系统具有明显的减碳优势。汽车在中国交通领域碳排放占比超过 80%，全社会占比约 7.5%。《节能与新能源汽车技术路线图 2.0》预测，中国汽车产业碳排放将于 2028 年达峰值，2035 年下降 20% 以上。新能源汽车具有显著的减碳优势，纯电汽车尤为突出，相关研究显示纯电汽车二氧化碳排放量比燃油车减少 21.38%。随着行驶距离的增加，新能源汽车减碳量不断提升。

纯电汽车在全生命周期碳排放上优于燃油车，碳排放贯穿于汽车的整个生命周期，包括原材料获取、制造装配、使用、二次利用及报废回收等环节。尽管在整车制造环节，纯电汽车因电池制造过程碳排放较高而略逊于燃油车，但综合考虑使用及报废回收，纯电汽车的碳排放总量仍明显低于燃油车。在报废回收环节，合理回收退役电池可显著降低碳排放，目前我国已有众多企业设立动力电池回收服务网点。

（2）能源多样化。电动交通系统可以与太阳能、风能等可再生能源相结合，推动绿色能源的使用，减少对石油等传统化石燃料的依赖。电动汽车不仅通过电网供电，还可以通过家庭光伏发电系统直接充电，实现能源来源的多样化。

（3）运维成本低。电动汽车的维护成本远低于传统内燃机车。电动汽车不需要更换机油和滤清器，也没有传统汽车中的复杂零部件，如排气系统、正时皮带、V型皮带等。内燃机车大约有 2500 个部件，而电动汽车仅有约 250 个部件。因此，电动汽车的故障率较低，维修需求也较少。从长远来看，电动汽车在其使用寿命期间所节省的燃料和维护成本相当可观。

（4）智能化与高效性。电动汽车可通过软件升级（OTA）进行快速系统更新，提升车辆的性能和功能。电动汽车配备的自动驾驶辅助系统、车联网（IoV）技术和智能导航系统，进一步增强了安全性、效率和便利性。电动汽车与智能电网系统进行互动，通过 V2G 技术，将过剩电能回馈电网，有助于电网的稳定性和可持续性。电动汽车还可运用能量回收系统，采用能量再生技术，即在制动时将动能转化为电能并储存回电池中。这种回收系统提高了车辆的能源利用效率，并延长了续航里程。

习题

1．简述电动交通系统的主要构成部分。

2．简要说明电动交通系统的主要优势。

3．车联网（IoV）技术在电动交通系统中起什么作用？

4．智能电网在电动交通系统中的作用是什么？

5．电动汽车的电池技术发展对电动交通系统的影响是什么？

6．比亚迪在电动公交与出租车市场的成功经验是什么？

7．智能交通系统如何利用大数据改善城市交通？

8．未来电动交通系统可能面临哪些挑战？

9．分析智能电动交通系统对未来城市交通的影响。

10．电动交通系统如何推动全球能源消费结构向低碳、环保方向转变？

5.2　电动汽车技术

在全球应对气候变化和能源危机的背景下，电动汽车作为清洁能源交通工具，已成为汽车产业的发展潮流。本节将简要介绍电动汽车的分类及中国电动汽车的发展，阐述电动汽车的动力电池的类型与管理系统、驱动电机的结构与控制策略。

5.2.1　电动汽车概述

（1）电动汽车的分类。电动汽车是指以电池为能源、通过电动机驱动的汽车。电动汽车主要包括车身底盘、电池组、电动系统、充电系统、智能辅助系统和乘员舱六部分，如图 5-7 所示。车身底盘包括车轮、传动轴、减震器等结构，为汽车提供支撑和稳定性。电池组包括电芯、封装、电池管理系统和电解液等核心部件，是电动车的能源来源。电动系统由电机和电控系统组成，驱动汽车行驶。充电系统包括充电桩和充电枪，可以实现能源补充。智能辅助系统包括车载云台、全景摄像头、雷达和定位系统，提升驾驶智能化。乘员舱为驾驶员和乘客提供操作和乘坐空间。

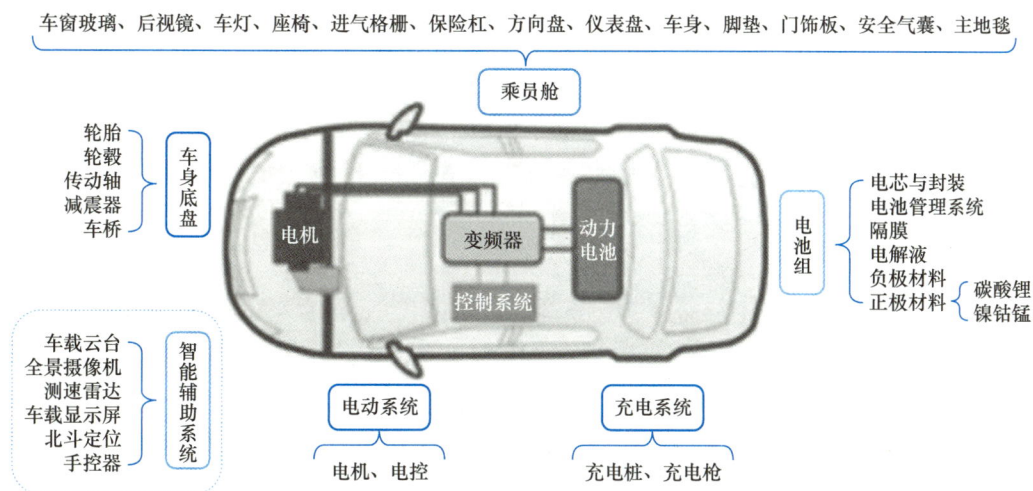

车窗玻璃、后视镜、车灯、座椅、进气格栅、保险杠、方向盘、仪表盘、车身、脚垫、门饰板、安全气囊、主地毯

乘员舱

轮胎
轮毂
传动轴   车身
减震器   底盘
车桥

电机   变频器   动力电池

控制系统

电芯与封装
电池管理系统
隔膜   电池组
电解液
负极材料   碳酸锂
正极材料   镍钴锰

车载云台
全景摄像机   智能
测速雷达   辅助
车载显示屏   系统
北斗定位
手控器

电动系统   充电系统

电机、电控   充电桩、充电枪

图 5-7　电动汽车结构

电动汽车根据动力来源和驱动方式的不同，可以分为纯电动汽车、混合动力汽车、插电式混合动力汽车、氢燃料电池汽车、轮毂式电机电动汽车，如图 5-8 ～图 5-12。

纯电动汽车（Battery Electric Vehicle，BEV）：纯电动汽车完全依靠电池储能系统供电，具有零排放、噪声低的优势，但续航里程受电池容量和充电设施的限制。

图 5-8　纯电动汽车

混合动力汽车（Hybrid Electric Vehicle，HEV）：混合动力汽车配备内燃机和电动机，通过两者的结合实现驱动，具有续航长、燃油经济性高的特点。根据驱动模式的不同，混合动力又可细分为并联式、串联式和混联式。

插电式混合动力汽车（Plug-in Hybrid Electric Vehicle，PHEV）：PHEV 与 HEV 类似，但能够通过外部电源充电，从而在短途出行时实现纯电驱动。它在内燃机和电动机之间切换驱动，以提高燃油效率。

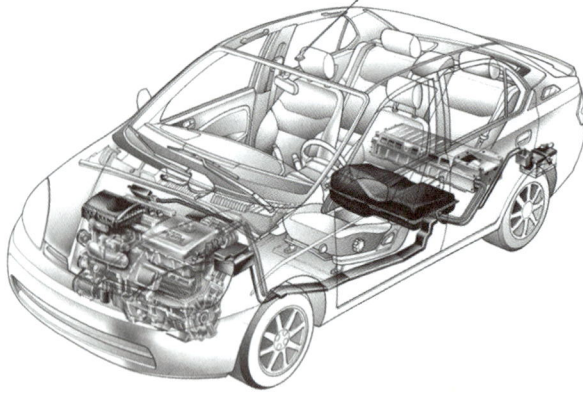

图 5-9　混合动力汽车

图 5-10　插电式混合动力汽车

　　氢燃料电池汽车（Hydrogen Fuel Cell Vehicle）是一种利用氢气与氧气反应产生电能来驱动电动机的汽车。这种汽车的主要特点是零排放，因为其唯一的排放物是水蒸气。氢燃料汽车是被视为替代传统内燃机汽车的一个重要选择，在重型运输、公共交通等领域有广泛的应用前景，尤其在环保和能源可持续发展方面具有很大潜力。

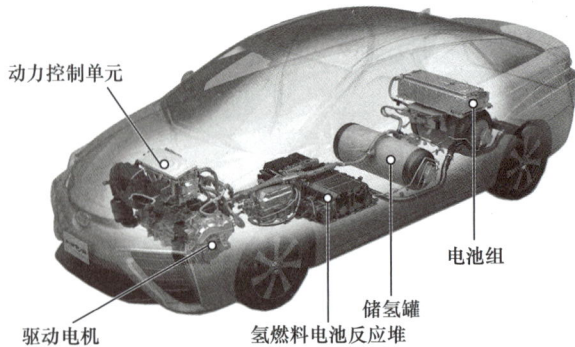

图 5-11　氢燃料电池汽车

轮毂式电机电动汽车（Hub Motor Electric Vehicle，HMEV）将电动机直接安装在车轮内部，省去了传动轴等传统部件，提高了能效并简化了设计。这种布局不仅减轻了车重，还能为电池提供更多空间，并实现更精确的动力分配，提升操控性。然而，轮毂电机面临散热和承载问题，可能影响性能和舒适性，同时生产成本较高。尽管如此，随着技术的进步，轮毂式电动汽车在轻型电动汽车和无人驾驶等领域具有广阔的应用前景。

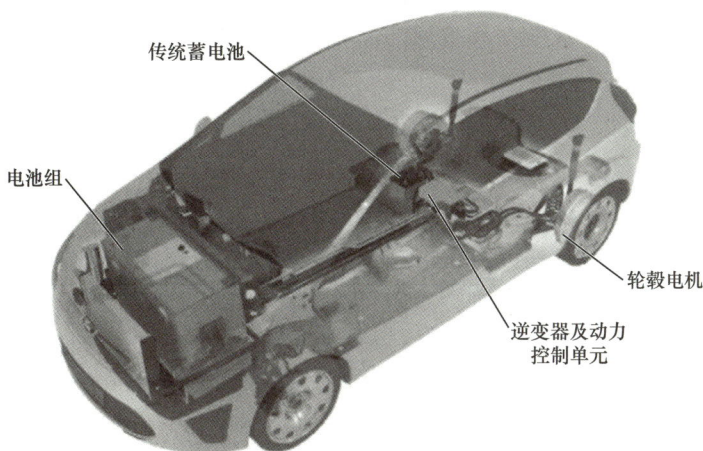

图 5-12　轮毂式电机电动汽车

（2）中国电动汽车产业发展。

【课程思政】

在"双碳"目标牵引下，中国积极推动绿色能源和可持续发展的战略，电动汽车产业经历了快速发展。近几年来，中国新能源汽车（主体是电动汽车）产量和销量都实现了大幅度增长。2017 年中国新能源汽车产销量均不到 80 万辆，2022 年中国新能源汽车产量达到 670 万辆，占全球产量的 64%。新能源汽车产业成为推动中国汽车产业快速增长的关键力量。2023 年新能源汽车产销量分别达到 958.7 万辆和 949.5 万辆，同比分别增长 35.8% 和 37.9%，中国新能源汽车产销量占全球比重超过 60%、连续 9 年位居世界第一位，新能源汽车出口 120.3 万辆、同比增长 77.2%，均创历史新高。这一系列数据不仅展现了中国新能源汽车产业的强劲发展势头，也体现了中国为全球低碳环保事业所作出的重要贡献。

中国不仅在新能源汽车产销量上成为了世界第一，而且还形成电动汽车产业完整的产业链，从上游矿物原料加工、动力电池到下游整车制造，都占据着市场主导地位。根据国际能源署的数据，全球有一半以上的锂、钴和石墨原材料加工在中国，中国的动力电池正极材料产能占全球的 70%，负极材料产能占全球的 85%，电池产能占全球的 3/4。新能源汽车产业的蓬勃发展支撑了中国制造业的转型升级，为构建全球绿色供应链作出了积极贡献。

此外，中国汽车企业的全球竞争力显著增强，以比亚迪为代表的传统车企形成了大规模新能源汽车生产能力，而蔚来、小鹏、理想、小米等造车"新势力"也发展迅猛。

在电动汽车领域，中国通过自主创新式高质量发展，成功提升了我国品牌汽车在全球市场影响力。

（3）电动汽车的发展趋势。电动汽车不仅被视为减少碳排放的交通工具，还逐渐成为电力系统中重要的移动能源载体。电动汽车与绿色电网的协同发展，将有助于提高能源利用效率，支持能源转型并促进智慧城市的建设，具体表现在以下两个方面：

1）车网互动（Vehicle-to-Grid，V2G）技术的应用。V2G 技术允许电动汽车在不使用时将电能反馈到电网，起到分布式储能的作用。在用电低谷期，电动汽车通过绿色电网的低碳电力充电；在用电高峰期，电动汽车将剩余电能反馈到电网，缓解电网负荷压力。这种双向能量流动的模式有助于平衡绿色电网的不稳定性，提高可再生能源的利用率。

2）能源管理系统智能化。未来的电动汽车将与智能电网深度连接，通过智能能源管理系统实现电动汽车充电时间的智能调控。在电力需求较低时，系统会自动启动充电过程；在电力需求高峰时，系统则会延迟充电，或利用车辆的剩余电量为电网供能。这种模式不仅可以优化电网的负荷分布，还可以有效降低电动汽车的充电成本。电动汽车将不仅仅是交通工具，还将成为绿色电网的重要组成部分，为整个能源体系提供稳定的储能支持。

5.2.2 动力电池系统

（1）动力电池系统构成。动力电池系统是电动汽车及其他电动交通工具中至关重要的组成部分，其主要功能是存储和提供电能，以支持车辆的行驶和各种电气设备的运作。随着电动汽车市场的快速发展和技术进步，动力电池系统的设计、性能和管理也在不断演进。动力电池系统通常由以下几个主要部分组成。

1）动力电池组：由多个电池单元组合而成，负责存储电能。电池组的设计和配置直接影响整车的续航能力和性能。

2）电池管理系统（Battery Management System，BMS）：用于监控和管理电池的充放电过程，确保电池在安全和高效的条件下运行。BMS 能实时监测电压、温度和电流，并进行均衡管理。

3）冷却系统：确保电池在合适的工作温度范围内，防止过热导致电池性能下降或安全隐患。冷却方式包括空气冷却和液体冷却。

4）连接器与配线：用于连接电池组与电动机及其他电气组件，确保电能高效传输。

图 5-13 所示为典型的动力电池系统结构。

（2）常见动力电池。动力电池组是电动汽车的核心组成部分，负责存储并提供电能以驱动车辆运行，目前已经发展出了锂离子电池、铅酸电池、镍氢电池和氢燃料电池多种动力电池类型。本节主要介绍锂电池和氢燃料电池。

1）锂电池。锂离子电池是电动汽车领域中最广泛使用的电池类型，其特点为高能量密度、长循环寿命和优异的充放电性能，主要包括三元锂电池和磷酸铁锂电池。

锂离子电池的工作原理基于锂离子的嵌入与脱嵌反应。电池内部由正极、负极、电解质和隔膜组成。在充电过程中，锂离子从正极脱嵌，通过电解质迁移至负极，并嵌入负极的材料层中，使电池储存电能。当电池放电时，锂离子从负极回到正极，并通过电解质在正负极之间形成电流。反复的嵌入与脱嵌反应能够有效实现电能的存储与释放，并确保电池在长时间使用中的稳定性。

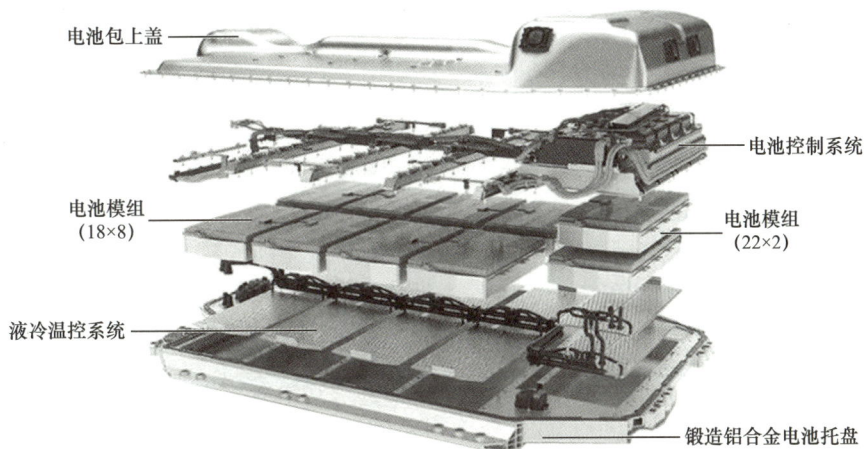

图 5-13　典型的动力电池系统

三元锂电池是目前电动汽车中最常用的锂电池类型，其正极材料由镍、钴和锰三种金属的氧化物组成，因此得名"三元"电池，如图 5-14 所示。三元锂电池具有较高的能量密度，适合需要大功率输出和较长续航的应用。尽管三元锂电池在性能上具有优势，但其成本较高，且钴、镍等原材料资源有限，价格波动较大，而且三元锂电池在高温或过充等极端情况下可能会出现热失控的安全问题。

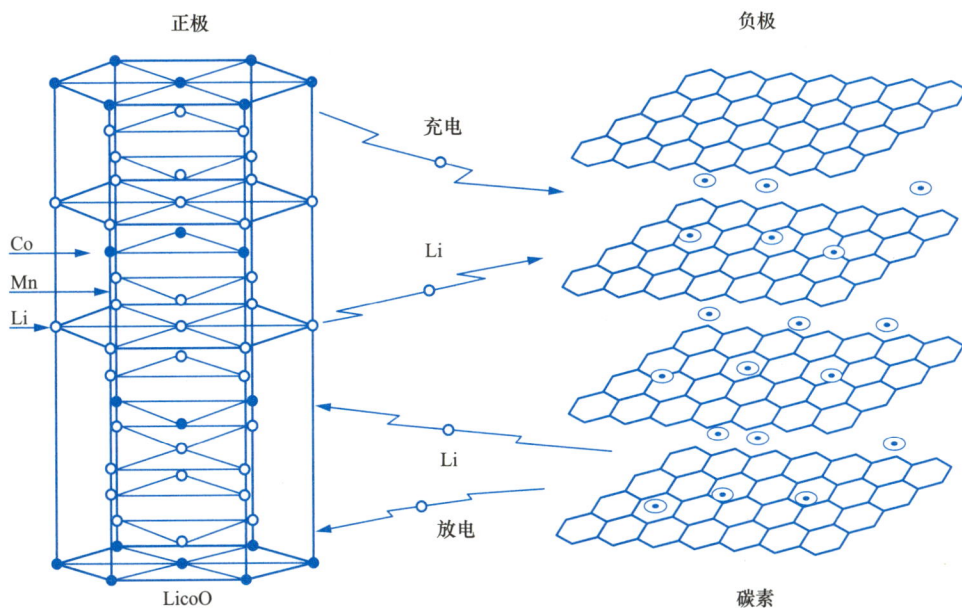

图 5-14　三元锂电池原理图

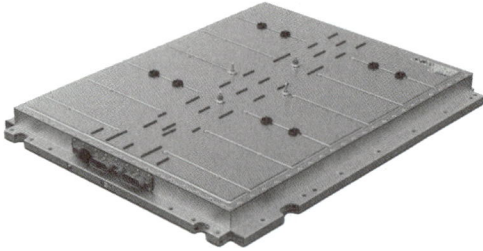

图 5-15　锂电池外观

磷酸铁锂电池的正极材料为磷酸铁锂，其优点是高安全性和长寿命。磷酸铁锂电池能够在极端的温度和高电流条件下工作，且即使在电池短路或过充的情况下，几乎不会发生热失控，因而被广泛应用于电动大巴和低速电动汽车等领域。此外，由于磷酸铁的资源丰富且价格便宜，它的成本相对较低。但是，磷酸铁锂电池的能量密度比三元锂电池和锰酸锂电池要低，这意味着相同体积和质量的磷酸铁锂电池提供的电量较少，因此续航能力较弱。

2）氢燃料电池。氢燃料电池作为一种清洁、高效的能源转换装置，能够以电化学反应的方式将储存在氢燃料和氧化剂中的化学能直接转换为电能。一个氢燃料电池由两侧的双极板，以及由聚合物电解质膜、膜两侧的催化层和气体扩散层构成的膜电极组件共同组成。反应物氢气和氧气通过双极板上的孔道被输送至膜电极处。在阳极侧，氢气在催化作用下被分解为带正电荷的氢离子和电子，其中氢离子可选择性通过质子交换膜，并在阴极侧通过电催化剂作用还原氧气生成纯净的水。氢离子在电解质内迁移，电子通过外电路定向流动、做功，形成总的电回路。

氢燃料电池在反应过程中只产生水和热，不排放任何有害物质，有助于减少空气污染和温室气体排放，是一种环保的能源利用方式。同时，氢气具有很高的能量密度，使得氢燃料电池能够提供高功率和长续航里程，适合需要长时间运行的应用，如电动公交车和长途卡车。目前，氢能源电池的加氢站建设相对较少，氢气生产和储存过程中存在一定的技术难度和安全风险。氢燃料电池汽车如图 5-16 所示。

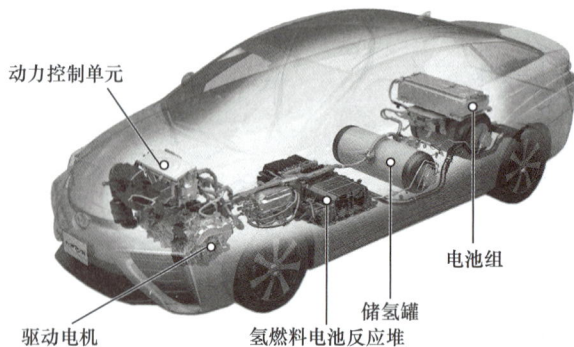

图 5-16　氢燃料电池汽车

（3）电池管理系统。电池管理系统是为确保电池组安全、高效运行而设计的重要系统，其主要目的是实时监控电池状态、管理充放电过程、延长电池使用寿命，同时保障电池组的安全性。电池管理系统通常由监测模块、控制模块、通信模块和均衡模块等部分组成。监测模块通过传感器实时采集电池的电压、温度和电流等数据，确保电池在各项指标内安全运行；控制模块基于监测数据和算法，执行充放电管理和保护操作，防止电池组在异常情况下出现失效；通信模块则实现电池管理系统与其他设备或上层控制系统的数据交互，通过 CAN、UART 等通信协议传递电池状态信息，使外部设备或用户能够实时了解电池状况；均衡模块能够平衡电池组内各单体电池的电量，防止电池因不均衡而加速老化，延长整个电池组的寿命。

如图 5-17 所示，电池管理系统的功能主要包括数据采集、数据显示、状态估计、热管理、数据通信、安全管理、能量管理和故障诊断。通过电压、电流和温度的监控，BMS 可以准确获取电池的工作参数，确保其在安全范围内运行。同时，BMS 还负责电池的电量管理，通过精确估算剩余电量（State of Charge，SOC）和健康状态（State of Health，SOH），帮助用户更好地掌控续航和电池使用状况。故障保护是 BMS 的重要功能之一，在发生过温、短路等异常情况时，系统会自动触发保护机制，保障电池组的安全性。

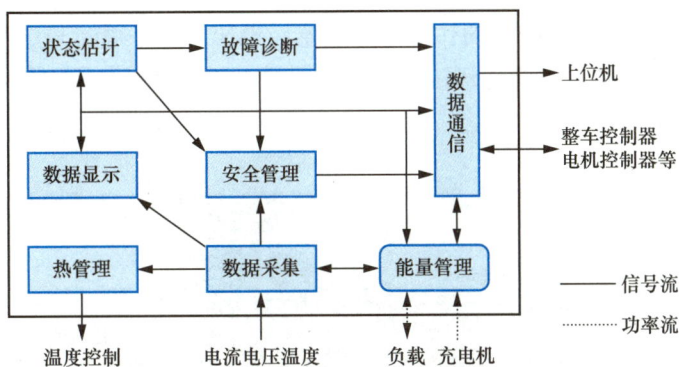

图 5-17　电池管理系统的功能框图

5.2.3　电动汽车驱动电机及其控制

（1）驱动电机。电动汽车驱动电机及其控制系统是电动汽车的核心部件之一，直接决定了车辆的动力性能和行驶效率。驱动电机将电池中的电能转化为机械能，用以驱动车辆行驶。常见的电动汽车驱动电机类型主要包括无刷直流电机、交流异步电机、永磁同步电机等，不同类型的电机各具优缺点，适用于不同类型的电动汽车。

1）无刷直流电机。无刷直流电机系统的组成如图 5-18 所示，其基本工作原理是通过电子换向器和永磁转子实现电能到机械能的转换。相比传统的直流电机，无刷直流电机采用电子换向，省去了机械电刷结构，具有效率高、响应快、噪声低和维护成本低的特点。在电动汽车中，无刷直流电机凭借其出色的功率密度和耐用性，成为广泛应用的驱动电机之一。

2）交流异步电机。交流异步电机又称感应电机，是一种利用电磁感应原理来实现电能到机械能转换的电机。因其结构简单、坚固耐用、成本低而被广泛应用于工业、电动汽车及家用设备等领域。交流异步电机由定子和转子组成，定子通常是通电的固定线圈，而转子为非通电的导电体（通常是铸铝或铜制成的笼型结构）。

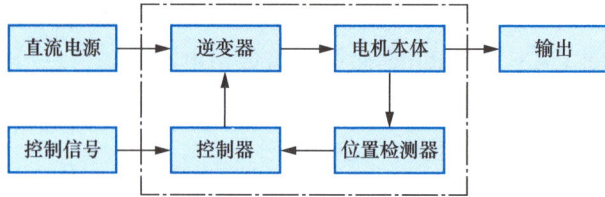

图 5-18　无刷直流电机系统的组成

图 5-19 为交流异步电机结构示意图。在电机的运行过程中，电流通过定子的绕组线圈，产生磁场或旋转磁场。定子的作用是为转子提供一个不断变化的磁场，使转子在电磁力的作用下产生旋转。对于交流电机，定子绕组会通入交流电，从而在定子周围形成一个旋转磁场，这个旋转磁场是电机运行的核心动力源。定子的材料通常采用硅钢片等导磁性能良好的材料，以减少磁损耗并提高电机的效率。转子是电机中随磁场旋转的部分，通常位于定子内部，可以是导电的笼型结构（感应电机）或由永磁体组成（如永磁同步电机）。转子在旋转磁场的作用下产生感应电流，这个电流与定子的磁场相互作用，形成驱动力矩，使转子随磁场旋转。转子一般由导电材料（如铝或铜）制成，通过电磁感应产生感应电动势。

图 5-19　交流异步电机结构示意图

3）永磁同步电机。永磁同步电机是一种利用永磁体在转子上生成磁场的电机，常用于电动汽车和工业自动化设备中。其工作基于同步电机原理，转子上的永磁体与定子旋转磁场保持同步旋转，这种同步性带来高效的电能转化和精确的速度控制。永磁同步电机的主要优势在于其高功率密度、高效率及良好的动态响应，特别适合电动汽车等对动力和响应速度要求较高的应用场景。永磁同步电机可以分为内置式永磁同步电机和外置式永磁同步电机。

内置式永磁同步电机按永磁体磁化方向可分为径向式、切向式和混合式三种，如 5-20 所示。

外置式永磁同步电机根据永磁体是否嵌入转子铁心，可以分为面贴式和插入式两种电机，如图 5-21 所示。

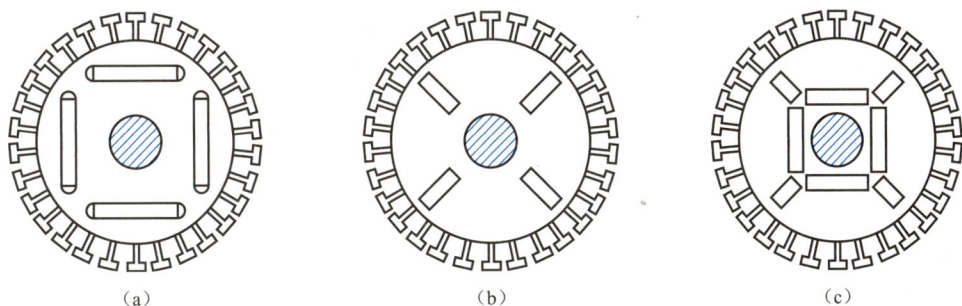

图 5-20　内置式永磁同步电机转子结构示意图
（a）径向式；（b）切向式；（c）混合式

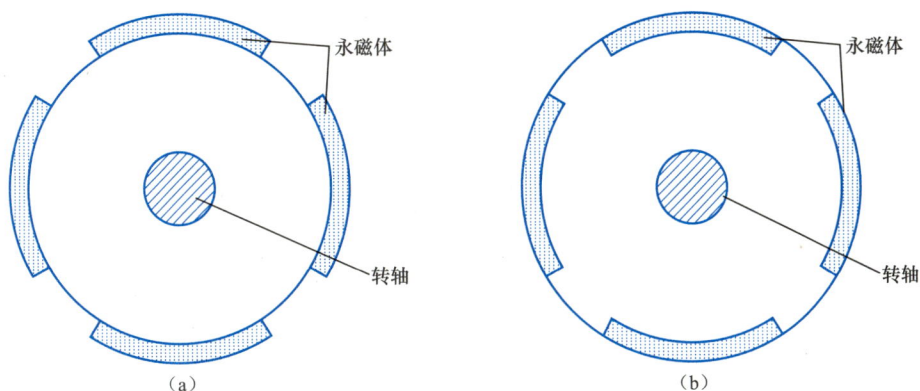

图 5-21　外置式永磁同步电机转子结构示意图
（a）面贴式；（b）插入式

　　面贴式永磁同步电机的转子通常使用瓦片形永磁体，这些永磁体通过合成胶粘合在转子铁心表面。对于功率较大的面贴式永磁同步电机，永磁体与气隙之间通常通过无纬玻璃丝带捆绑保护，以防止转子高速旋转而导致永磁体脱落。插入式永磁同步电机则是将永磁体嵌入转子铁心，形成突出部分的铁磁介质。面贴式永磁同步电机中，永磁体的相对磁导率接近真空磁导率（$\mu=1.0$），因此气隙基本均匀，导致交轴和直轴电感相差不大，属于隐极式同步电机。插入式永磁同步电机的交轴方向气隙较小，交轴电感较大，属于凸极式电机。相比之下，永磁体使得面贴式永磁同步电机的定子与转子之间的有效气隙较大，从而使定子的电感较小。

　　（2）驱动电机控制系统。驱动电机控制系统是车辆行驶的关键执行机构，其性能直接影响到车辆的动力表现、能效及用户驾驶体验。在电动汽车动力系统中，驱动电机控制器通过整车通信总线接收上层控制器或整车控制器（Vehicle Control Unit，VCU）、变速器控制器（Transmission Control Unit，TCU）等发出的指令，对驱动电机转矩或转速实施控制，同时将驱动电机的运行状态通过通信总线反馈给各控制器或动力系统其他部件。

　　以纯电动汽车为例，其动力系统如图 5-22 所示。驱动电机控制器除从 CAN 总线上获得信息外，还会通过通信线从驱动电机得到电机运行状态，并通过自身的传感器对相关的物理量进行数据采集。这些信息和数据是驱动电机控制器对驱动电机实施控制的基础，其准确性和有效性直接影响驱动电机的控制品质。

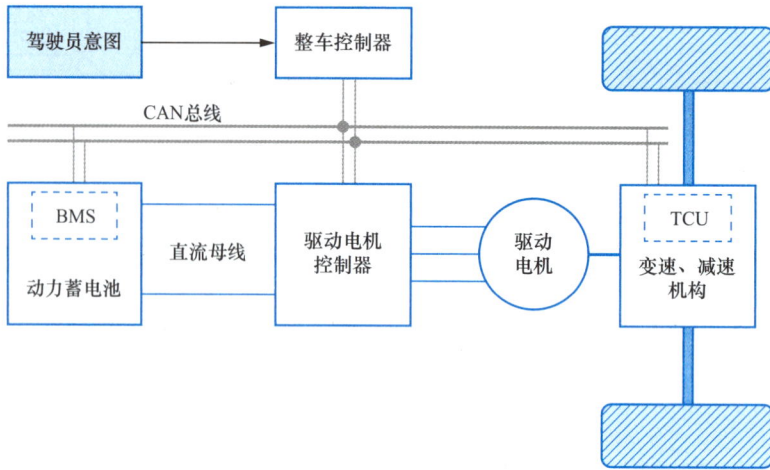

图 5-22　纯电动汽车动力控制系统

驱动电机的转矩与驱动电机绕组的电流密切相关。驱动电机绕组电流是驱动电机绕组端电压激励的结果，车辆的驱动能量来自车载电源（如动力蓄电池、超级电容、燃料电池等），因此驱动电机转矩的控制过程可以看作是对车载电源电压进行调制并施加于驱动电机绕组，使驱动电机绕组电流按预定值响应的过程。驱动电机控制的总体思路如图 5-23 所示。

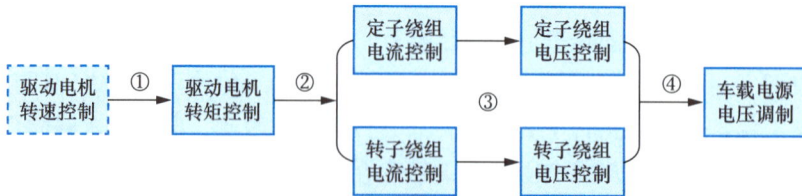

图 5-23　驱动电机控制系统的总体思路

驱动电机控制系统是电动汽车核心的动力系统，它通过精确控制算法和硬件，实现电动机的高效工作。通过对电动机转速、扭矩的精细调控，驱动电机控制系统不仅能提高电动汽车的动力性能，还能优化能效，延长电池使用寿命。随着技术的不断进步，未来的驱动电机控制系统将更加智能、高效，并能够实现更广泛的自动化控制和能量管理，推动电动汽车向更高效、更绿色的方向发展。

5.2.4　电动汽车智能化

人工智能（Artificial Intelligence，AI）的引入为电动汽车注入了新的活力。AI通过深度学习算法和实时数据处理能力，不仅优化了电动汽车的能耗表现，还为绿色电网的协同运行、可再生能源的利用及整体低碳系统的构建提供了解决方案。

（1）智能充电与能源管理。电动汽车的充电需求与传统电网负荷之间存在矛盾，而

AI 通过精准的需求预测和动态优化，为解决这一问题提供全新的思路。基于用户驾驶习惯、天气预测和电价波动的智能充电调度与能源管理系统，可以在非高峰时段为车辆充电，既降低了用户的充电成本，又避免了电网的过载压力。

（2）自动驾驶技术。传统驾驶方式往往因操作不当导致能量浪费，而自动驾驶系统通过 AI 的精准控制，实现了高效的速度管理和路径优化。AI 能够实时分析道路状况，规划避开拥堵的路线，从而减少因怠速而产生的不必要能耗。同时，自动驾驶系统还利用动能回收技术，在刹车和减速时将动能转化为电能储存到电池中。这种智能驾驶行为不仅让电动汽车更加节能，还减少了驾驶员的操作负担。未来，通过 AI 实现的车对车（Vehicle-to-Vehicle，V2V）和车对基础设施（Vehicle-to-Infrastructure，V2I）通信，将进一步提升交通系统的整体效率，减少因交通拥堵和误操作导致的能源浪费，为绿色交通提供更加智能化的解决方案。

（3）电池管理与生命周期优化。从电池健康管理到废旧电池的回收利用，AI 都在提升资源利用效率方面发挥着关键作用。利用 AI 实时监测电池状态和寿命预测，可以延长电池的使用周期，减少因频繁更换带来的资源浪费。此外，当电池寿命接近终点时，AI 还能辅助判断电池是否适合用于二次储能系统，或者通过高效分拣技术为回收再利用提供支持。这种全生命周期的管理模式，降低了电动汽车对环境的潜在负担，也让其真正成为低碳系统中的绿色先锋。

（4）智能网联化。智能网联汽车是搭载先进的车载传感器、控制器、执行器等装置，并融合现代通信与网络技术，实现 V2X 智能信息交换共享，具备复杂的环境感知、智能决策、协同控制和执行等功能，可实现安全、舒适、节能、高效行驶，并最终可替代人来操作的新一代汽车。随着 5G 通信、激光雷达、存算一体化芯片、云边协同技术的发展，智能网联汽车产业链包括上游产业支撑、中游整车制造与解决方案、下游应用等多个环节均得到了快速发展。

【课程思政】

区域智能网联车发展战略进一步推动汽车的智能网联化。《智能汽车创新发展战略》明确了智能汽车发展的总体要求和主要任务，旨在加快智能汽车创新发展，提升产业竞争力。在此背景下，上海临港新片区发布了"探路先锋—Pathfinder"十大超级场景，出台了《临港新片区智能网联汽车创新引领区发展三年行动方案》和《中国（上海）自由贸易试验区临港新片区促进智能网联汽车发展若干政策》等一系列政策，推动了 86 公里车路协同道路建设以及云控平台构建，并打造了"临港出行"智慧应用，以支持智能网联汽车产业的发展。

5.3　电动汽车充电基础设施

电动汽车充电基础设施是支撑电动汽车广泛应用、持续发展的关键要素。

5.3.1　充电站

（1）城市普通电动汽车充电站。在各大城市的中心地带，普遍设立有城市普通电动汽车充电站，如图 5-24 所示。这些充电站的核心职能是确保私人用户的电动汽车及公交公司的电动汽车能够得到充足的电能补给。依据充电速度的差异，它们被划分为慢充和快充两大类。无论是从技术发展的角度，还是从市场需求的角度来看，城市普通电动汽车充电站都占据着举足轻重的地位，其慢充与快充的分类更是为不同需求的用户提供了多样化的选择。

图 5-24　城市普通电动汽车充电站

（2）公共交通中转站的充电站。如图 5-25 所示的公共交通中转站内的充电站，负责向城市公交公司的电动公交车供应电能。鉴于公交电动汽车等公共交通工具固有的稳定性特征，它们普遍采用了统一标准的电池型号与类别。这一特性不仅便于日常管理和维护，还在遇到突发情况或电量不足时，能够通过迅速更换电池的方式来确保公交车的持续运行，从而有效提升了运营效率与可靠性。

图 5-25　公共交通中转站的充电站

（3）高速公路网快速充电站。如图 5-26 所示的高速公路网快速充电站普遍坐落于高速公路服务区之内，它们的主要职责是向各类电动汽车提供便捷的旅途充电服务。这些充电站位于高速服务区内，确保驾驶者在长途旅行中能够顺利找到充电设施，从而为他们的出行提供持续而稳定的电力支持，成为每一个城市间电动汽车长途驾驶无忧畅行的坚强基石。

图 5-26 高速公路网快速充电站

（4）带分布式发电机（DG）的充电站。如图 5-27 带 DG 的充电站是在电动汽车充电站周边融入 DG 的综合性充电站。这种充电站可以充分利用 DG 资源及电动汽车充放电过程中所展现出的随机性特征，通过先进的调度策略进行合理规划与调配。它不仅提升了充电站的整体运营效率，还促进了能源的有效利用与环境的可持续发展，是未来充电站建设与发展的一个重要方向和趋势。

图 5-27 带光伏电源和储能的充电站

（5）换电站。换电站以直接更换电池的方式为电动汽车快速地补充电量，如图5-28所示。它特别适用于那些电池标准化程度较高的车型。换电站凭借其高效的操作流程，能够在极短的时间内（通常是几分钟），迅速完成电池的更换工作，从而极大地提升了电动汽车充电的整体效率。这一模式的采用，不仅缩短了电动汽车用户的等待时间，还进一步推动了电动汽车技术的普及与发展。

图5-28 换电站

（6）移动充电车。如图5-29所示的移动充电车具备为电动汽车提供应急充电服务的功能，它通常被配置在偏远地区或者在需要临时性充电解决方案的场合下发挥作用。其设计初衷是为了满足那些可能因地理位置偏远而无法便捷获取常规充电服务的电动汽车用户的紧急需求，同时也为那些临时需要补充电量的电动汽车提供了一个可靠的充电途径。

图5-29 移动充电车

5.3.2 充电技术与标准

（1）充电技术。

1）交流充电。交流充电桩直接将交流电输出到电动汽车。车载充电机接收到交流电后将其转换为直流电进行充电。因此交流慢充方案通过车辆自带的便携式充电器即可接入家用电源或专用充电桩进行充电。这种充电方式极为适合家庭和办公场所等需要长时间停车的场合。交流充电桩的设计兼顾了单相电源和三相电源的供给能力，其功率范围广泛，普遍在 3.3 ～ 22kW 之间，能够充分满足不同充电需求下的使用要求。

2）直流充电。直流充电桩内置功率转换模块，能将电网交流电转换为直流电直接输入车内电池，无需经过车载充电机进行转换。直流充电用于快速充电，适合于公共充电站和高速公路服务区等那些亟需快速补充电量的应用场景。直流充电桩的功率覆盖范围相当广泛，一般在 50 ～ 350kW，以满足不同车型和不同充电需求的快速补给。

3）超级充电。超级充电即极速充电，是直流快充的一个更高阶段，通常可以在几分钟内为车辆提供显著的续航里程，适合长途旅行。超级充电通常可以在 10min 内将电量由 20% 充至 80%。超级快充设施一般单枪充电功率不小于 350kW，最大输出电压不小于 1000V，持续充电电流不小于 400A。这种技术的实现通常需要高功率的充电设备和支持高功率充电的电池系统。

4）智能充电。智能充电系统是一种先进的电动车充电解决方案，利用信息和通信技术优化充电过程，根据电网负荷、用户需求和电价动态调整充电时间和功率，实现高效、经济地充电。该类系统通常配备数据监测和远程管理功能，支持多种充电模式，如快充、慢充和无人驾驶充电，大幅提升用户体验和充电设施利用率。

（2）交流充电桩接口。目前，全球各国交流充电桩的接口尺寸基本分为三类，分别为 Type1（由美国汽车工程师协会定义）、Type2（由国际电工协会定义）和国标交流充电接口（由中国汽车标准化技术委员会定义）。充电桩接口分类见表 5-1。

表 5-1　　　　　　　　　　　　　充电桩接口分类

充电接口	标准号	使用国家
Type1	SAE J1772 0CT 2017；IEC 62196-2：2016	美国、日本等
Type2	IEC 62196-2：2016	欧洲国家
国标交流充电接口	GB/T 20234.2—2015	中国

国标交流充电接口的尺寸设计上与 Type2 交流充电接口相似，它们均采用了 7PIN 的结构作为基础。国标交流充电接口的物理端子触头标志方面，除了特别将充电连接确认功能的触头定义为 CC 之外，其余的触头标志均保持了与 Type2 的一致性。图 5-30 为国标交流充电接口的外观结构。国标交流充电接口明确地被分为了 250V 和 440V 两大类别。250V 的充电接口主要应用于单相充电场景，其充电电流提供了 10、16A 和 32A 三种供用户选择，满足了不同充电需求；440V 的充电接口则更多地应用于三相充电场景，其充电电流提供了 16、32A

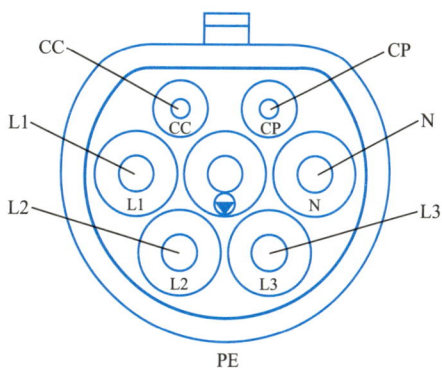

图 5-30　国际交流充电接口的外观结构

和 63A 三种，确保了高效且稳定的充电效果。

5.3.3 充电基础设施布局

城市充电站选址应契合电网规划发展需求，确保调度调配合理性，并兼顾用户充电习惯便利性。同时，需关注充电站结构与后期运营成本，以实现充电站建设、运营及用户接受服务费用的经济高效，最小化总体成本，确保规划科学性。

（1）地理因素。城市规划作为影响电动汽车充电站选址的关键因素，其合理性对于推动城市的良性发展具有至关重要的作用。一个精心策划的选址方案，不仅能够满足日益增长的电动汽车充电需求，还能有效促进城市基础设施的完善与升级。

此外，在进行充电站选址规划的过程中，城市配电网络系统的负荷容纳极限同样是一个重要考量因素。为了确保充电站能够稳定运行，不会对现有的电网造成过大的压力，选址时必须对当地的电力负荷情况进行深入的分析和评估。一般来说，充电站选址靠近人口密集区和用电高峰期的高需求区域，可以更有效地利用电力资源，提高充电服务的覆盖面和便捷性。

（2）电池续航里程。电动汽车所搭载的电池的最大续航里程参数，是制约各个电动汽车单位活动范围的关键因素。这一限制不仅影响着电动汽车的行驶能力，还直接关系到电动汽车用户的出行体验和便利性。因此，在进行充电站选址时，必须充分考虑并尽量满足所有电动汽车在最大续航里程内都能够顺利到达充电站进行电能补充，避免电动汽车因电量耗尽而无法继续行驶的情况发生，从而提升电动汽车使用的整体效率和用户满意度。

（3）区域电网规划。供电公司通常在每年的年初时段，依据上一年的用电数据和情况，科学预测并规划当前年度的用电需求总量，并考虑当前年度内部分新建或扩建项目可能带来的电力容量增长问题，确保预测结果的准确性和前瞻性。电动汽车充电站在进行规划时，必须充分兼顾电网的实际需求和供电公司的供电能力这两个核心要素。

（4）供电服务效率。充电站的设备内含众多电力电子元件，具有高阶非线性特性。这些元件在运行过程中不可避免地会产生一定程度的谐波干扰，这种干扰不仅会导致电源效率的显著降低，而且会对电网环境造成污染，进一步影响电气设备用户的功耗。大量的电动汽车在充电站内同时进行充电，特别是在采用高功率和快速充电模式的情况下，对电网系统的稳定运行将产生更大的影响。因此，在充电站建设的初期规划阶段，必须采取足够充分且有效的措施与策略，以确保电网系统能够维持其平稳运行状态，从而避免潜在的风险。

习题

1．什么是电动汽车充电基础设施？
2．什么是快速充电站？
3．如何选择合适的充电桩？
4．电动汽车充电基础设施对环境有何影响？
5．政府在电动汽车充电基础设施发展中扮演什么角色？
6．如何解决电动汽车充电过程中可能出现的电网负荷问题？
7．在城市和农村地区建设充电基础设施时有哪些不同的困难和挑战？

5.4　车网互动技术（V2G）

5.4.1　车网互动技术概述

大量电动汽车的随机充放电将加剧电网波动和不平衡，对电网产生负面影响。数量庞大的柔性负载若能得到有效调度和利用，将有助于电网稳定运行。车网互动技术（V2G，Vehicle to Grid）是实现电网与电动汽车间信息与能量双向流动的核心技术，如图 5-31 所示。其核心思想是利用电动汽车动力电池作为电网与可再生能源的储能缓冲单元，在保证电动汽车满足使用要求的前提下为电网提供辅助服务，同时为车主创造额外收益。

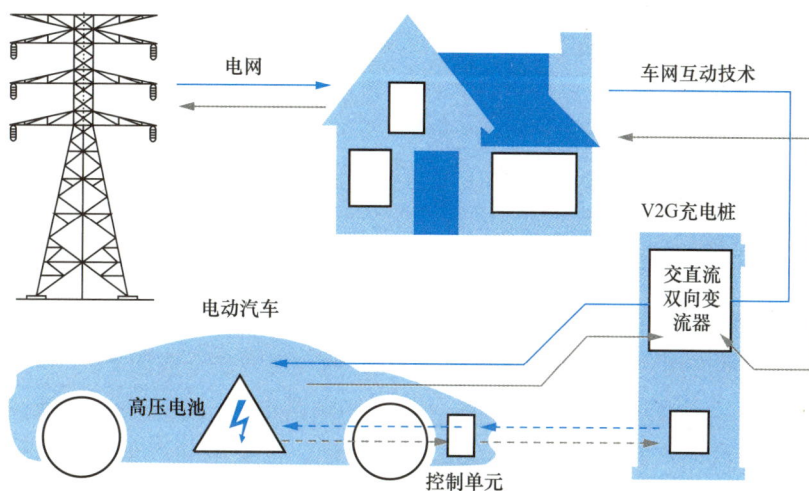

图 5-31　V2G 示意图

V2G 系统的主要组成部分有电池管理系统、充放电机、后台管理系统和控制中心。控制中心是 V2G 系统的核心，可以通过对负荷、风电的预测制定充放电计划并发布到各后台管理系统进行汇总。后台管理系统汇总电池管理系统通过充放电机所获取的充放电电流、电池容量与荷电状态、电池是否允许充放电等信息。

V2G 技术可以调控电动汽车充放电进而实现电网削峰填谷及调峰调压，并向电网提供无功补偿。电动汽车装有较大容量的电池，当汽车数量足够大时其电池总容量相当可观。因此，可以将其作为电网与可再生能源系统之间的缓冲，如图 5-32 所示。利用 V2G 技术，可以平滑可再生能源的波动性，提供网络频率稳定性，并抑制反向功率引起的电压上升，对于实现可再生能源的高比例接入和电网的智能化运营具有非常重要的作用。

V2G 架构下，用户可将多余电能卖给电网获得收益，电动汽车不再是被动负荷，而是主动参与电力市场；电网通过调度与引导电动汽车充放电可改善电网运行，消纳可再生能源。车网互动为电网、电动汽车用户及整个社会提供一系列的经济效益和社会效益，在高比例新能源接入与高比例电力电子设备的电网背景下，车网互动将成为新能源发展的重要支撑。

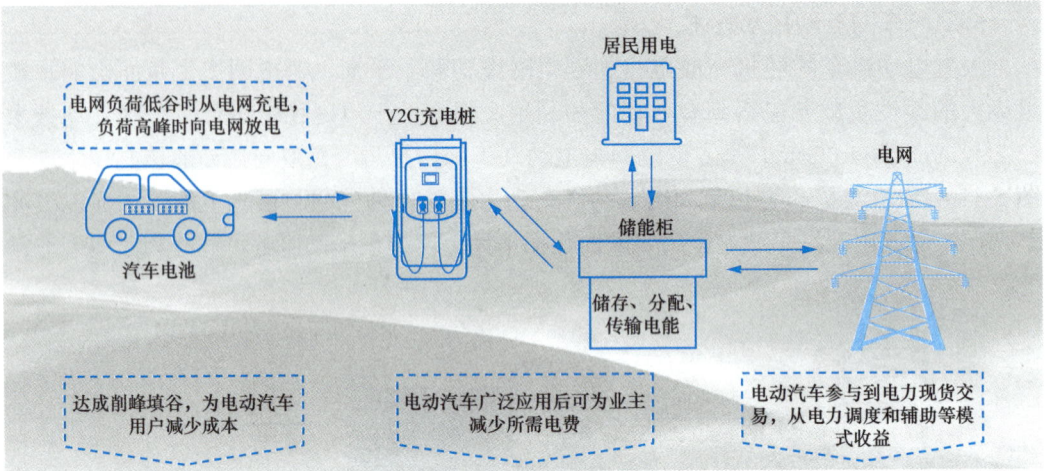

图 5-32　V2G 对电网的调节

5.4.2　实现方法

充电站作为天然的聚合商，通过管理站内电动汽车的充放电行为，使电动汽车作为柔性负荷可直接参与电网调控。一定数量的分散式充电桩可由聚合商统一管理，参与电网聚合调控。根据应用对象的不同，可以将 V2G 的实现方法分成四类。

（1）自治式。自治式的 V2G 无须统一调度和预测电动汽车可调度容量，决策过程在本地进行，建设成本低，多适用于无法集中管理、需要电动汽车即插即用的应用场合。该实现方式需要智能充电桩、通信技术及智能控制算法的支持。智能充电桩用于实现对电动汽车电池的监测、控制和管理；通信技术用来实现汽车电池与电网间的数据传输和控制指令的交互，包括有线通信技术 CAN 总线、Ethernet 及无线通信技术蓝牙、Wi-Fi 等；智能控制算法负责实现对电动汽车电池充放电的调度和管理，涉及电网负荷预测、充放电策略优化、电池容量估计等多个方面。

自治式控制的效果受用户行为和设备状态的影响较大，控制的可靠性和精度较低，难以保证整体最优，因而采用车载式智能充电器进行改善。改善后可不受空间和位置的限制，根据电网发布的功率需求和电价信息或电网输出接口的电气特征（如电压波动等），结合汽车自身的状态（如电池 SOC）自发实现 V2G 运行。装置结构如图 5-33 所示。但车载式智能充电器缺点也很明显，由于不受统一的管理，每台电动车的充放电具有较大随机性，能否保证整体最优还需进一步研究，并且车载式充电器还会增加电动汽车的制造成本。

（2）集中式。集中式是指通过一定形式将某一区域内的电动汽车聚集在一起，按照电网的需求由运营中心对该区域内的电动汽车进行统一管理与调度，并由特定的算法和管理策略控制每台汽车的充放电过程，保证成本最低及电力最优利用。集中式的优点是控制精度高，可以实现全局最优。但其缺点是对系统的双向通信能力和信息存储能力要求较高，当对大规模电动汽车进行 V2G 管理时，需要建设大量的通信通道并且调度中心的计算压力较大。

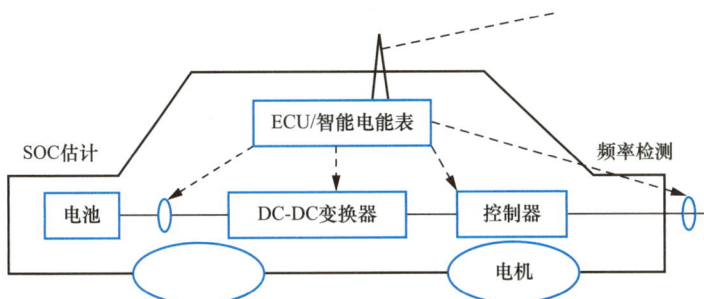

图 5-33　自治式 V2G 的电动汽车装置结构

（3）基于微电网。微电网是由负荷和微型电源共同组成的系统，相对于外部大电网表现为单一的受控单元，并可同时满足用户对电能质量和供电安全等的要求。如图 5-34 所示，基于微电网的 V2G 实现方法是将电动汽车的储能设备集成到微电网中，以微电网为对象直接为微电网的风力、光伏等分布式电源提供电能消纳，减少弃风弃光，提高整体经济性。与前两种实现方法的区别在于此种方法分担了区域电动汽车数据统计、可调度容量评估及电动汽车功率就地分配等任务，能够降低计算压力，并对分散的电动汽车进行统一且灵活的管理调度，因而相对于集中式控制对通信能力和优化计算能力的要求可大大降低。

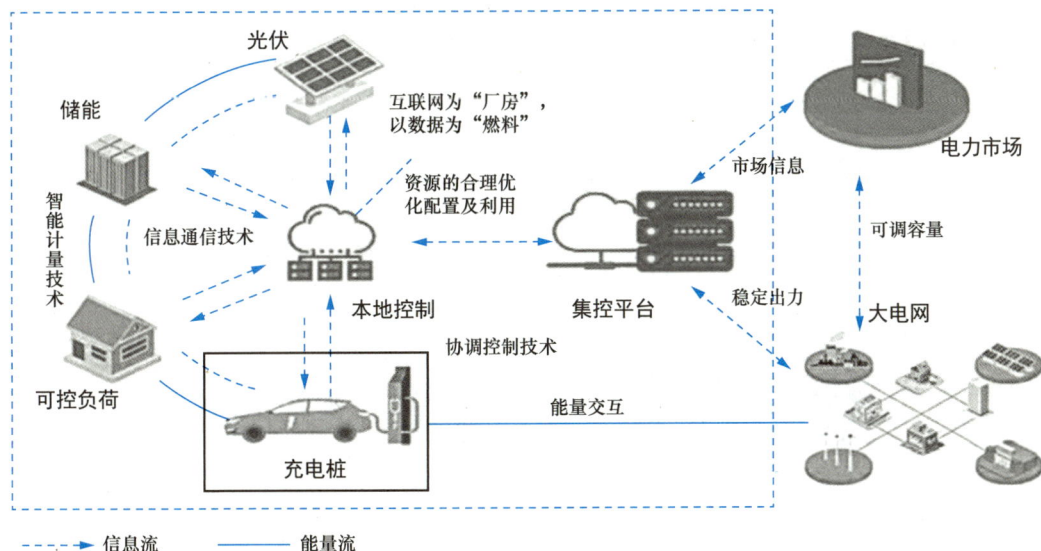

图 5-34　基于微电网 V2G 实现方法

（4）基于更换电池组。基于更换电池组的 V2G 实现方法源于更换电池组的电动汽车供电模式。它需要建立专门的电池更换站，在更换站中存有大量的储能电池，因而也可以考虑将这些电池连到电网上，利用电池组实现 V2G。这种实现方法的原理类似于集中式 V2G，但是管理策略上有所不同，因为电池最终是要用来更换的，所以必须确保一定比例的电池电量是满的。它融合了常规充电与快速充电的优点，在某种意义上极大弥补了电动汽车续航里程不足的缺陷，但需要统一电池及充电接口等部件的标准。

5.4.3 控制流程

现有车网互动技术大多采用分层式控制框架，主要由用户层、充电设备层、运营商监控层、电网层四个层级构成，如图 5-35 所示。信息流动的控制流程体现了多主体间的交互关系，能够灵活调节资源，实现电网调峰调频等功能。

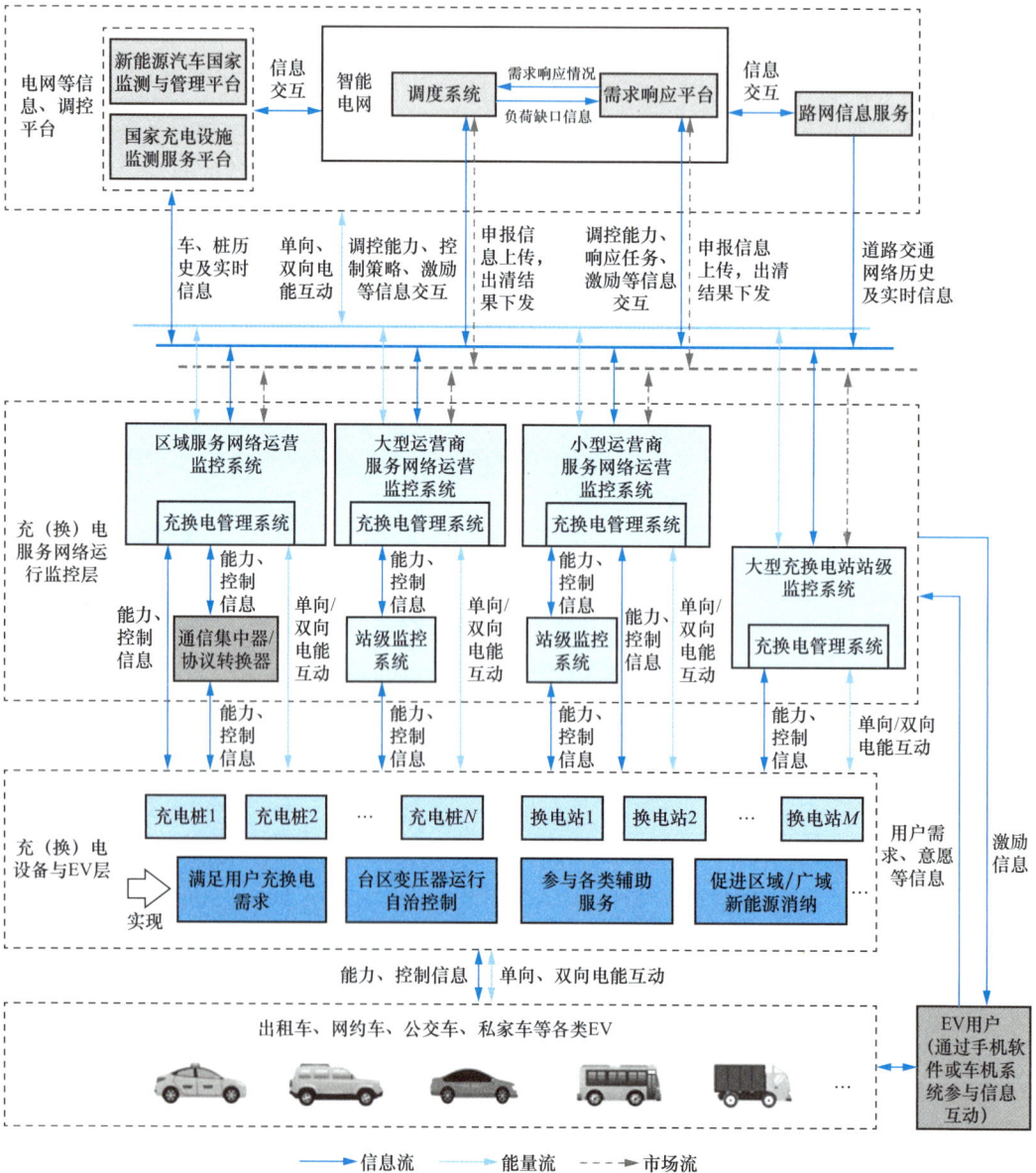

图 5-35　车网互动流程图

車网互动的控制流程如下：用户层收集并反馈用户参与充放电的时间等信息，由充电设备层将接收后与设备状态信息结合，上传至运营商监控层。运营商监控层统计、分析辖区内所有相关信息，生成充放电负荷曲线上传至电网层。

电网层根据电网运行状况、充电需求和调控需求，以及接收的充放电负荷曲线，制定各充电策略，下发至运营商监控层进行状态监控及分析，便于后续调整充放电计划曲线。运营商监控层根据电网层下发的计划，以及设备层上传的量测状态信息进行充放电策略修正。

充电设备层中各充电设备根据接收的策略进行充放电设置并开始充放电。当收到主动中断信号或完成信号后结束充放电，将充放电详细信息上传至运行监控层，同时用户将同步接收充放电结束提醒等消息。

5.4.4 需求响应策略

新能源汽车充电具有较强的随机性和不确定性，大规模无序充电将增大电网调峰难度、影响电网调度运行。有序充电是指在满足汽车充电需求的前提下，运用经济或技术措施引导、控制新能源汽车进行充电，不但能将部分高峰期负荷转移至发电量充足的时间段，一定条件下还可通过带有双向充放电功能的充电桩向电网放电，对电网负荷曲线进行削峰填谷。若要对电动汽车充电时段进行调度与控制，则需借助相应的充放电激励机制，使参与互动的各个主体在过程中获益，才能提升多主体的参与响应度。现有的需求响应策略主要分为价格型与激励型两类。

（1）价格型需求响应策略。价格型需求响应策略基于峰谷分时电价政策，综合电价与充电时段两个因素对用户充电行为的影响，通过调整电价引导用户用电行为。用户的充电行为不仅取决于当前时段的充电价格，还受到其他时段的充电价格影响。

此外也可根据区域用电特性设立实时更新的浮动电价，即实时电价，针对不同时刻负荷制定不同用电价格，用户依据电价将自身用电需求合理分配至不同时段。

（2）激励型需求响应策略。激励型需求响应策略通过制定激励经济补偿、服务等级分类与奖励机制等方式引导鼓励用户参与调度。根据激励更新频率可分为静态激励与动态激励。静态激励适用于长期调度计划，例如制定月度或季度的激励计划，经济补偿大多直接以充电补贴形式实现，以鼓励用户在特定时间段提供或减少电力需求。动态激励根据实时负荷情况、新能源出力状态及市场价格等因素，频繁更新激励信号以响应短期市场，鼓励车主积极参与调度。若用户在电网负荷波动较大时参与削峰可获得更大收益，不但能够提高用户参与调度的积极性，并且满足电网削峰需求，这是动态激励相较于静态激励的优势所在。

对于激励型需求响应策略，需要综合考虑路况、距离、成本与收益等因素对用户心理的影响，设计更多针对特定类别用户的激励形式，有效激发用户调度潜力。

习题

1. 简述车网互动技术四种实现方法的优缺点。
2. 简述车网互动（V2G）控制流程。
3. 电动汽车充放电对电网的影响有哪些？

4．V2G 涉及的关键技术有哪些？

5.5　技 术 示 范 案 例

本章节选取在新能源汽车领域起到引领作用的几家公司作为案例，分析其各自的技术特点和发展路径。

5.5.1　特斯拉电动汽车技术

（1）电机技术。特斯拉的核心竞争力中，电机驱动控制技术占据了举足轻重的地位。特斯拉灵活应用永磁同步电机与感应异步电机两大技术路径，依据车型特性和市场需求进行精准匹配。特斯拉电机驱动控制技术亮点主要体现在以下四个方面。

1）峰值功率：特斯拉的电机峰值输出功率可达 220kW，远超同级燃油车的引擎功率。

2）峰值转速：特斯拉电机的最高转速能够达到 19000rad/min，即便在高速运行的条件下，电机仍能维持稳定的性能输出。

3）冷却方式：特斯拉运用了油冷与液冷相结合的复合冷却系统，以保障电机在高负荷运行时仍能维持理想的工作温度，进而增强其可靠性与持久性。

4）材料创新：特斯拉在电机材料领域引入碳化硅材质以增强散热效能与机械坚固性，并致力于开发新型的非稀土类永磁材料，旨在降低成本的同时，进一步优化性能表现。

特斯拉在电机结构设计中为电机转子配备了碳纤维材质的防护罩，此设计不仅加固了转子的构造强度，有效预防了在高速旋转条件下永磁体的脱落风险，还进一步提升了电机的散热效率。

（2）电池技术。4680 电池是特斯拉推出的直径为 46mm，高度为 80mm 的新一代圆柱电池。4680 电池在材料和结构上均做了大量创新，在续航里程、充电速度、安全性及成本效益等方面都有显著提升。如图 5-36 所示，相较于特斯拉上一代的 2170 电池，4680 电池单体能量提高 5 倍，整车续航里程增加 16%，电池功率增加 6 倍。

图 5-36　特斯拉 4680 与 2170 电池实物对比

4680 电池的核心创新在于其独特的设计和技术应用，主要体现在以下几个方面：

1）尺寸增大。从尺寸上看，4680 电池相较于特斯拉之前的 2170 电池，直径、高度都有所增大。这一变化不仅使得电芯厚度增加，曲率降低，空心部分更大，从而提高了内部活性物质的容量，还使得电池组中所需电池数量大幅减少，降低了金属外壳占比，提高了正极、负极等材料的占比，进而提升了电池的能量密度。

2）全极耳结构。极耳是从电芯中将正负极引出来的金属导电体，是电池充放电时的接触点。传统电池有两个极耳，分别连接正极与负极，在电池工作时，电子从正极极耳流向负极极耳，其流经路径越长，电池内阻越大，而电池内部损耗功率与内阻的平方成正比，因此极耳间距越短，电池内部损耗功率越小。4680 电池实现了全极耳（直接从正极、负极上剪出极耳），如图 5-37 所示，从而大大增加了电流通路，缩短了极耳间距，进而大幅提升了电池功率。这一技术不仅提高了输出功率，还优化了散热性能，使得电池的热稳定性得到显著增强。

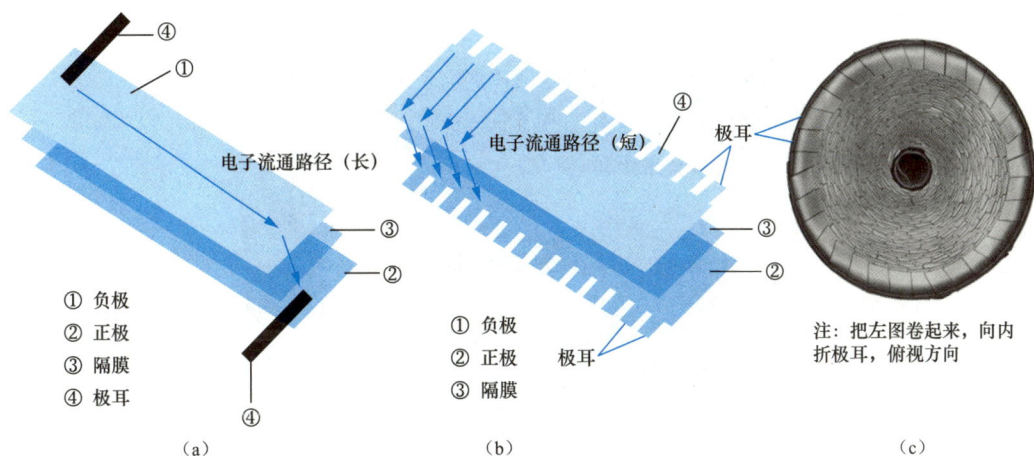

图 5-37　4680 电池解卷结构
（a）传统圆柱电池解卷结构；（b）4680 电池解卷结构；（c）4680 电池极耳俯视图

3）干电极技术。传统电极湿法工艺需要将材料放置溶液中，将含有黏合剂的溶剂与负极或正极粉末混合后，再涂在电极集电体上并干燥，其中溶剂有毒需回收，进行纯化和再利用，中间需要巨大、昂贵且复杂的电极涂覆机器。干电极工艺彻底跳过加入溶剂步骤，省略了繁复的涂覆、烘干等工艺，大幅简化了生产流程，提高了生产效率。同时，干电极技术还解决了湿电极技术中锂与混有锂金属的碳不能很好融合的问题，从而提升了电池的能量密度。

（3）充电技术。特斯拉的快速充电技术不仅快速高效，而且具备高度的便捷性和智能化，其核心技术优势体现在以下几个方面。

1）高功率直流电源。特斯拉的快充技术主要依赖于高功率直流电源，其充电功率通常超过 40kW，部分超级充电桩甚至高达 250kW。

2）高效能量转换与智能管理。特斯拉的快充技术不仅依赖于高功率的直流电源，更得益于其高效的能量转换和智能管理系统。特斯拉采用了先进的碳化硅（SiC）功率半导体技术，使得充电桩能够在更高的电压和电流下工作，同时减少能量损失。

3）独特的快充连接器设计。特斯拉的快充连接器采用了独特的5孔设计，专为高功率直流充电而打造。这种设计不仅使得连接器能够承受更高的电流和电压，更保证了充电过程的稳定性和安全性。

5.5.2 蔚来电动汽车技术

（1）蔚来换电技术。蔚来汽车作为中国智能电动汽车领域的佼佼者，其换电技术一直是行业内外关注的焦点。蔚来换电技术不仅为用户提供了高效便捷的补能方式，更推动了电动汽车行业的创新与发展。

蔚来换电技术的工作原理相对简单，但高效。当电动汽车电量不足时，车主可以将车辆驶入蔚来换电站。在换电站内，专业的换电机器人会自动识别车辆型号和电池规格，并通过机械臂将低电量的电池卸下，同时从电池仓中获取满电电池并安装到车辆上，如图5-38所示。整个过程无需人工干预，全程自动化完成。

图5-38 蔚来换电站更换电池

蔚来换电站还配备了先进的电池管理系统，能够对电池进行实时监控和管理。在换电过程中，系统会对电池进行状态检测和健康度评估，确保每块电池都处于最佳状态。同时，蔚来还提供了电池质保和免费换电服务，进一步保障了用户的权益。

截至2025年1月4日，蔚来在全国建造了3003座换电站，主要以第三代换电站为主。换电站采用了高功率充电（HPC，High-Power Charging）大功率62.5kW液冷电源模块，最高效率达到98%，大幅度提升了换电站内电池的充放电效率。

同时，借助于先进的传感器技术、大数据分析和云计算等前沿科技，蔚来汽车实现了对换电站运营状态的实时监控、智能调度和高效管理，从而大幅提升了换电服务的效率和用户体验。

1）实时监控：先进的传感器系统能够实时监测换电站的电池库存、设备状态及车辆换电进度等信息。一旦检测到异常情况或潜在风险，系统会立即发出警报，并自动触发相应的应急处理流程。

2）智能调度：基于大数据分析，能够根据历史换电数据和实时交通状况，智能预测换电需求，并提前进行电池调度和储备。

3）高效管理：通过云计算平台，蔚来汽车能够实现对全国范围内换电站的统一管理和优化调度。

（2）蔚来 V2G 技术。蔚来换电站作为国内首款智能微电网型分布式换电设施，通过换电订单预测和实时评估充电负荷可调节范围，高效参与电网调节。2019年，蔚来就在上海组织换电站和家用充电

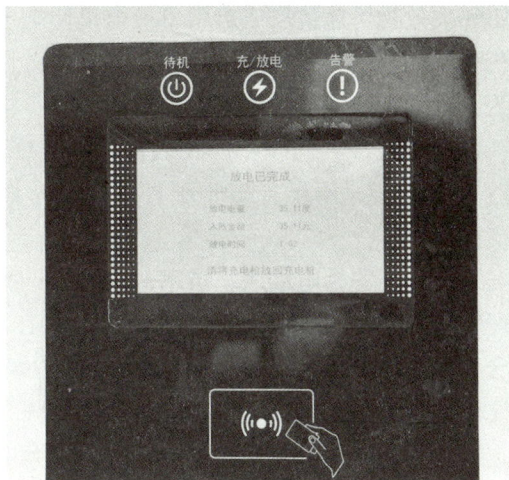

图 5-39 放电结算图

桩参与全市电网的削峰填谷，通过消费积分返利的方式，吸引电动汽车车主前来反向放、换电，形成"车—站—网"三方互利共赢的新模式，放电结算如图 5-39 所示。

【课程思政】

2023 年，蔚来推出了全新的 20kW V2G 充电桩，并宣布与祁连山国家公园合作，共同打造全球首个 V2G 光伏自循环补能体系。这一全球首创的 V2G 光伏自循环补能体系已于 2023 年 8 月正式落成并投入使用。祁连山国家公园所建设的 V2G 光伏自循环场站配备了 218m² 的光伏电池板，平均发电量达到 6.7 万 kWh，同时可减少碳排放量 53t。这一系统不仅能满足保护区内巡护车的日常用电需求，还能在夜间反向放电，为保护区提供可靠的电力支持。在新能源汽车技术日新月异的今天，蔚来 V2G 技术无疑为绿色低碳发展注入了新的活力。这项技术不仅代表了未来交通和能源领域的深度融合，更是实现绿色能源本地自产自销、减少环境影响的重要途径。蔚来 V2G 技术的推广和应用，是中国在应对全球气候变化挑战、实现"双碳"目标过程中的重要举措，展示了中国在绿色低碳发展道路上的坚定步伐和显著成效。

（3）线控转向。

【课程思政】

2024 年 12 月蔚来宣布蔚来 ET9 的线控转向系统正式获得评审通过，中国第一辆搭载真正意义上线控转向的车型量产上市，意味着蔚来是第一家完整经历了线控转向技术从研发到应用的中国汽车公司。

传统转向系统依赖机械部件直连方向盘与车轮，力传导虽可靠却有局限性。而线控转向利用电子信号与传感器、执行器精妙协作，达成转向指令的精准传达。方向盘转动化为电信号，经车载电脑依车速、路况、驾驶模式等要素智能解析，驱动电机精准调控车轮转向角度与力度。

线控转向能赋予自动驾驶系统更大自主权，规划路径可精准执行，系统协同无间。冗余设计为安全兜底，多传感器与备份系统实时监测，故障瞬切备份或调整策略，如

EPS 失效时迅速重启或启用备份电机，电子控制单元故障则无缝切换至冗余单元，依备份传感器信号维持转向，确保行车安稳，将自动驾驶安全性与可靠性提升至全新高度，为无人驾驶大规模商用筑牢根基。

蔚来线控转向技术的突破，凸显了中国企业进行自主创新的意义。当前，蔚来通过自主创新，不仅打破了国外技术的垄断，为中国汽车工业的转型升级提供了有力支撑。

5.5.3 华为电动汽车技术

（1）华为车联网云平台。华为于 2018 年 6 月在德国发布了 OceanConnect 车联网平台，如图 5-40 所示，致力于使能车辆的智能化网联、车企的服务化转型和交通的智能化演进。华为车联网平台可实现智能驾驶、智能座舱等数字化部件的状态数据和故障数据的采集和存储，形成统一的智能车辆数据资源池，再基于云端强大的 AI 和大数据能力，实现数据资产货币化，为客户提供更有价值的汽车服务，如智能驾驶、车队管理、预防性维修等。

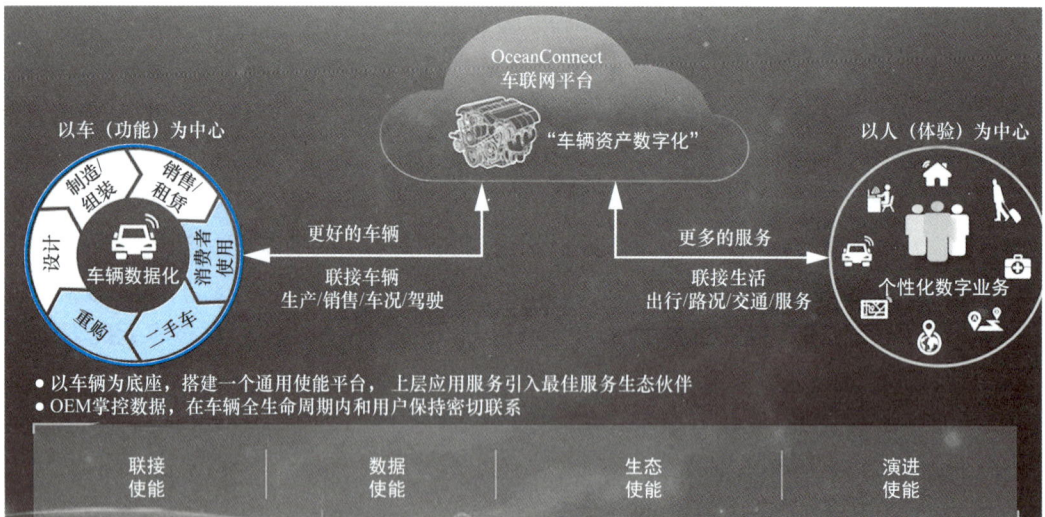

图 5-40　OceanConnect 华为车联网平台

1）生态使能：通过数据和业务分离结构，帮助车企掌控数字资产，汇聚第三方内容和应用生态，构筑以车企为中心的生态系统。

2）联接使能：为汽车提供稳定联接，支持亿级海量连接和百万级高并发；通过全球可达的公有云部署能力，满足车企业务全球化运营需求。

3）数据使能：通过对车况和驾驶行为等车辆大数据的采集与分析，在云上实现人和车的数字画像（Digital Twins），通过精准车主驾驶行为及出行场景分析，使能智能内容分发和业务推荐。

4）演进使能：车联网平台与 V2X 协同发展，从单车智能到车、路协同智能，使能未来智能交通，提升社会交通整体的安全性和效率。

（2）华为智能驾驶。根据国际汽车工程学会（SAE）的标准，自动驾驶分为 L0-L5 六个等级。L0 为无自动化，完全由驾驶员完成驾驶操作；L5 为完全自动化，可由汽车完成全场景自动驾驶。智能驾驶系统结构大致分为感知系统、决策系统和智行系统，如图 5-41 所示。从 L0-L5，随着汽车和机器主导驾驶的程度逐渐上升，自动驾驶对汽车感知、决策和执行的要求也不断提高，需要汽车配备摄像头、激光雷达、毫米波雷达和超声波雷达等传感器，搭载具备足够算力的芯片，并配合车联网通信和高精度地图辅助。

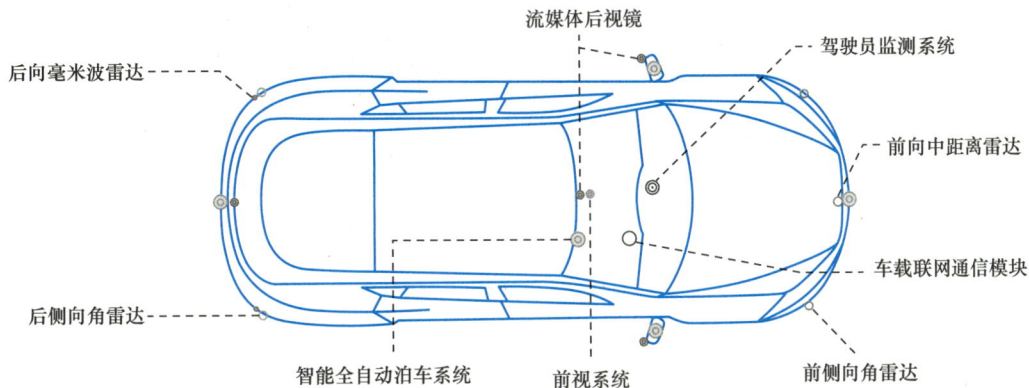

图 5-41　智能驾驶系统结构

【课程思政】

在当今全球新能源与智能汽车产业蓬勃发展的浪潮中，华为作为中国企业的杰出代表，正以非凡的勇气和智慧，突破重重技术封锁，坚定不移地走上了自主创新的道路，引领着中国新能源汽车智能驾驶领域的人发展。这不仅是对"中国制造"向"中国创造"转变的生动诠释，更是创新驱动发展的鲜活实践。

华为的自主研发的道路从底层算法到芯片设计，从传感器融合到自动驾驶系统，华为凭借深厚的科研实力和不懈的努力，逐步打破了国外技术的壁垒，实现了智能驾驶技术的自主可控。特别是在新能源汽车的智能网联、自动驾驶等核心技术上，华为为中国新能源汽车产业的转型升级注入了强大的动力。

华为智能驾驶体系，作为其在未来出行领域的重要布局，构建了一套全面而精密的智能驾驶解决方案。该体系以"智能感知、高效决策、精准执行"为核心，通过软硬件的深度集成与协同，实现了从环境感知到车辆控制的全方位智能化，如图 5-42 所示。华为智能驾驶不仅可以实现自动巡航和自动驾驶，还可以通过大数据分析提供实时的交通状况和路况信息，为驾驶员提供准确的导航和路线优化建议。

华为智能驾驶可以应用于多种场景，包括城市道路、高速公路和停车场等。在城市道路上，华为自动驾驶技术可以实现交通信号灯的自动识别和车辆自动停车，提高交通效率和安全性，如图 5-43 所示。在高速公路上，华为自动驾驶技术可以实现车辆的自动巡航和车道保持，减少驾驶员的疲劳驾驶。在停车场中，华为自动驾驶技术可以识别停车位并精准停车，提高停车效率和空间利用率。

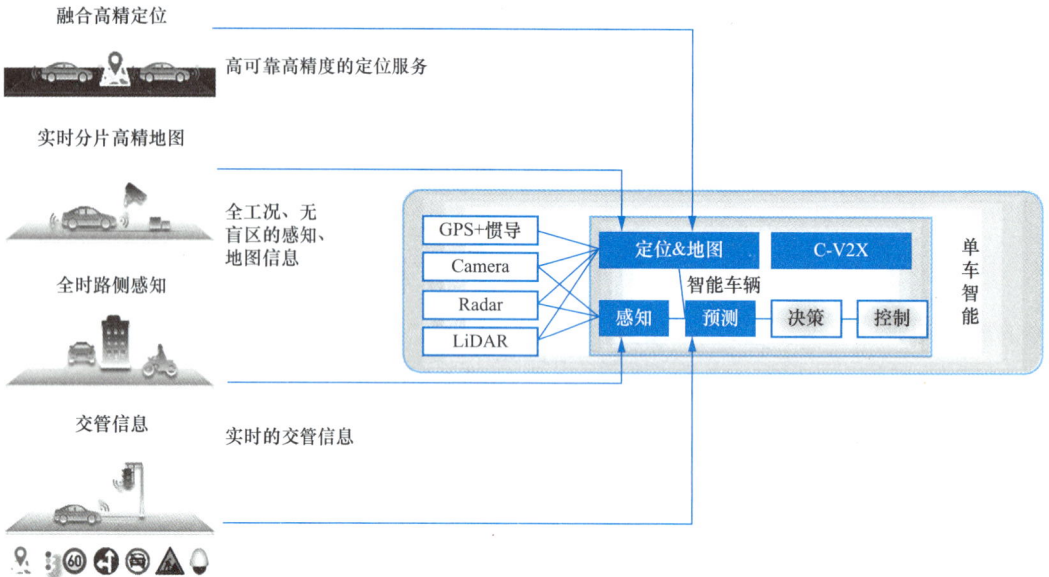

图 5-42 华为自动驾驶系统架构

图 5-43 华为自动驾驶应用场景

华为智能驾驶体系，体现了其在人工智能、大数据、云计算等领域的深厚积累与创新能力，为构建安全、高效、舒适的智能驾驶体验奠定了坚实的基础。

习题

1．新能源汽车技术的发展对全球汽车产业有何影响？

2．华为 OceanConnect 车联网平台的主要功能是什么？

3．华为自动驾驶技术可以应用于哪些场景？

参 考 文 献

[1] 特斯拉新 Roadster 电池升级 [J]. 电源技术，2015，39(01):6.

[2] 庄贵阳，朱仙丽. 欧洲绿色协议：内涵、影响与借鉴意义 [J]. 国际经济评论，2021，（01）：116-133+7.

[3] Wang F，Zhang S，Zhao Y, et al. Multisectoral drivers of decarbonizing battery electric vehicles in China[J]. PNAS Nexus, 2023, 2(5): 123.

[4] 宋永华，阳岳希，胡泽春. 电动汽车电池的现状及发展趋势 [J]. 电网技术，2011（4）：1-7.

[5] 黄学良，刘永东，沈斐，等. 电动汽车与电网互动：综述与展望 [J]. 电力系统自动化，2024，48（07）：3-23.

[6] 刘晓飞，张千帆，崔淑梅，等. 电动汽车 V2G 技术综述 [J]. 电工技术学报，2012，27（02）：121-127.

[7] 王锡凡，邵成成，王秀丽，等. 电动汽车充电负荷与调度控制策略综述 [J]. 中国电机工程学报，2013，33（01）：1-10.

[8] 侯慧，何梓姻，侯婷婷，等. 大规模车网互动需求响应策略及潜力评估综述 [J]. 电力系统保护与控制，2024，52（14）：177-187.

[9] 谢靖飞，谢泽川，郭一祺，等. 特斯拉电源管理系统和快速充电技术的研究综述 [J]. 东莞理工学院学报，2016.

[10] 闫杰，缪小明，闫斌. 特斯拉纯电动汽车核心和非核心技术演化研究 [J]. 世界科技研究与发展，2017.

第 **6** 章

低 碳 能 源 系 统

在第 3 章中，我们探讨了储能技术的理论以及不同的储能技术在能源管理中的应用。而低碳能源系统是以可再生能源为主，辅以高效清洁的化石能源技术和先进的能源存储与分配系统。随着技术的不断进步和成本的逐步降低，低碳能源系统正逐渐成为能源转型的主流方向，为实现"双碳"目标提供坚实基础。

本章内容共分为 3 节，6.1 节将详细介绍低碳能源系统的内涵与架构；6.2 节聚焦于技术层面，深入剖析低碳能源系统的能源效率与节能措施；6.3 节全面剖析电力市场、绿证市场和碳市场的发展现状及三者间的交互影响和相互协调机制。通过本章的学习，读者不仅能够掌握低碳能源系统的基本原理与关键技术，还能深刻理解这些技术对于实现可持续发展的重要意义，并且有助于激发更多关于低碳能源系统创新和应用的思考。

6.1 低 碳 能 源 系 统 概 述

作为推动新质生产力发展的重要手段之一，低碳能源系统通过在电源侧整合煤炭、石油、天然气和电力多元资源，需求侧整合冷、热、电、气等多种终端资源，最终实现在保障能源供需平衡的基础上提升能源利用的安全性、可靠性、低碳性和经济性。本节将深入剖析低碳能源系统内涵、架构与运行特性，阐述低碳能源系统中典型设备的建模方法，揭示低碳能源系统对于实现能源清洁与可持续发展的重要意义。

6.1.1 低碳能源系统定义、意义和优点

（1）定义。低碳能源系统是指以降低碳排放为核心目标，通过优化能源结构、提高能源利用效率、采用清洁能源技术等多种手段，实现能源的可持续供应与使用的综合能源系统。实际上，在能源领域，低碳能源系统的理念最早可追溯至热电协同优化的研究范畴。低碳能源系统具有多能互补和级联能量利用等优势，是实现能源互联网的重要基础，涉及热、冷、电和气等形式能源的转换、分配和协调。低碳能源系统深度应用于工业园区、高铁片区、大型能源基地及终端用户供能等场景，通过优化配置可再生能源及生产低碳替代燃料，提高了能源的利用效率，减少了化石能源的使用，实现了系统从"低碳"到"零碳"甚至"负碳"的演进。

（2）意义。传统能源网络配置和可再生能源间歇性易产生能源浪费、电力系统不稳定等问题。随着"双碳"目标的提出，降低化石能源的消耗，提高可再生能源的发电比

例已经成为当下的共识。根据《中国能源中长期（2030、2050）发展战略研究》《中国环境宏观战略研究》及全国环境保护（大气）总体目标和国际经验：2030 年，煤炭消费量控制在 36 亿 t 以内；煤炭消费带来的二氧化碳排放控制在 59.8 亿～ 73.4 亿 t，二氧化硫排放量控制在 1200 万 t 以下，氮氧化物排放量控制在 980 万 t 以下。建设低碳能源系统意义如下：

1）建设低碳能源系统是提高能源利用率、解决环境污染的重要途径。促进可再生能源的大规模开发，有助于提高传统一次能源的利用效率，有助于实现社会能源的可持续发展。

2）建设低碳能源系统有助于提升社会能源供应，提高系统基础设施的运行效率，可以推动社会资本的高效配置，从而有助于打造节约资源的社会。

3）建设低碳能源系统可促进能源体系向低碳方向转变，推动新型材料、高效能源转换装置及能源管理技术的进步，由此减少能源生产与消费过程中的碳排放。

（3）优点。建设低碳能源系统有如下优点：

1）在能源系统的规划与执行阶段，能够发挥不同能源之间的互补性。例如，热能和燃气储存技术已经较为成熟，并且具有较高的成本效益，低碳能源系统可以更好地发挥以上互补优势。

2）促进可再生能源的大规模整合和高效使用。例如，在可再生能源并网时，考虑运行限制，将多余的电能转化为氢气替代部分弃风弃光，再将其注入天然气管网，实现以最大程度使用可再生能源。

3）提供保证能源交易高效性和灵活性的基础设施。低碳能源系统建立了一个强大、灵活且集成的互联物理平台，使得能源交易更加高效和灵活，进而充分挖掘分布式能源（包括发电端、储能系统和灵活负载端）的最大调用潜力和使用价值。

4）增强能源系统的安全性和稳定性，提高应对紧急情况的能力，实现经济高效的能源自给。低碳能源系统能够独立运行，即使在外部能源供应不足或中断时，也能保障能源供应的连续性，可为偏远地区提供能源供给，纾困大城市能源危机。

5）提高能源的利用效率，减少能源使用成本。通过多能耦合系统间的协调控制，可以显著提高系统的适应性，确保系统装置保持较高的使用效率和经济运行水平，从而实现系统整体运行的提质增效。

6.1.2　低碳能源系统的基本架构和特点

（1）基本架构。低碳能源系统包含能源输入、能源转换及能源输出三个主要成分，实现了电能、热能与气能的统一整合与调度，有助于优化能源使用结构，提升能源利用的效率。低碳能源系统基本架构如图 6-1 所示。

1）能源输入。能源系统的输入端能够接纳多种外部能源输入，包括电力和天然气等资源。燃气锅炉（GB，gas boiler）；燃气轮机（GT，gas turbine），基于有机朗肯循环（ORC，organic rankine cycle）的低温余热发电装置与余热锅炉（WHB，waste heat boiler）装置共同构成热电联产（CHP，combined heat and power）装置；蓄电池（BT，Battery）和蓄热槽（TST，thermal storage tank）组成的储能设备（ESS，energy storage system）；电转气（P2G，power to gas）装置实现电能与天然气能的转换；电锅炉（EB，electric boiler），CHP 及 GB 支撑了能量在能源耦合网络中的传输。

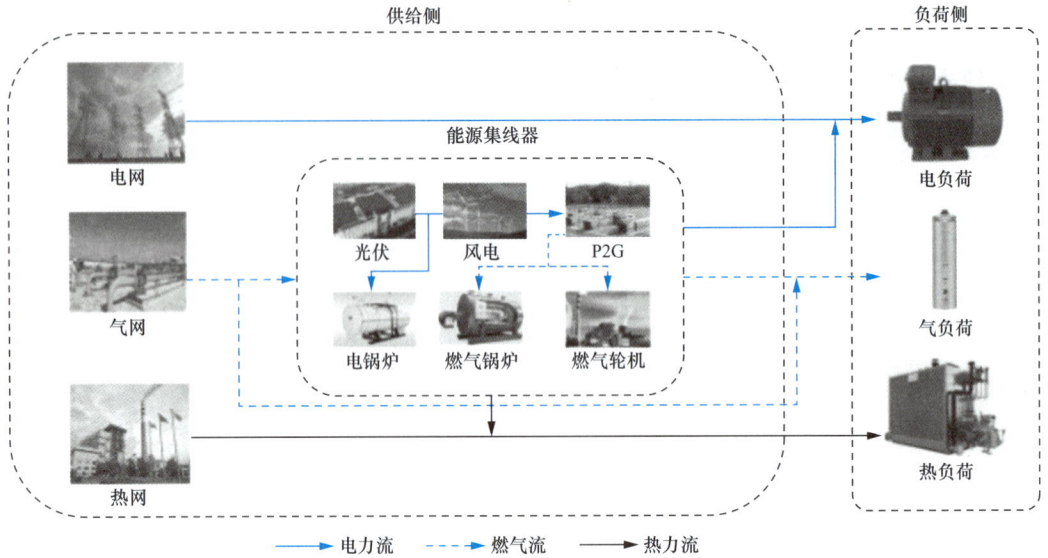

图 6-1　低碳能源系统基本架构

2）能源转换。能源转换装置扮演着能源转换核心的角色，它将多种初始能源转换成满足用户不同需求的能源形态。为满足用户多样化的能源需求，低碳能源系统构建出涵盖电网、热力网、冷网及气网的高效能源传输网络。

3）能源输出。能源输出端口供应包括电力、热力和天然气在内的所需能源，通常位于能源供应链的末端而直接面向最终用户，确保能源的有效利用。

（2）特点。低碳能源系统由维持经济社会运转的煤炭、石油、天然气、电力、热力、风能、太阳能等资源构成。近年来，该系统实现了由"以单一网络为主的传统结构"向"以电力为核心的低碳综合系统"转型。低碳能源体系依托于能源间的转换能力和互补性，对能源的生成、输送、分配、转换、储存和使用等环节实施全面的统筹与优化，旨在实现经济高效、安全可靠、灵活便捷的能源供应。其核心特征如下：

1）低碳能源体系通过整合多种能源系统，实现了能源效率的互补。与传统独立设计的电力、热能、冷能和燃气系统不同，低碳能源体系的核心在于多能源的耦合与协同互补，减少了对传统能源网络的依赖，并在极端情况下（如电网崩溃）具备自我恢复能力，保障用户生活和生产的连续性。同时，该体系促进"源网荷储"之间的能量信息交互，优化能源供应基础设施的利用效率，减少能源浪费，推动低碳能源的灵活互动及"源网荷储"的纵向整合。

2）智能电网构成了低碳能源系统的核心与关键要素，主要基于以下几点：首先，社会生产和日常生活的各个领域均需依赖稳定的电力供应，而风能、太阳能、生物质能等其他形式的能源亦需转换为电能后，才能实现大规模的开发与利用；其次，智能电网代表了电网技术的智能化发展，未来的电网应当具备高度的灵活性和可靠性，能够自主应对各种内外部干扰和激励，同时保障用户安全，提升设备使用效率，以及增强能源的综合利用率。

3）低碳能源系统通过物理与信息深度融合，实现了能源生产、传输、消费、存储及转换的全过程优化。其中，物理信息系统（CPS，cyber-physical systems）集成计算机、网络通信与实体环境，促进能量流与信息流的紧密耦合。借助"云大物移智链"等技术，系统运行更灵活智能，具备安全可靠、实时高效的特点。低碳能源系统不仅满足多元化用能需求，还通过能源协同优化，提升使用效率，推动可再生能源应用，增强能源供应的安全性、经济性和设备利用率，对相关领域研究具有深远影响。

6.1.3　低碳能源系统"源网荷储"耦合互补机理

低碳能源系统具备多能协同互补的特性，主要表现在系统的"源网荷储"结构上。如图 6-2 所示，低碳能源系统通过多种方式形成"源网荷储"的协同互动机制，有助于更加系统性、经济性运行。具体而言，该系统利用冷热电联供技术，将燃气轮机或内燃机发电过程中产生的余热用于供热或驱动吸收式制冷机制冷，实现了能源的梯级利用，同时，电制冷机、电锅炉等设备的利用，将电能直接转换为冷能或热能，进一步增强了能源形式之间的互补性；此外，系统还通过 P2G 技术，将电能转化为天然气能，用于储存或补充燃气供应，提升了系统的灵活性和稳定性。在需求侧，智能管理系统和储能设备的使用，实现了负荷的动态调整和能源的高效分配。

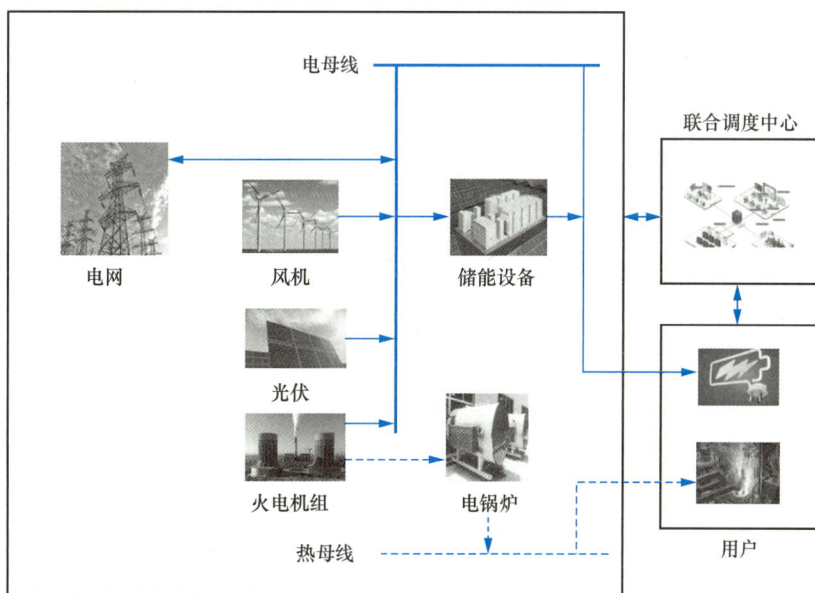

图 6-2　"源网荷储"系统整体构造

与单一能源系统相比，低碳能源系统可以对多类型能源资源进行全面的开发利用，依据负荷的供需变化调整设备出力，形成显著的互动关系。将低碳能源系统生产侧、供给侧、传输侧的柔性特征充分利用，实现"源网荷储"四个方面的多种互动模式。灵活运用低碳能源系统的"源网荷储"协同特性，可在实现供能出力平衡的同时，提高系统的综合能效、收益与可靠程度，实现区域内资源的合理化利用。

（1）冷热电联供系统。冷热电联供系统（CCHP，combined cooling，heating，and power）是构建于能量梯级利用理念之上的一种高效能源系统，它主要依赖天然气作为一次能源，通过集成多种能源转换设备，同步产出电力、热能及冷能，实现能源的逐级高效利用，功能上对前文所述热电联产机组进行了扩展。该系统的一次能源利用效率可接近 80%。

典型的 CCHP 系统架构涵盖动力与发电单元、余热回收模块及制冷子系统。针对多样化的用户能源需求，系统设计具有高度的灵活性，动力设备的选型多样，涵盖微型燃气轮机、内燃机、小型燃气轮机等多种类型。实际系统运行中，燃气轮机常作为系统的核心动力装置发挥重要作用。当燃气轮机独立运行时，其发电效率约为 40%，而纳入 CCHP 体系后，综合效率可跃升至 80%。燃气轮机依据布雷顿循环原理运作，它压缩热空气与燃料的混合体以促进充分燃烧，利用产生的高温高压气体驱动涡轮旋转，带动发电机发电。同时，余热回收系统捕捉燃气轮机发电后的废热，这些热量一部分可通过热网直接供给用户供暖，另一部分则用于驱动制冷系统，包括压缩式与吸收式（如溴化锂吸收式制冷机）两种制冷技术，以满足用户的制冷需求。在冷、热需求超出余热供给能力时，系统可通过燃气补燃的方式补充能量。

CCHP 通过将天然气转化为电能、热能及冷能，为低碳能源系统园区内的用户提供全面的能源解决方案（如图 6-3 所示）。其核心优势在于实现了能量的梯级利用，即高品位热能优先用于发电，低品位热能则用于制冷和供暖，从而在促进节能减排的同时，实现了多种能源的协同供应。

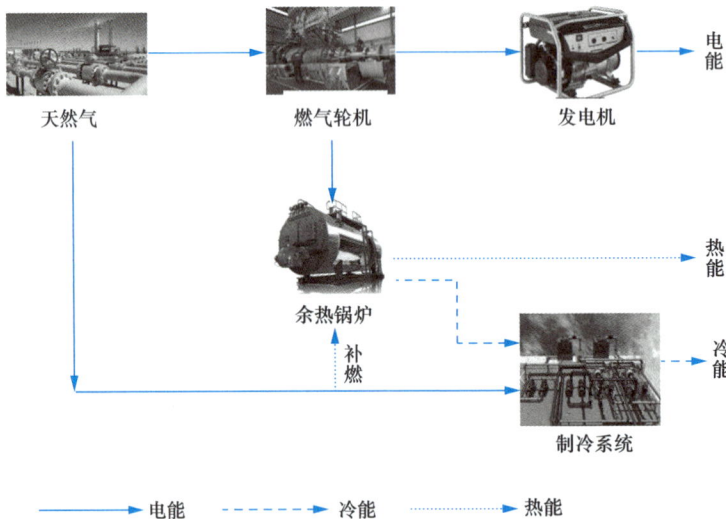

图 6-3　冷热电联供系统

（2）蓄热式电锅炉。如图 6-4 所示，蓄热式电锅炉是兼有电加热与蓄热功能的热力装置，分全蓄能式与分量蓄能式两种运行方式，可充分利用夜间廉价低谷电力将电能转换为热能，同时以水为储热介质将热能储存于蓄热罐内。在用电高峰阶段，电锅炉停止运行并将蓄热罐内储存的热量释放出来进行供热，由此起到了削峰填谷的作用，从而降低用电成本并提高了经济效益。

蓄热式电锅炉具备多种供热方式，既可单独进行蓄热或放热，也可在蓄热过程中同步供热，完成联合供热。这种锅炉一般在夜间低谷时段蓄热，利用低谷电价政策，且常以水作为介质，把热量存储于蓄热水箱。蓄热式电锅炉主要用于居民家庭和需要少量供应热水的场所，将其用于采暖具有下列优越性：

1）蓄热式电锅炉装置利用电锅炉内的电热管将水加热，通过电器元件通电后达到加热目的。与燃煤、燃油、燃气锅炉相比，其无燃烧、不排出黑烟、灰尘及 SO_2 等有害气体。

2）蓄热式电锅炉实现无废弃物排放，具备无污染、低噪声及占地面积小的优势。其锅炉主体设计紧凑，结构简洁，无需配置烟囱及燃料储存空间。

3）蓄热式电锅炉可充分利用低谷电价进行加热并将热能存储起来，供日间高峰时段使用，从而有效降低了系统的整体运行成本。

4）蓄热式电锅炉装置自动化水平高，运行稳定可靠，并配备了包括过温、过压、过流、短路保护，以及断水和缺相检测在内的六种自动安全保护机制。

5）蓄热式电锅炉展现较为高效的热效率，其热效率高达 95% 及以上。

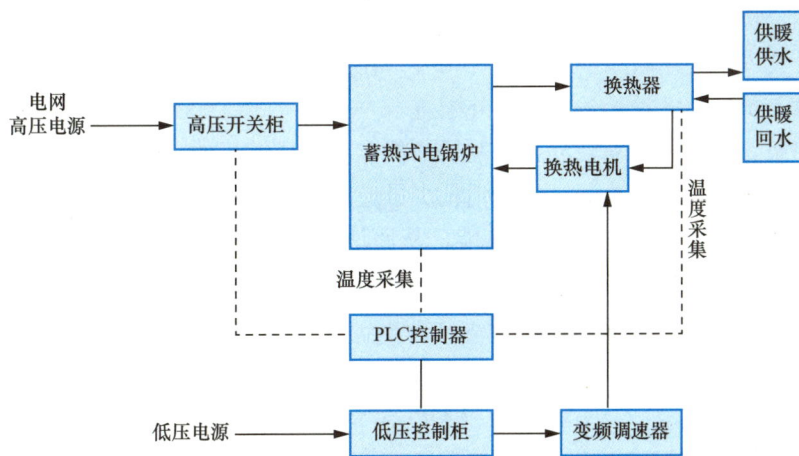

图 6-4　蓄热式电锅炉系统

（3）冰蓄冷系统。如图 6-5 所示，冰蓄冷系统是在常规制冷系统中加入蓄冰槽的蓄冷设备，通常由制冷设备、蓄冰槽和控制仪表三部分组成。冰蓄冷系统主要有冰盘管式系统、内融冰式冰蓄冷系统两种，其中冰盘管式系统又称直接蒸发式蓄冷系统。冰蓄冷系统中，蓄冰槽中有大量的冰被冻结在蒸发器盘管上，当设备处于融冰状态时，冰从外层开始融化，使得温度较高的冷冻回水可以二次利用，可以在较短的时间内释放出大量的冷能。该系统常被用于短时间冷需求较大的场景，如一些工业加工过程。而内融冰式冰蓄冷系统是利用低温乙二醇水溶液使蓄冰槽盘管结冰，在融冰过程中，空调回水管中温度较高的乙二醇水溶液使得盘管外冰融化，进行释冷。

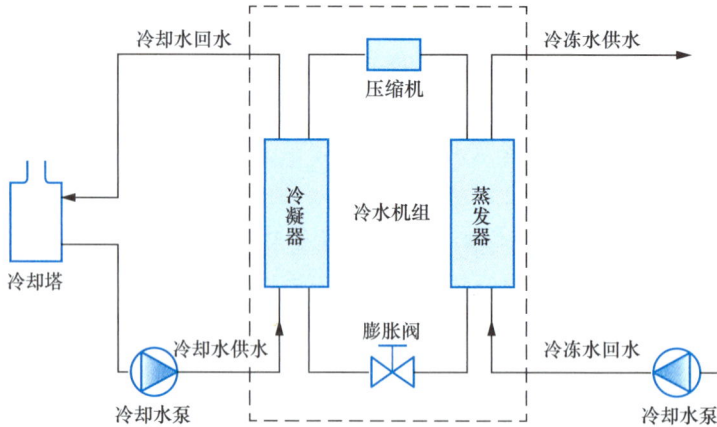

图 6-5　冰蓄冷系统

冰蓄冷技术的使用是电网实现削峰填谷的重要手段之一，在许多国家都得到了广泛的推广。当电力负荷处于低谷时，冰蓄冷设备利用此时较低的低谷电价进行蓄冷并以冰的形式存储；当电力负荷较高时，将蓄冰槽中的冷量释放出来，满足实时冷需求。冰蓄冷设备可应用于多种制冷工况，如单独供冰、制冰同时供冷、单制冷机组供冷、单融冰供冷、制冷机与融冰同时供冷等，使得冰蓄冷在低碳能源系统中能够实现多种耦合互补。冰蓄冷技术的使用有效解决了削峰填谷，在低碳能源系统规划时可以减少制冷设备的配置容量，实现与多种设备耦合互补配置。

（4）热泵。热泵能够高效利用低品质热能，借助压缩机的工作，以逆向循环机制促使热量从低温源转移至高温源。仅需消耗少量逆向循环所需的功，热泵就能实现较大的热量供给，成功转化并利用低品质热能，从而达到显著的节能效果。1824 年提出的卡诺循环理论，为热泵的发展奠定了基础。热泵的用途被不断扩展，现在已经广泛地应用在空调与工业领域。随着热泵技术的不断发展，现在热泵已有多种类型，如地源热泵、空气源热泵、污水源热泵、能源塔热泵等类型，其中最常用的为地源热泵。

热泵的性能主要分为制冷性能（COP，coefficient of performance）以及制热性能（EER，energy efficiency ratio）。如图 6-6 所示，以地源热泵为例，地源热泵的制冷性能高达 3～4 COP，制热性能可达 2～3 EER，地源热泵可以消耗较少的一部分电能，并从介质中提取 3 倍电能的能量。此外，热泵可以实现供暖、供冷、提供生活热水的功能，实现一机多用，并可以和电制冷系统、电锅炉系统配合使用。低碳能源系统中，热泵系统的使用可以有效提升能源利用效率，实现多设备的耦合互补综合利用。

（5）氢燃料电池。燃料电池是一种发电装置，能将燃料中的化学能直接转换为电能，其内部核心为氧化还原反应。燃料在阳极输入，空气或氧气在阴极输入，两者在电解质两侧发生反应，电子在外电路中流动产生电能。此过程无需经过热机，不受卡诺循环限制，因此能量转换效率极高。燃料电池的燃料来源广泛，包括氢气、天然气、液化石油气和甲醇等。其中，氢能是一种高热值、来源广泛且环保的二次能源，有望在化石能源紧缺的未来扮演核心角色。在清洁能源充足的情况下，采用电制氢技术转换并储存多余能源，是应对弃风弃光问题的有效策略，氢燃料电池系统如图 6-7 所示。

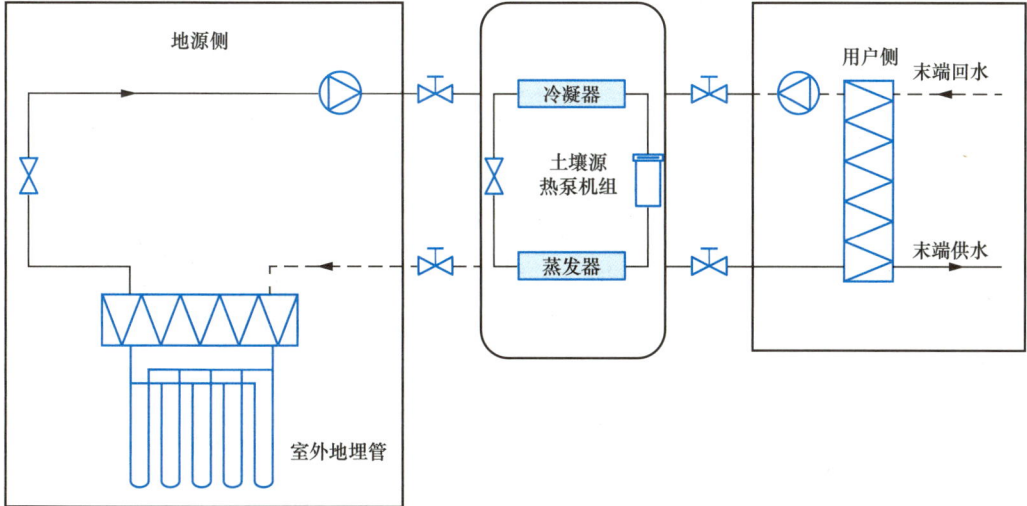

图 6-6　地源热泵系统

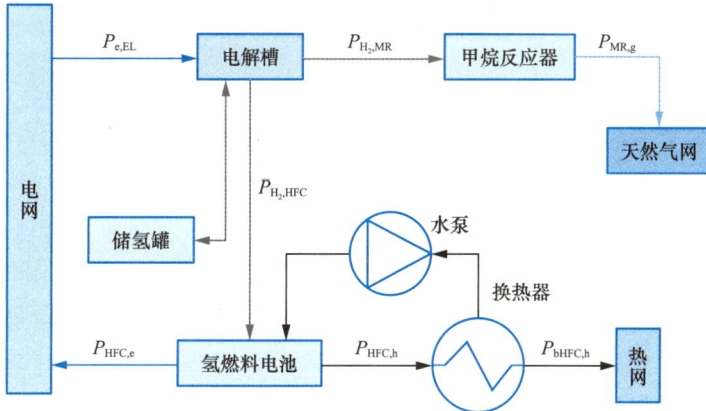

图 6-7　氢燃料电池系统

6.1.4　案例分析

110kV 香山低碳能源站（如图 6-8 所示）是一个集风能、太阳能、充电设施与变电功能于一体的综合性能源枢纽。该站围墙运用了先进的 3D 打印环保技术，屋顶则配置了 34.32kW 的光伏发电系统和一座多功能气象观测站。在场地布局上，设有 3 台 1kW 的风力发电装置、1 套 120kW 的一体双枪直流快速充电系统、2 盏智慧路灯及一块展示大屏，实现了变电站资源的全方位、立体化利用。

110kV 香山低碳能源站采纳了"多站融合"的先进理念，实现了能量流、信息流与场地资源与变电站的深度融合与共享，有效提升了新能源的接纳比例。它不仅能够实现低碳能源设备的自主运行与远程监控，还显著提高了管理效率，同时注重成本控制，具有良好的经济性、示范效应与实用价值。该项目构建了一个可量化、可评估、可复制、可推广的典型模式，是江苏电网首批低碳能源示范项目的重要组成部分，也是苏州地区首个落成的低碳能源站。

图 6-8　110kV 香山低碳能源站

【课程思政案例 6-1】中国的低碳能源系统——从跟随者到领跑者

中国的低碳能源服务相关技术虽较部分欧美国家起步较晚，但近 5 年来，一系列政策法规的出台，为低碳能源服务的研究和建设提供了有力的支持。在此背景下，自 2023 年 8 月以来，国内多个低碳能源服务项目纷纷落地。国网浙江综合能源公司与相关单位签署了绿色交通（地铁）示范项目合作协议，全面开展节能技术应用和能源管理系统建设等合作。同时，雄安新区容东能源综合供应站开业，填补了容东片区能源输送空白。此外，杭州滨江低碳能源站充电项目、皖能公司与能链等合作打造的"油气电氢服"一体化低碳能源港也相继开业。据不完全统计，目前全国已有超 60 座低碳能源服务站投入运营，并有越来越多的项目在建或计划建设。

同时，国内其他企业也在推进低碳能源技术创新过程中贡献了智慧与力量。其中，国家电力投资集团（国电投）以"传统发电向低碳智慧能源转型"为目标，组建两大子公司，聚焦用户侧综合智慧能源业务，构建"能源物联网＋消费互联网"生态，推动能源行业数字化升级。2022 年，国电投实施"雪炭行动"，面向海内外全面建设综合智慧零碳电厂，打造多个示范项目，如上海电力日本茨城原医院综合智慧零碳电厂项目。同时，为增强综合智慧零碳电厂的社会认可度和操作规范性，国电投发布了全国首个相关团体标准 T/CIET 233—2023《综合智慧零碳电厂通则》。此外，国电投致力于数字化平台的研发，2023 年，国电投发布"天枢一号"智慧系统，通过"大数据＋大模

222

型"技术，实现多能互补、柔性互动，显著提升节能减排率、成本节约率和可再生能源消纳率。目前，国电投已在多地建设示范项目，形成完善的技术体系和实践经验。截至2023年年底，"天枢一号"链接管理的低碳能源总规模已超过 40000MW，成为全球最大的低碳智慧能源数字化平台。以国电投为代表的国内企业纷纷响应国家号召，敢于投入资源突破技术封锁，实现了低碳能源行业从跟随者到领跑者的华丽蜕变。

◇◇ 习题

1. 简述低碳能源系统基本架构与运行特点。
2. 简述低碳能源系统中的"源网荷储"耦合机制，并讨论如何通过优化调度提高系统的整体效率。
3. 试述冷热电联供系统运行机理。
4. 试列举蓄热式电锅炉用于采暖的优点。
5. 简述冰蓄冷技术用于电网削峰填谷的工作原理。
6. 简述地源热泵工作原理。
7. 画出氢燃料电池系统原理简图。
8. 请结合案例，浅谈对中国低碳能源系统发展的感想。

6.2 能源效率与节能措施

本节将从技术层面深入剖析低碳能源系统的多个核心方面，分别从能效提升技术、能源供应与用能技术和多能互补供应技术三个方面，揭示低碳能源系统在提升能源效率和实施节能措施方面的重要作用和实践策略。

6.2.1 能效提升技术

确保经济持续增长的关键在于发展能源产业，但同时也必须应对能源开发和利用所带来的环境污染、生态破坏和气候变化等紧迫问题。低碳能源系统开展能效提升技术实施，通过引入区域化集约化手段，推动能源技术的创新与效能产能转变，提高综合能效和控制能源消费总量，从而优化能源结构、实现绿色低碳转型、增强能源安全保护以及推动能源高质量发展。

（1）能效提升的思路与途径。在政策层面，为应对产能过剩行业的挑战，迫切需要执行"去产能"政策，以推动资源节约和高效发展。同时，加强关键行业规划和监管，以建立区域产业合理布局的协作机制，及时解决同质化和过剩产能问题，确保区域经济和产业协调发展，减少因重复建设带来的能源浪费。此外，通过对交通、建筑、工业、产业园区等进行整体规划，推动紧凑型城市和城市群建设，倡导土地多元化利用，促进资源和能源的节约、高效和优化配置，实现综合工厂、公共交通与绿色建筑等基础设施的有机融合，提升城乡居住品质和绿色低碳发展水平。

在基建与技术层面，加快新型基础设施的建设，实现低碳能源系统智能化升级。促进互联网、物联网和智能技术的快速发展，能源基础设施的融合，实现综合性升级。鼓励采用分布式能源系统（如图 6-9 所示）来支持新型基础设施建设，例如结合分布式、

5G 网络和储能设备，建立"太阳能 +5G 通信基站"的新型融合模式，以及基于"微电网 + 充电桩"的智能微电网储能充电系统，并充分挖掘建筑与交通等高耗能行业在提升能源效率方面的巨大潜力，加强能源供应与需求之间的联系和互动，从而显著提高能源生产和消费体系的整体效率。在确保能源供应和价格合理的前提下，持续推进电气化和清洁能源转型，增加对充电设施、氢燃料站、配电网络、城市燃气管道、热力管道等基础设施的投资。

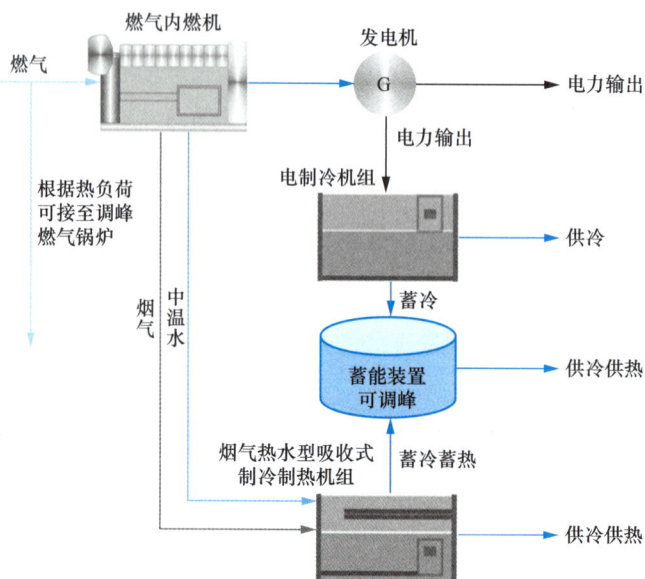

图 6-9　分布式能源系统

（2）区域低碳能源系统的定义及效能。区域低碳能源系统能够更好地统筹区域内的能源资源与需求，实现多能源互补和优化配置，从而更高效地推动能源绿色低碳转型，满足区域可持续发展的需求。区域低碳能源系统（如图 6-10 所示）是指在一定区域内，综合利用当地的能源和设备资源，通过整合多样化的设备、技术与系统，来满足不同用户对冷能、热能、电能和天然气等终端能源的需求。此外，该系统还考虑了区域外能源的整合，以满足区域特定的需求，实现了从能源生产、供应、分配、消费到排放的全过程管理。

从地理学的角度来看，区域概念区别于单独的宏观层面和微观层面，是在城市和建筑二者之间的中间概念。在传统的能源供需结构中，供应方起决定性作用，大型集中式能源站通过广泛的输送系统向终端用户分配大量能源，然而，用户端的能源消耗数据却无法回传至供应端，造成能源的单向传递。

区域低碳能源系统致力于打破传统供给侧主导模式所带来的能源供需不平衡问题，这种不平衡可能导致供应过剩或不足，进而影响经济良好稳定发展和正常生活需求。该体系聚焦于需求侧引导，旨在通过连接供给端与终端用户实现能源优化，构建一个多元共生、双向互动、丰富多样的区域能源网络，以推动供需协调。"多元"不仅体现在用户需求的多样性，还包括两方面：①供应端不仅包括化石燃料的冷、热、电设备，还整合了热电联产和各种可再生能源，如太阳能、风能和生物质能，以确保资源高效配置；②消费端能够满足用户对冷、热、电、气等多种终端能源的需求，从而提升整体能源管理能力。"共生"是指区域能源的互惠互利，通过化石能源与可再生能源的互为补充，有效解决自然能源供应的间歇性问题，实现不同终端用户之间的能源互补，进而达到负荷的均衡。

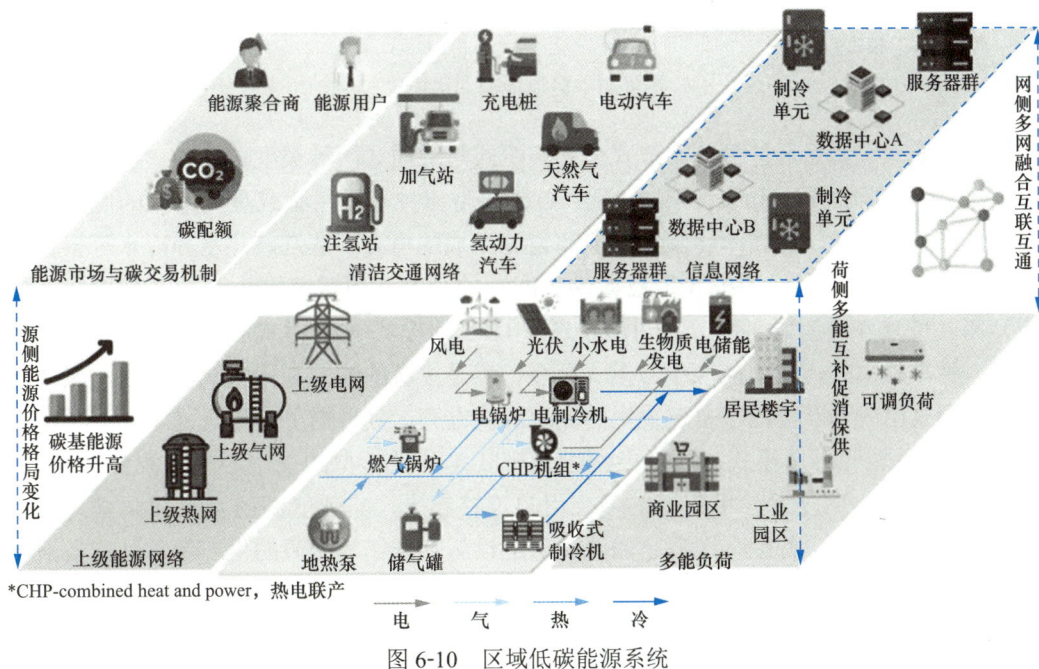

图 6-10　区域低碳能源系统

在节能减排的背景下，区域低碳能源系统与传统能源供应体系有所区别，其主要目标是尽可能减少能源消耗以满足各种需求。该系统旨在增强区域内的能源使用效率，减少环境污染，同时确保可靠的能源供应。此外，它还提升了用户的舒适度和便利性，降低能源成本，并增强对各类燃料的适应性，带来了额外的积极效果。然而，由于区域内不同能源用户可能有不同的利益诉求，区域低碳能源系统追求整体利益最大化时，无法确保单独用户的利益最大化。

建立区域低碳能源系统需要满足两个基本条件：一方面，该体系建立后，整个系统的效益（如节能效果、经济效益等）应该超过各个用户单独供能时的总效益；另一方面，用户加入区域能源利用体系后得到的效益必须高于他们单独使用能源时的效益。因此，建立区域低碳能源系统所面临的一项挑战是协调系统整体利益与用户个体利益，形成对各方都有利的决策机制。与单一设备和用户效率的"点状节能"方案不同，区域能源利用应将城市或区域视为一个整体，通过建设区域能源网络来实现更高效和系统化的能源使用。"多源、互补、共享、融通"是区域能源利用的关键特征，不同的能源网络结构和供能范围促成了区域能源利用模式的多样性，如图 6-11 所示。

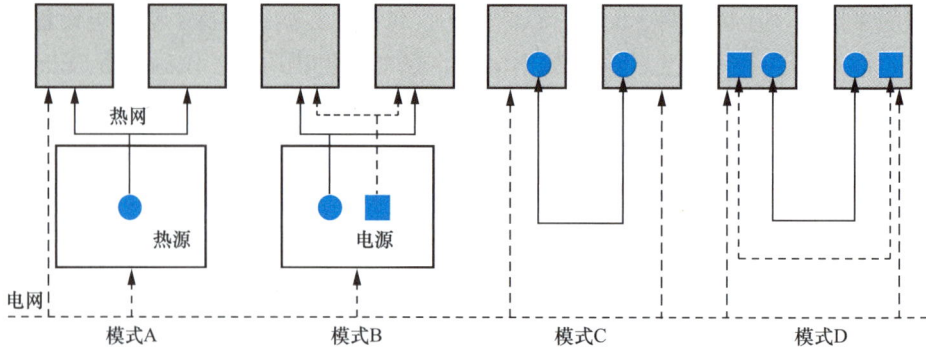

图 6-11　区域能源利用模式

区域低碳能源系统能源利用模式分为集中式与融通式两种类型。

1）集中能源中心模式。集中能源中心模式是一种基于树状或星状结构的能源供应系统，利用区域微电网技术将集中式能源设施生成的电力、蒸汽、热水和冷水等多种能源分配给周边用户。这种模式可根据供应能源的种类和覆盖范围，分为区域供热（供冷）和区域热（冷）联供，分别对应于图 6-11 中的模式 A 和模式 B。作为区域能源利用的一种早期形式，集中能源中心模式至今仍然是主流的能源利用方式。目前，集中能源中心模式已成为欧美国家普遍采用的能源解决方案，且占据了重要位置。

2）区域能源融通模式。区域能源融通模式是一种新型的去中心化能源供应模式。它利用区域微电网技术，将邻近的多个用户连接起来，实现能源的互补和共享。在这种模式中，每个用户都配备了自己的能源供应设施，既作为能源的生产者，又充当消费者，通过区域能源网络实现相互间的能源交换，从而达到相辅相成和互为备用的目的。这种模式的转变意味着能源供应正从单一的自给自足向集体互助的方向发展，用户间的能源互补和共享成为该模式的核心特征。区域能源融通系统根据其能源类型进行分类，有热能融通型和热电融通型两类，分别对应图 6-11 中的模式 C 和模式 D。以热能融通型进行举例，用户的热源设备多数时间运行在低于其额定容量 50% 的状态，该设备通常根据需求高峰（一年中的少数时段）配置。因热源设备种类繁多及效率和安装时间的差异，热能融通能够优先调动高效的设备，进而减少低效设备的使用时间。此外，它还可以将地热、太阳能等多种热源整合在一起，搭建一个涵盖多个热源和用户的区域供热系统。在开发新区域能源系统时，可以应用互联网思维，打破传统集中式能源供应所带来的限制，利用分布式能源（例如建筑的冷热电联产和分布式光伏）产生的电力和热量，借助微电网与微热网实现与终端用户的连接，从而构建电力与热力的联通机制。由此，单个用户在设备配置上将更加灵活，区域微电网还能够有效处理产能过剩或能源不足的问题，提升调度与平衡效率，有助于降低设备的投资和运营费用。

（3）区域低碳能源系统的优越性及存在问题。区域低碳能源系统通过综合优化系统结构、配置和运行，展现出超越传统节能方法的潜力，能够实现最高效率的能源利用。这种系统不仅能够通过集中区域能源需求和使用高效能源设备，以及适当的设备管理来实现部分负荷的高效运行，还能有效节省能源、改善城市环境和提升城市机能等额外优势。

然而在推动区域能源利用进一步推广和应用时，仍面临一些挑战：

1）构建区域能源系统时，需要综合考虑多个因素，包括用户间的距离、热能损失、输送热媒的能源消耗及区域热网建设的高初始投资成本。为了确定最佳的服务范围和管网布局，必须通过成本效益分析来优化这些因素。

2）为了确保低碳能源服务企业与用户之间能够维持长期稳定的能源供应关系，政府需加强监管。如用户在加入区域低碳能源系统后需切换为独立供能方式，则需对供能设备进行大规模的调整。

3）在区域能源利用体系中，如何协调个体利益与集体利益之间的矛盾与平衡，成为迫切需要解决的重要挑战。用户的能源消费行为将降低区域低碳能源系统的整体能效，需要借助市场经济管理提供相关辅助决策，确保实现个体与整体的平衡。

4）区域低碳能源系统的持续运行和稳定性依赖于一个公正的利益分配机制。在这一系统中，部分用户扮演"能源中心"角色，通过提高自身能源供应量来满足其他用户的需求，并从中获得额外收益。然而，如果该部分用户因超额生产而增加的成本没有得到适当的补偿，则经济激励将减弱，导致其选择退出系统，从而影响系统整体运行效率。因此，确保该部分用户得到公平的激励是保持系统吸引力和稳定性的核心要素。

6.2.2　能源供应与用能技术

在建设低碳能源系统过程中，供需两端需充分考虑能源供应与用能技术。

（1）能源清洁供应技术。按照《新时代的中国能源发展》白皮书要求，需采取维护能源安全所实施的关键政策和重大行动。低碳能源系统建设需采用多元清洁的能源供应技术，例如风能、太阳能等可再生能源，同时加快氢能等新兴能源产业的技术装备进步，包括绿氢的制备、储存和应用，以及推动氢燃料电池技术和汽车产业的发展。同时，推动储能技术在能源行业的广泛应用，特别是加强储能技术与可再生能源之间的协同发展，实施电化学储能的峰值调节试验。另外，为构建一个多样化的清洁能源供应系统（如图 6-12 所示），需要加快建设抽水蓄能电站，并促进储能技术与新能源发电及电力系统的高效协同。此外，通过优化电价和气价政策，激励电力与天然气用户积极参与高峰时段的电力调节和负荷调整，增强需求侧的响应力度，建立一个能够灵活中断和调整电力与天然气负荷的管理体系，进而充分利用需求侧的潜力。

（2）新型用能技术。低碳能源系统汇集了众多能源生产和消费实体，覆盖电、热、冷、气等多种能源类型。传统能源体系（如图 6-13 所示）中生产者和消费者之间缺少高效的沟通机制，无法实现几者间的即时优化，因此，物联网、云计算和人工智能等互联网技术领域的突破，极大地推动了低碳能源系统的规划与运作。依托"互联网＋"理念所构建的智能化能源管理体系（如图 6-14 所示）在低碳能源系统中扮演着核心角色，具备实时监控、动态分析及集中管理各个能源单元的能力，能够自动调整负荷并对变化做出积极响应。同时，利用数据测量和设备状态监测等技术手段，使得能源管理变得更加精确，不仅提升了管理效率，还有效减少了能源开支，增强了能源供需双方的互动，实现了能源使用的科学化和合理化。

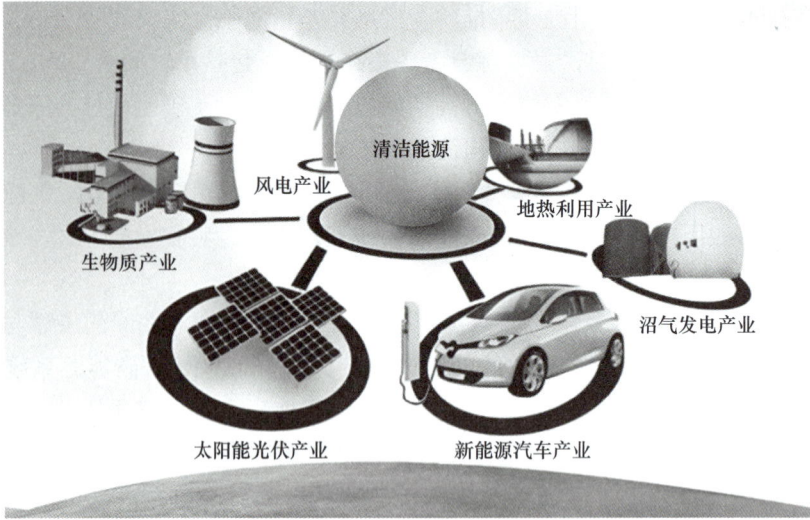

图 6-12　清洁能源供应系统

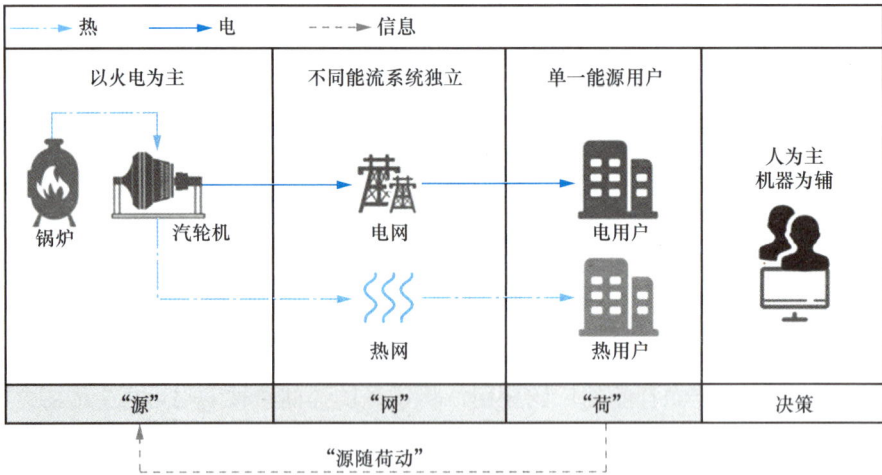

图 6-13　传统能源体系

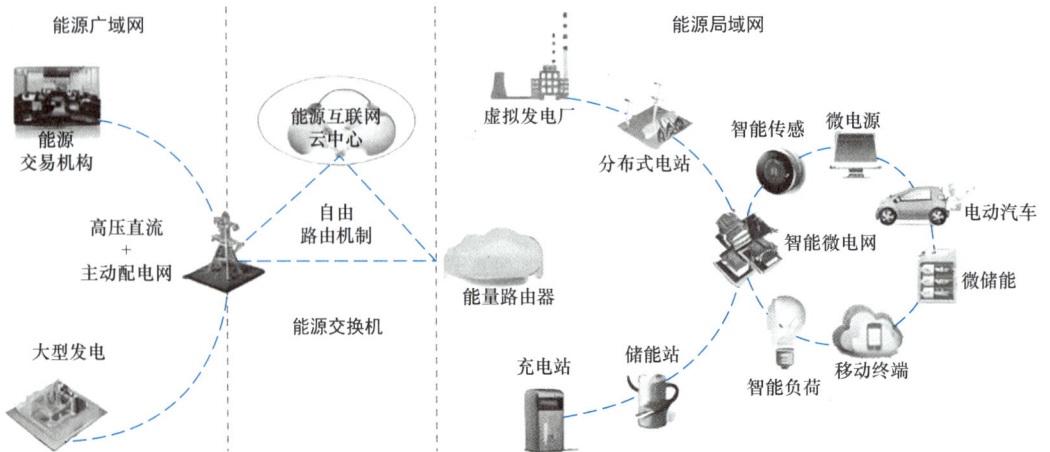

图 6-14　智能化能源管理体系

6.2.3　多能互补供应技术

作为低碳能源系统中的主要特征之一，多能互补供应技术的应用将进一步提升系统的运行效率。面向可再生能源的间歇性和波动性带来的接入和控制难题，采用多能互补供应技术，整合天然气、生物质、太阳能等多种能源，在供能端，将不同类型的能源进行有机整合，提高能源效率，减少能源浪费；在用户端，优化电、热、冷、气等能源系统的耦合，确保能源安全可靠。这种多能互补技术能充分利用分布式和可再生能源，对我国能源转型具有重要意义。

（1）多能源互补系统整合优化技术方案。我国首批多能互补集成优化示范工程，根据具体的资源条件和能源需求，采取了多样化的能源形式相互配合，以促进系统的可持续循环。这些示范工程的技术路径主要涵盖两类：第一类为终端一体化集成供能系统，第二类为融合风能、太阳能、水能和火电储能的多能互补系统。

终端综合能源供应系统旨在满足用户对电力、热能、冷能和气体等多种能源的需求。合理利用天然气的综合利用技术、开发分布式可再生能源、建设智能微电网，这些手段使该系统实现了多样性能源的联合供应和高效的多层次能源利用，如图 6-15、图 6-16 所示。

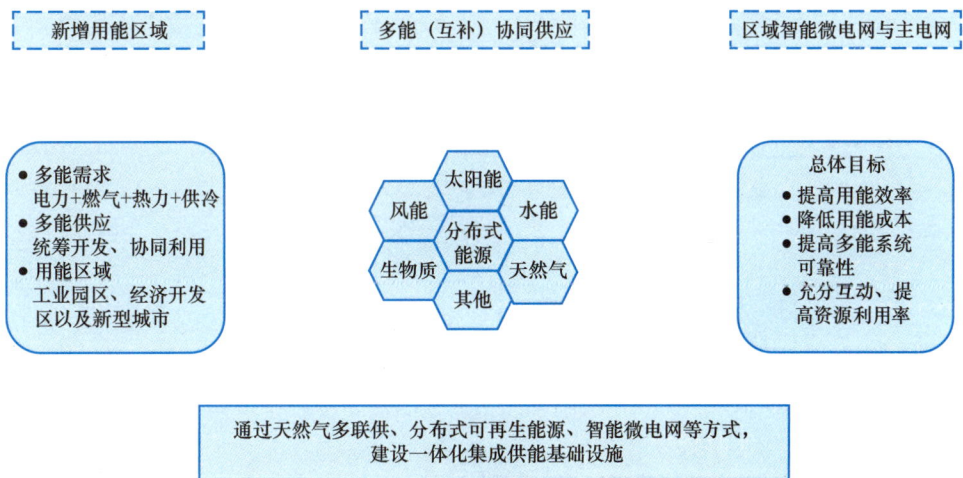

图 6-15　终端综合能源供应系统技术方案

如图 6-17、图 6-18 所示，风光水火储多能互补系统融合了风能、太阳能、水能、煤炭和天然气等多种能源资源，创建了一个大型低碳能源基地，并设置了先进的储能设备。该系统不仅能够利用水电站的快速调节能力来增强太阳能电站的有功功率，提升太阳能的发电质量，在优先使用太阳能发电的前提下，同时结合水力发电，为电网供给更加稳定和可靠的电力。

（2）多能互补中各类电源特点及互补形式。在多能互补系统中，常见的能源形式包括燃煤发电（涵盖燃气轮机）、风力发电、太阳能光伏、水力发电、抽水蓄能及 P2G 设备。燃煤发电和燃气轮机可调节性强，分别承担调峰任务和应急备用，尤其在处理峰值

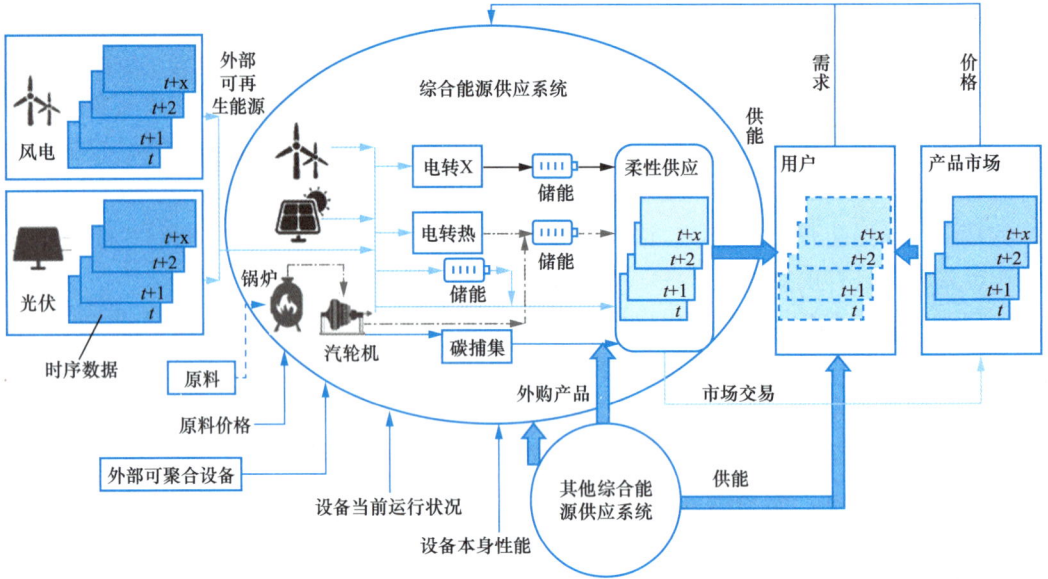

图 6-16　供需互动的综合能源供应系统示例

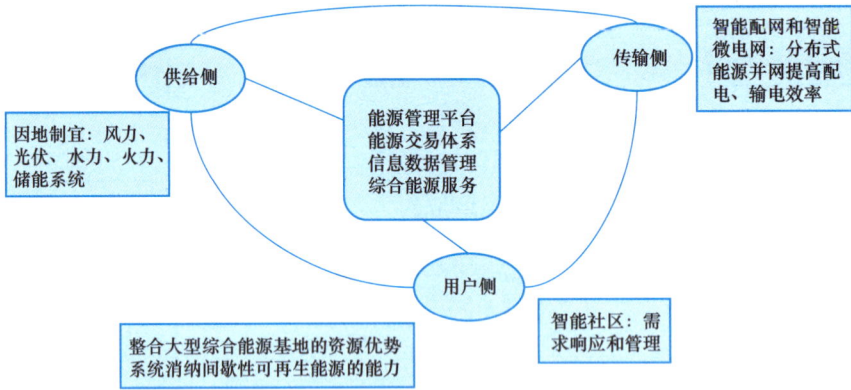

图 6-17　风光水火储多能互补系统技术方案

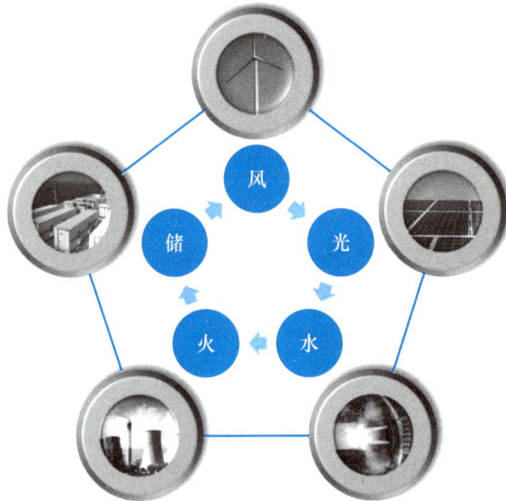

图 6-18　风光水火储多能互补系统示例

负荷时效果显著。风电、光伏等可再生能源输出波动大，但可通过抽水蓄能电站的调节能力与之互补，提升系统容量效益，增强电网对风电、光伏的接纳能力。P2G 设备可将多余的风电、光伏电能通过电解水制氢并进一步合成天然气，存储于天然气管网，在电力需求高峰时，储存气体可被释放用于发电或供热，有效缓解可再生能源的间歇性问题，实现能源的多形式互补和灵活调度。以上多种能源之间的互补主要表现在时间互补、热互补、热化学互补和负荷转移互补等方面，具体见表 6-1。

表 6-1　　　　　　　　　　　　多种能源互补利用的实现方式

互补方式	具体形式	实现方式	适用场合
时间互补	(1) 风光互补。 (2) 可再生能源—抽水蓄能。 (3) 可再生能源—燃煤发电等传统能源	(1) 通过优化风能和太阳能在不同时间尺度（如季节、昼夜）的发电特性，利用风能夜间和冬季的高发优势与太阳能白天和夏季的高发优势相互补充，从而提高能源供应的稳定性和可靠性。 (2) 可再生能源发电过剩时，利用抽水蓄能电站将电能转化为水的势能储存起来，而在可再生能源发电不足时释放储存的势能发电，从而优化电力供应的时空分布。 (3) 在可再生能源发电充足时，利用其清洁、低碳的优势满足电力需求，多余电力可通过储能或转化为其他形式的能源存储；当可再生能源发电不足或负荷需求高峰时，燃煤发电和燃气轮机凭借其调节灵活性和快速响应能力，迅速补充电力缺口，保障系统稳定供电	大型可再生能源发电本地消纳、分布式能源出力波动平抑等
热互补	(1) 光—地热。 (2) 光—生物质。 (3) 风光—天然气	(1) 通过利用太阳能光热技术在日照充足时将太阳能转化为热能储存于地下，结合地热能的稳定供应特性，需要时释放储存的热能或直接利用地热能，实现能源的灵活调配和稳定供应。 (2) 通过太阳能与生物质能的协同作用，利用聚光太阳热能为生物质气化提供热量，产生富氢气体燃料，在微电网中将光伏—蓄电池系统与生物质发电系统相结合，以提高供电稳定性和可靠性。 (3) 通过将风能和太阳能发电与天然气发电相结合，利用天然气发电的灵活性来弥补风能和太阳能的间歇性，从而实现稳定、可靠的热能和电能供应	工业窑炉和电采暖、居民采暖、光热发电等
热化学互补	(1) 光—天然气。 (2) 光—生物质。 (3) 风光—制氢	(1) 通过利用太阳能产生的热能驱动化学反应，结合天然气作为燃料或原料，以实现高效的能源转换和储存，从而优化能源利用效率并提高系统稳定性。 (2) 通过利用太阳能集热器产生的高温热能驱动生物质热解、气化或燃烧等化学转化过程，实现生物质能源的高效利用与增值，同时优化系统能量输出的稳定性和灵活性。 (3) 通过利用风能和太阳能发电驱动电解水制氢过程，结合热化学方法（太阳能高温热解水或利用风能／太阳能产生的余热）提高制氢效率，实现可再生能源与氢能生产的高效耦合	需要高密度储能和长期储能的场景，如电力、工业、区域和建筑供暖等

互补方式	具体形式	实现方式	适用场合
负荷转移互补	（1）电负荷—热负荷。 （2）电负荷—冷负荷。 （3）热负荷—冷负荷。 （4）P2G 设备利用	（1）通过利用储能设备（储电单元、蓄热单元）和多能转换设备（电加热器、燃气锅炉）进行能量的灵活调配。 （2）通过利用多能转换设备（电制冷机、吸收式制冷机）和储能设备（储电、储冷单元），在电能充足时将多余电力转化为冷能储存，电能不足时释放冷能，从而实现电能与冷能的灵活调配。 （3）通过利用多能转换设备（吸收式制冷机、烟气吸收热泵等）将热能转化为冷能，结合储能设备（储热、蓄冷装置）进行能量的存储与释放，从而实现热能与冷能的灵活调配。 （4）利用可再生能源在不同时间尺度（如昼夜、季节）的发电特性，与天然气的稳定性相结合实现，当可再生能源发电过剩时，利用 P2G 将电能转化为氢气或合成天然气并存储于天然气管网；在可再生能源发电不足或电力需求高峰时，释放储存的天然气用于发电或供热，从而平滑可再生能源的间歇性波动	数据中心、工业园区和综合能源系统等场景

（3）多能互补系统关键技术分析。

1）储能技术及能量转化策略。储能技术是推动多能互补发展的关键，在互补能源系统中，能源储存不仅涉及电力的储存，还涵盖了将电力转换为其他形式能量的储存与转换技术。该能源储存方式有助于解决发电与用电之间的不平衡问题，并应对不同能源类型响应速度的差异，进而达到配电网、天然气网、冷热网和交通网等多种能源网络有效耦合的目的。该系统中储能系统及能量转化技术和储能在多能互补集成优化中的应用分别如图 6-19、图 6-20 所示。

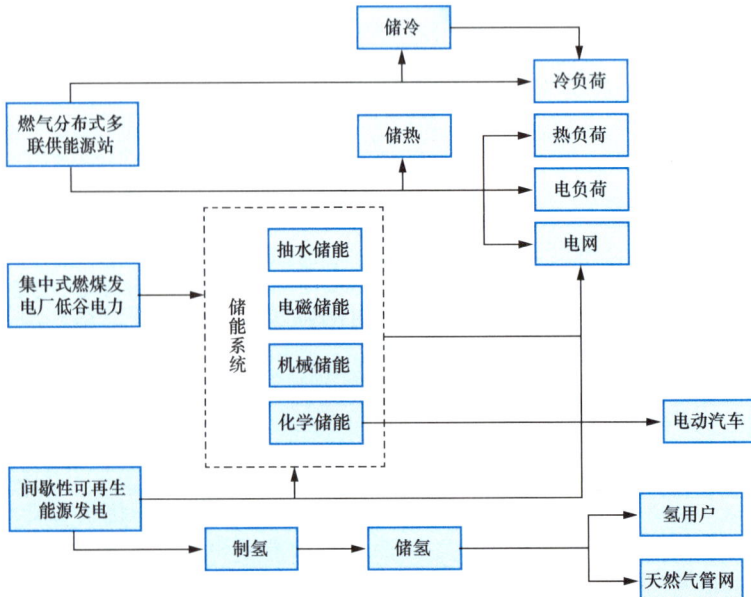

图 6-19　多能互补中储能系统及能量转化技术

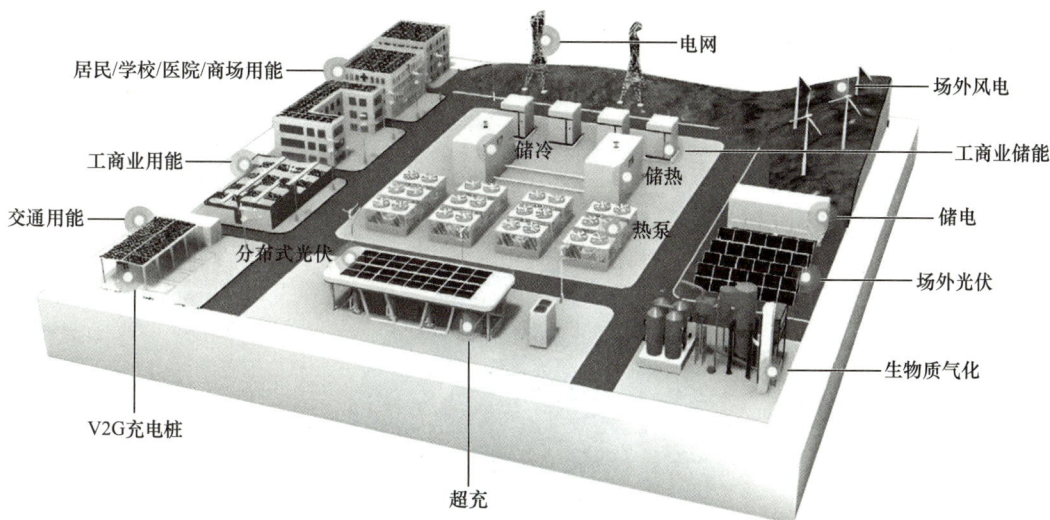

图 6-20　储能在多能互补集成优化中的应用

2）综合能量管理系统。在多能源系统的高效稳定运作中，复杂的能源管理扮演着关键角色，涵盖了用户负荷、分布式电源、交易中心等管理。综合能量管理系统平台通过信息流控制能量流，并集成了预测、分析与决策等核心功能，以实现全面的管理。此外，它有效整合了电网中的可再生能源、非可再生能源、储能系统和多样化的能源负荷，制定出合理的能源输出与能量转换计划，同时在供应端进行多维度的综合决策。其系统功能框架和综合能源管理系统应用分别如图 6-21、图 6-22 所示。

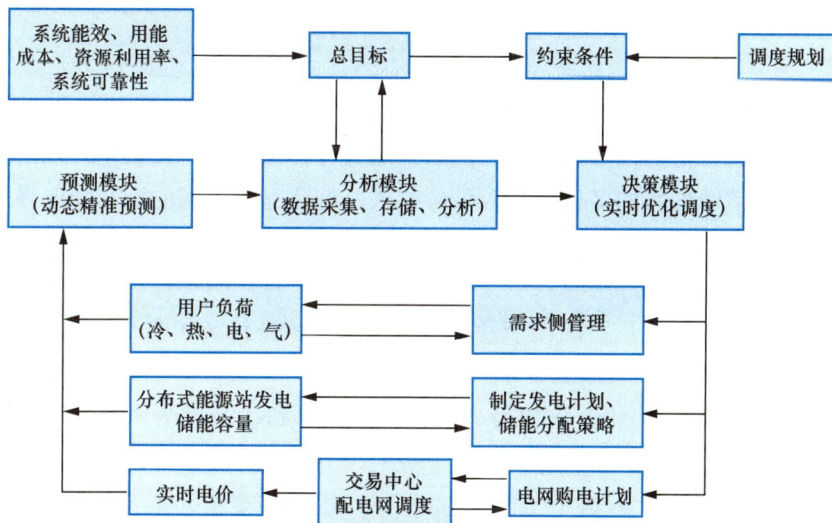

图 6-21　综合能源管理系统功能框架

此外，多能源互补系统还涵盖了大规模长距离电力输送、前沿电力电子、安全可靠的通信及标准化等技术。这些技术涵盖了多个领域和学科，其研发和制造可以实现分布式发电资源与现有配电网络电气设施之间的有效协调，并确保多能源互补系统能够提供高质量的电力，以保障配电网的安全稳定运行。

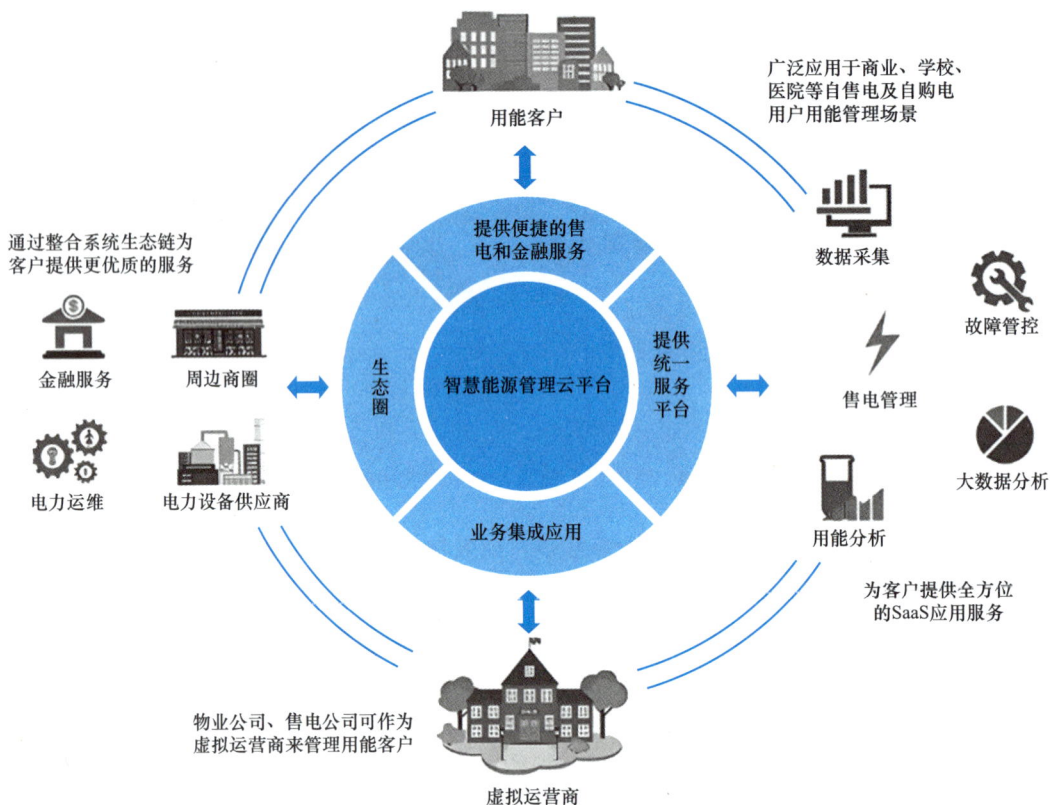

图 6-22　综合能源管理系统应用

❖❖❖【课程思政案例 6-2】雄安新区——中国式现代化的绿色低碳能源示范

　　雄安新区具备丰富的地热、光伏、污水余热等可再生能源，外来电力以可再生能源为主，适合发展清洁低碳的多样化能源供应方式，构建互补协同的智慧能源系统，充分保障雄安新区用能需求。雄安新区的能源发展方向自规划阶段就以近零碳为主要目标，可以更有效地从城市级能源层面入手支撑我国"双碳"目标的实现。

　　雄安高铁站绿色低碳项目由四个元素组成：①屋顶光伏（如图 6-23 所示），②全线能源管理系统，③冷热多能供应，④智能充电服务。

　　雄安高铁片区低碳能源站于 2020 年投入建设，项目服务期为 7 个采暖季，实现了国家电网公司在雄安新区供热（冷）领域业务的跨界突破。高铁片区能源站（如图 6-24 所示）是保障高铁主站房供暖的一级低碳能源站，也是雄安新区第一个投入使用的低碳能源站，现已经完成多个供暖季保障工作。

　　雄安新区的低碳能源发展模式充分体现了中国式现代化的鲜明特点，体现了人与自然和谐共生、科技创新赋能及可持续发展理念。这种模式为我国城市能源转型提供了宝贵经验。

图 6-23　高铁站屋顶光伏实景

图 6-24　能源站效果图

习题

1. 简述能效提升的思路与途径。
2. 试述区域能源利用体系建立需满足的基本条件。
3. 简述集中能源中心模式与区域能源融通模式的区别。
4. 简述区域能源利用体系在推广和应用时存在的挑战。
5. 试述智能化新型用能体系的作用与实现手段。
6. 简要概括风光水火储多能互补系统技术方案内容。
7. 简述多能互补系统中各类电源的特点及互补形式。
8. 请结合案例，列举低碳能源系统中能源效率提升与节能降碳的具体措施。

6.3　电力市场、绿证市场和碳市场

电力市场、绿证市场和碳市场作为三个相互关联的市场机制，正在推动能源体系向清洁化、低碳化方向发展。电力市场是能源商品交易的基础平台，通过市场化定价机制优化电力资源配置，提高系统运行效率。近年来，随着可再生能源占比不断提升，电力市场正经历深刻变革，以适应新能源大规模并网带来的挑战。绿证市场是推动可再生能源发展的重要政策工具，通过可交易的绿色电力证书，将清洁能源的环境效益货币化，为可再生能源项目提供额外收益。这一机制既能促进可再生能源投资，又可引导社会资本流向绿色低碳领域。同时，碳市场通过碳排放配额交易，为温室气体减排提供经济激励，推动企业主动降碳。这三个市场的协同运作，构建了推动能源转型的市场化框架。当前，我国正加快构建统一开放、竞争有序的电力市场体系，积极探索绿证交易机制创新，持续完善全国碳市场建设。这些市场机制的深化改革和有机衔接，将为实现"双碳"目标提供有力支撑，推动能源生产和消费革命，促进经济社会发展全面绿色转型。通过本节的学习，读者不仅能够了解电力市场、绿证市场及碳市场的内涵与发展脉络，还能深刻理解三者之间的交互影响和相互协调机制。

6.3.1　电力市场、绿证市场和碳市场的内涵与基本概念

（1）电力市场的内涵与基本概念。电力市场是通过市场机制实现电力商品交易和资源配置的体系，其核心是通过供需双方的互动来平衡市场。在电力市场中，发电、

输电、配电和用电各环节紧密关联，市场机制调节这些环节以确保电力商品的流通与交易。

电力市场的内涵没有统一标准，但较为流行的有如下几种：

1）电力市场是通过法律和经济手段，在公平竞争和自愿互利的原则下，协调发电、输电、供电、用电等环节的管理机制和执行系统的总和。该市场的管理机制以经济手段为主，较少依赖传统的行政手段。执行系统包括交易场所、计量和计算机系统、通信网络等基础设施，确保交易的公平和有效进行。

2）电力市场是电力供需双方相互作用，通过市场机制确定电价和电量的过程。电力供应商和消费者依据市场规则进行交易，电价随供需变化波动，最终达成供需平衡。

3）电力市场是电网商业化运营的规范化环境和场所。

4）电力市场是一种电能配置方式。电力供应方和需求方通过竞争和合同约定，在输电网的媒介作用下进行电能交易。电力供方的目标是利润最大化，需方则希望通过市场机制降低用电成本。

电力市场的开放性和竞争性，使其具备了更高的灵活性和效率，能够更好地满足用户需求。同时，电力的特殊性决定了市场必须在开放竞争的基础上，保持合理的计划性和高度的协调性，确保电力系统的安全、稳定和可靠运行。

（2）绿证市场的内涵与基本概念。绿证（绿色电力证书）是由国家能源局核发的官方凭证。它不仅是我国可再生能源电量环境属性的唯一证明，也是认定可再生能源电力生产、消费的基本依据。除了作为发电企业"原始取得"绿证外，通过平台注册和资格审核的政府机关、企事业单位和自然人都可以作为认购参与人购买挂牌出售的绿证。2020年10月，《关于促进非可再生能源发电健康发展的若干意见》要求全面推行绿色电力证书交易，并进一步提出研究将燃煤发电企业优先发电权、优先保障企业煤炭进口等与绿证挂钩，持续扩大绿证市场交易规模，并通过多种市场化方式推广绿证交易。企业通过绿证交易获得收入相应替代财政补贴。

绿证市场主要涉及以下内容。

1）绿证的核发：可再生能源发电企业根据其发电量获得绿证，这些证书成为企业收入的一部分，并可用于市场交易。

2）绿证的交易：绿证作为一种独立于电力交易的金融产品，可在市场上进行买卖。企业、组织或个人可以购买绿证，以证明其所消耗的电力来自可再生能源，从而实现绿色电力消费的目标。

3）绿证的核销：当一个企业或个人使用绿证来履行其绿色电力消费承诺时，该绿证将被核销，表示该部分绿色电力已经被消纳，不能再次交易。这一过程保证了绿证的唯一性和使用效力。

4）绿证的价格：绿证的价格取决于市场供需情况，受到政策引导、市场需求及可再生能源发展的影响。绿证市场的价格波动会影响企业投资可再生能源的决策和消费者的购买行为。

（3）碳市场的内涵与基本概念。碳市场，又称碳排放权交易市场或碳排放权交易体系，是为排放受控的企业和投资者等碳市场参与者提供碳排放权交易的平台。其主要包括碳配额交易市场、基于特定项目的交易市场，如清洁发展机制和联合履约等。碳市场的关键概念包括碳排放权、碳配额、碳交易和碳抵消。

碳排放权是企业在规定期限内依据法规或政策获得的合法温室气体排放配额，通常由政府根据排放目标进行分配。企业若超过分配的排放配额，需在市场上购买额外的排放权，反之则可出售剩余配额。碳配额是指政府根据减排目标和经济发展规划设定的企业排放温室气体的上限。碳配额通常是逐步减少的，旨在激励企业通过技术升级和管理创新来减少排放。碳交易是指企业通过市场机制进行碳排放权的买卖过程。碳抵消是一种通过投资可再生能源项目、森林保护等方式，来抵消企业无法削减的部分排放。碳抵消机制为无法完全减排的企业提供了一条降低净排放的途径。

碳市场基于市场机制，供需关系决定碳排放权的价格。当碳配额较为紧张时，碳排放权的价格会上升，企业为减少支出将会加大减排力度；反之，当碳配额充足时，碳排放权的价格较低，企业的减排动力相对较弱。因此，通过价格信号，碳市场能够有效引导企业的减排行为。

6.3.2 国内外电力市场、绿证市场和碳市场发展现状

（1）国内外电力市场发展现状。全球电力市场的改革始于20世纪80年代，如美国、欧洲等国家率先推行电力行业的市场化改革。其核心目标是通过市场竞争提升电力资源配置的效率，降低电力价格，提升服务质量。美国的PJM（宾夕法尼亚—新泽西—马里兰州）电力市场是全球最成熟的市场之一，其特点是发电侧、输电侧和售电侧相对独立，电力供需通过市场竞价完成。欧洲国家经过电力市场改革后，形成了较为完善的批发和零售电力市场体系，注重可再生能源的电力消纳和市场化交易。

国内的电力市场化改革起步较晚，但发展较快。自2002年启动电力体制改革以来，电价形成机制逐步完善，2015年发布《关于进一步深化电力体制改革的若干意见》，开启新一轮电力市场化改革。当前，中国已经建立了多个区域性电力现货市场，如山西、广东、山东等。根据相关数据，截至2023年年底，全国电力交易机构的注册市场主体数量超过74.3万家，同比增长23.9%。在市场结构上，已形成省内与省际相结合的空间布局，覆盖年度、月度和月内等中长期交易，同时包含日前、日内和实时的现货市场交易，市场体系逐步完善。在电力市场中，日前、日内和实时的现货市场交易是不同时间尺度的市场交易方式，用于优化电力资源配置，提高市场效率和系统稳定性，如图6-25所示。中长期市场常态化运行，山西、山东等首批现货试点进入结算试运行阶段，江苏、安徽等第二批现货试点正式启动。2024年10月15日省间电力现货市场正式运行，2024年11月29日《全国统一电力市场发展规划蓝皮书》发布。

（2）国内外绿证市场发展现状。欧盟成员国已建立了完善的可再生能源配额制度，并通过绿证交易机制促进可再生能源发展。在美国，绿证市场主要以可再生能源证书形式存在，通过配额制和市场交易相结合的方式推动绿色电力发展。这些国家的绿证市场运行机制相对成熟，能有效激励企业履行可再生能源发展目标，同时也能为消费者提供绿色电力的选择。

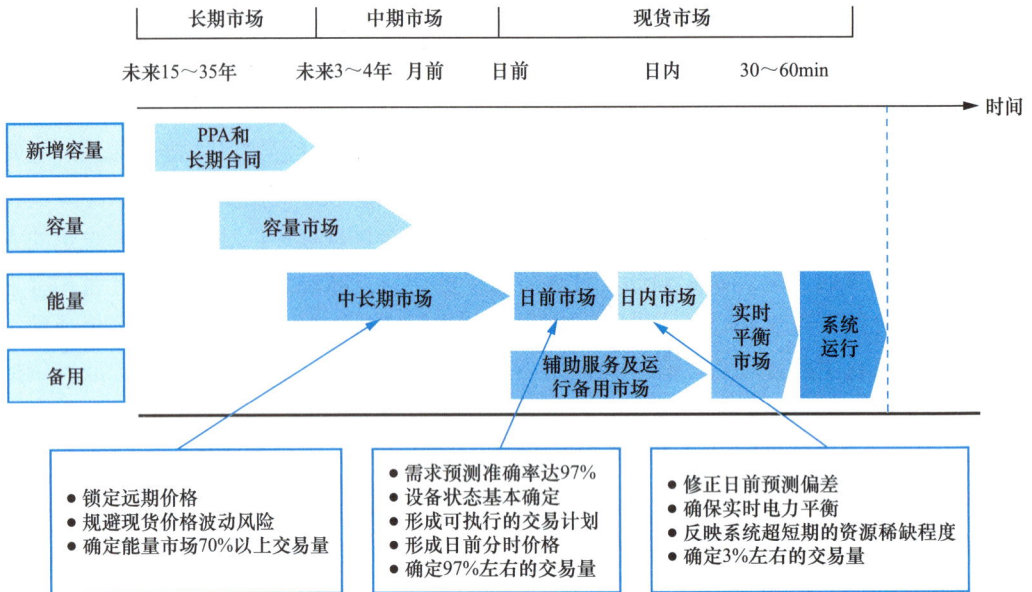

图 6-25　电力市场组成及各阶段交易电量

我国促进绿证市场发展颁布的政策如图 6-26 所示。2017 年实行绿证自愿认购；2019 年实施消纳保障，以促进可再生能源发展；2024 年 6 月 30 日正式启用国家绿证核发交易系统。国家能源局发布的最新数据显示，截至 2024 年 11 月底，全国累计核发绿证 47.56 亿个。其中，风电 19.73 亿个，占 41.48%；太阳能发电 8.86 亿个，占 18.63%；常规水电 15.24 亿个，占 32.04%；生物质发电 3.67 亿个，占 7.72%；其他可再生能源发电 649 万个，占 0.14%。截至 2024 年 12 月底，我国可再生能源绿色电力证书自 2017 年来累计交易量已突破 5.53 亿个。随着政策的逐步推进，绿证市场有望成为促进我国绿色电力发展的重要市场工具，助力碳中和目标的实现。

在价格方面，国内绿证单价受到多种因素的影响。首先，绿证的交易目的是替代部分补贴政策，出售后需抵扣可再生能源补贴，这降低了企业的销售积极性，许多企业希望以高价出售绿证以弥补补贴的减少。其次，绿证的购买是自愿行为，企业多出于提升企业形象而参与，缺少主动交易的积极性。此外，目前消纳责任相对宽松，对未达标主体的惩罚力度不足，进一步降低了绿证的认购意愿。并且，绿证只能进行一次性交易，流通性受限，再加上公众环保意识相对薄弱，市场需求也不够强劲。

（3）国内外碳市场发展现状。全球碳市场的建立是为了通过市场化手段减少温室气体排放。欧洲碳市场是全球第一个也是最大的碳市场，自 2005 年运行以来，经历了多次改革，已经较为成熟，覆盖了欧洲大多数行业的碳排放。美国虽然没有联邦层面的碳交易体系，但部分州已经建立了独立的碳市场。其他国家和地区，如加拿大、新西兰，也已建立了各自的碳市场体系。

我国的碳市场自 2013 年开始试点，已纳入电力、钢铁、水泥等 20 多个行业的重点排放单位。经过近十年的区域试点经验积累，已具备了全国碳市场建设的基础。2021

年 7 月 16 日，全国碳排放权交易市场正式上线交易，首批纳入了 2162 家发电企业，覆盖全国碳排放总量约 40%。截至 2024 年 11 月 28 日，全国碳市场碳排放配额累计成交量 54843 万 t，累计成交额 350 亿元。随着市场机制的不断完善和行业的逐步覆盖，我国的碳市场将在全球碳减排中发挥更大作用。

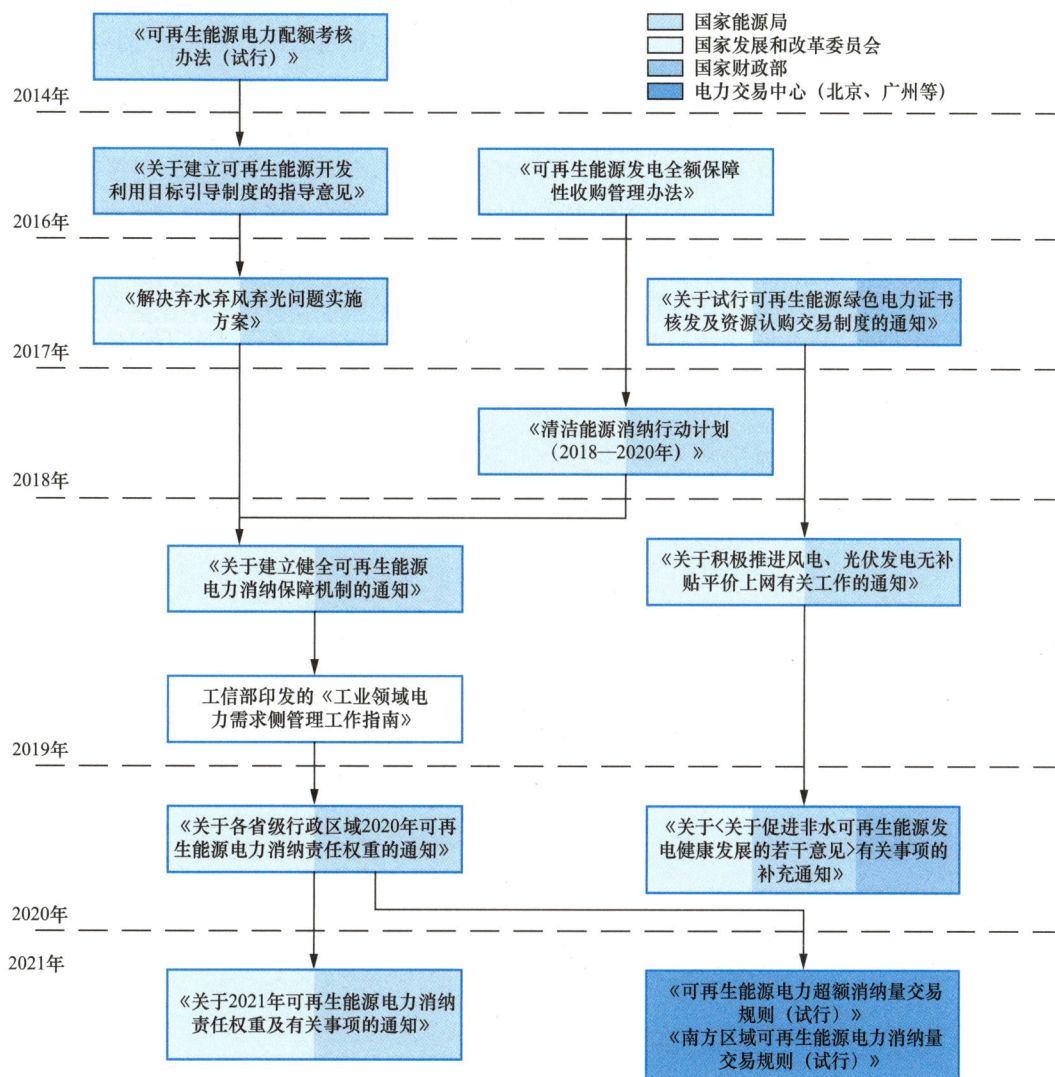

图 6-26　国内绿证交易等政策演变时间轴

6.3.3　电力市场、绿证市场和碳市场交互影响

（1）电力市场与绿证市场的交互影响。

1）绿证市场对电力市场的影响。通过绿证机制，电力消费者和企业可以自愿购买绿色电力证书，从而支持可再生能源的发展，提升绿色消费意识。同时，绿证市场激励电力企业增加可再生能源发电，提高绿色电力的市场竞争力。这一机制有助于优化能源

239

结构，推动电力市场向低碳和绿色方向发展。此外，绿证市场用市场化手段替代传统资源配置，充分发挥了调节作用，促进了新能源的可持续发展。绿证市场通过引入市场化机制，将可再生能源的环境价值货币化，推动可再生能源参与市场竞争，从而优化资源配置，这有助于深化电力市场改革，实现电力交易与环境目标的协同发展。另外，绿证市场鼓励多样化的能源供应，提高可再生能源的渗透率，带动储能等技术的发展，增强电力系统应对波动性和不确定性的能力，推动了电力行业向绿色、智能和可持续方向转型。

2）电力市场与绿证市场的协调发展。绿证市场与电力市场之间存在紧密的交互影响。绿证市场通过推动可再生能源的消纳和市场化发展，为电力市场注入更多清洁能源，有助于优化能源结构，促进低碳转型。同时，电力市场的价格机制和交易规则也会影响绿证的供需关系和市场活跃度。要实现两者的良性互动，需要通过政策引导提高绿证认购率，加强可再生能源消纳责任约束，进一步推动绿证与电力市场的深度融合，以制定最佳购（售）电策略，在两者之间保持动态平衡。图 6-27 展示了电力市场与绿证市场协同效应，由五个负反馈环组成，"+"表示正向激励，"-"表示反向激励。

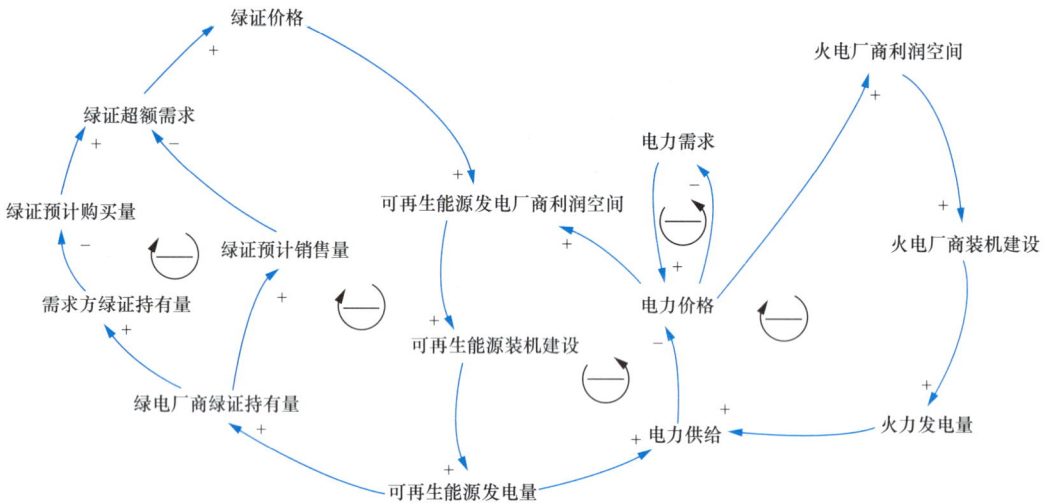

图 6-27　电力市场与绿证市场协同效应

（2）电力市场与碳市场的交互影响。

1）碳市场对电力市场的影响。碳市场的引入将对电力市场的出清顺序产生重大影响，并重新调整发电侧的利益格局。碳市场通过碳排放权的交易机制对高排放企业施加成本压力，迫使电力行业加快能源结构调整，增加清洁能源的发电量。火电企业因碳排放高，需要购买额外的碳配额以满足排放要求，这使得清洁能源发电在成本竞争中更具优势，从而促进风能、太阳能等可再生能源的快速发展。另外，碳市场引导电力价格机制改革。碳配额的成本逐步内化到电价中，改变传统电力市场价格形成机制。碳价格的波动性也会传导至电力价格，影响发电企业的运营决策。此外，碳市场将加剧减排主体绩效差异。高能效企业通过售卖剩余减排量获得额外收益，进而加大对低碳技术的投资，形成良性循环，从而整体提升化石能源机组的能效水平。

2）电力市场对碳市场的影响。电力市场改革直接影响碳市场的供需平衡和碳价格形成。电力市场机制通过优先调度清洁能源，间接降低碳市场的压力。市场化的电力交易为可再生能源提供了竞争空间，减少了传统化石燃料发电的碳排放总量，推动碳价趋于稳定或下降。碳成本通过电力市场传导给发电企业，影响它们的竞价行为。高排放的燃煤电厂因碳成本上升提高竞价，低排放的燃气和可再生能源发电厂则受益于低碳成本，从而获得竞争优势。电力市场在碳价格的传导中具有重要作用，通过市场竞争机制的运用，为系统传递价格信号，有效指导运行优化并影响投资方向。

3）电力市场与碳市场之间的均衡。电力市场与碳市场之间的均衡机制主要体现在两者的相互影响和协调中。将电价与碳价联动，借助发电量、装机容量等因素，实现市场状态的相互影响与调整。碳市场通过碳价格将碳排放的外部成本内部化，迫使发电企业将碳成本纳入其经济考量，从而影响发电技术选择及市场出清结果。

电力市场与碳市场交互影响，如图 6-28 所示，它由两个负反馈环组成。电力市场的主要作用是通过市场机制调节电力供需，优化发电资源配置；碳市场则通过碳排放权交易机制，推动高碳排放企业支付碳成本，激励清洁能源的使用和低碳技术的创新。化石能源发电在生产电能的同时，也增加了对碳配额的需求，导致碳市场供需关系趋紧，推高了碳价，抬升了发电企业的碳成本，降低了利润。碳价达到较高水平时，可能导致化石能源发电的投资和装机容量缩减，发电量和碳配额需求随之下降，市场最终达到动态平衡。

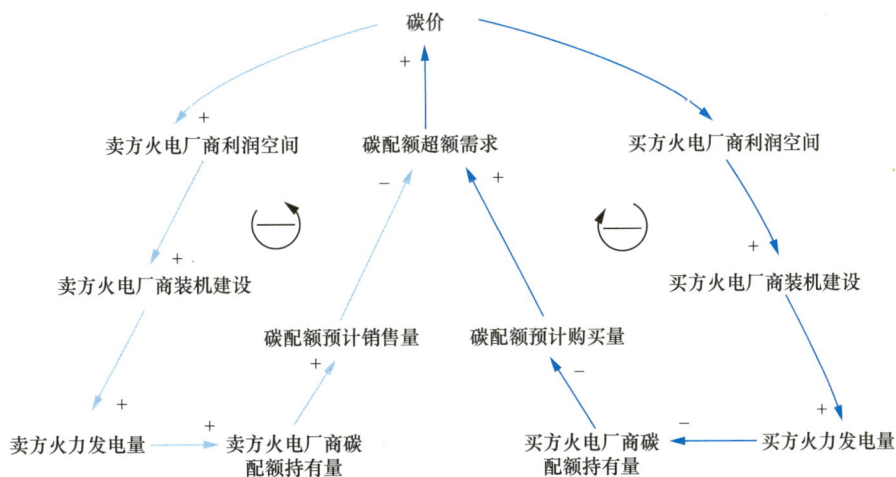

图 6-28　电力市场与碳市场交互影响

碳配额对碳市场和电力市场的平衡至关重要。当碳配额紧张，且电力供应主要依赖燃煤时，过高的碳价将增加供电成本，可能导致部分机组停运，影响系统稳定性。反之，若碳配额宽松，碳价偏低，碳市场则失去约束力，电力市场由发电成本主导，燃煤机组可能占据主体地位，从而无法有效促进减排。

（3）电力市场、绿证市场、碳市场相互影响。电力市场、绿证市场和碳市场之间相互影响，共同推动能源结构的优化和低碳转型。电力市场通过价格机制调节电力供需，碳市场通过碳排放定价对高碳排放企业施加成本压力，促进清洁能源的使用。碳市场的高碳成本使得可再生能源在电力市场中更具竞争力，推动更多绿色电力的生产与消费。绿证市场则通过鼓励企业购买绿色电力证书，进一步支持可再生能源的消纳，增强清洁电力的市场份额。三者联动，促使传统化石能源逐步被低碳能源替代，加速绿色能源转型。图 6-29 揭示了这三个市场各环节的相互影响机理，由八个负反馈环组成。

在左侧的绿证市场反馈环中，绿证价格上涨会增加可再生能源发电的盈利空间，吸引更多投资，推动装机容量和发电量的提升，从而使绿证供应增加，最终导致价格回落。同样，电力价格的上升也会提高可再生能源的盈利水平，刺激装机和发电增长，推动电力供应增加，最终导致电价回降。

电价上涨提高了化石能源发电企业的利润，促使其增加投资，推动装机容量和发电量增长，从而使电力供应增加并导致电价回落。同时，碳价上升压缩了化石能源企业的利润，减少其投资，导致装机和发电量下降，碳配额需求降低，最终使碳价回落。

在三大市场共存的环境中，政策因素如用电需求、碳配额等对市场的运作和互动起关键作用。市场主体追求最大利润时，需综合考虑这些因素来优化决策。例如，有偿比例升高，将增加企业成本，影响市场策略。无偿比例上升，将增加减排压力。同时，可再生能源消纳责任权重为绿证市场和电力市场提供了平衡机制，设定了可再生能源交易的最低要求，以确保风能和光伏等资源的最小出清规模。

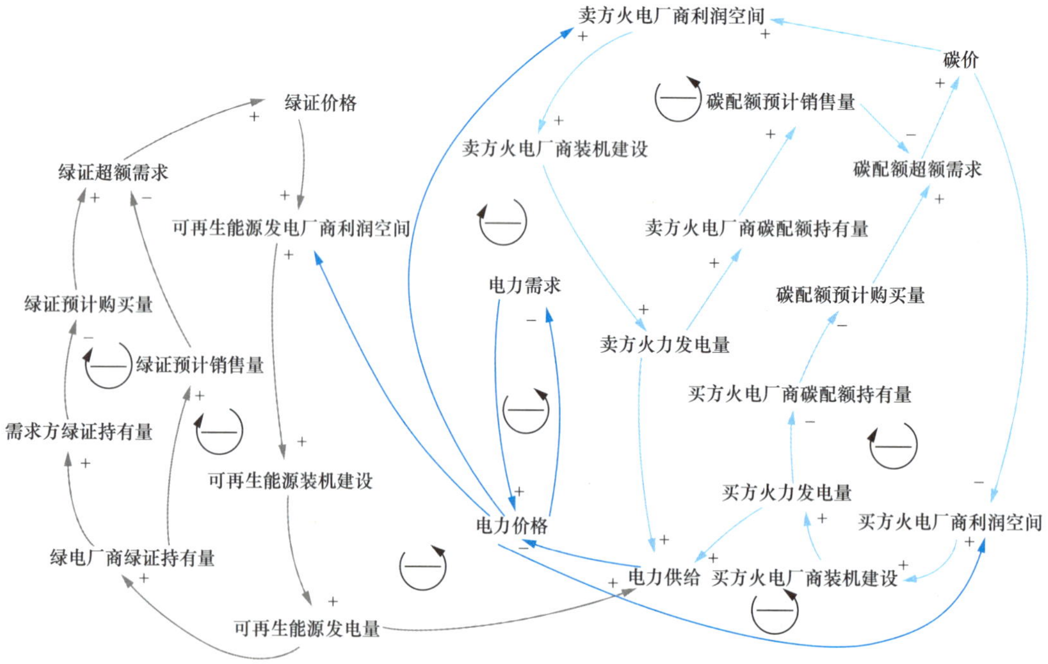

图 6-29　电力市场、绿证市场、碳市场交互影响

（4）市场多重互动障碍分析。成熟的电力市场、绿证市场和碳市场通常独立运行，

通过共享的市场主体、独立的市场决策和有效的价格传导机制实现互联互通，如图 6-30 所示。然而，我国的这些市场尚处于不断发展和完善之中，存在诸多协调发展的挑战。

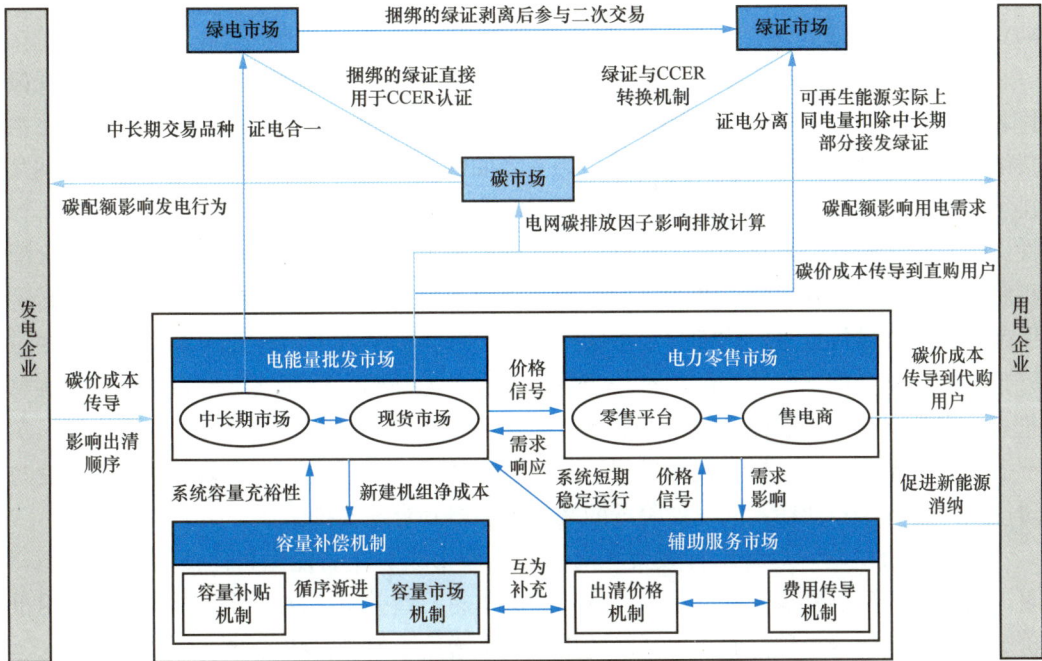

图 6-30 电力市场、绿证市场、碳市场互联互通

首先，市场的顶层架构需进一步优化。目前，这些市场各自独立运行，虽然它们之间存在一定的交集，但缺乏有效的协同机制，导致资源配置效率不高，市场运行的协调性较差。

其次，价格形成机制亟待完善。电力市场的价格形成机制在部分地区仍然受到行政干预，市场化程度不高，未能完全反映供需关系的变化。碳市场价格波动较大，导致价格信号失真，企业难以做出精准的碳减排决策。绿证市场的定价机制较为薄弱，无法有效激励企业进行绿色电力生产与消费。因此，亟需通过改革完善各市场的价格形成机制。

此外，市场建设需要进一步协调。目前，国内绿证市场尚不成熟，未能有效传递价格信号，限制了其对电力和碳价格的影响。同时，全国碳市场仍处于起步阶段，政策不确定性较大，许多高耗能行业尚未纳入，碳配额发放过于宽松，未能充分体现外部成本，致使碳市场的减排效能未得到充分发挥。

6.3.4 电力市场、绿证市场和碳市场协同运作

目前，我国三大市场的关联虽深，但仍存在诸多不协调，亟需多维度协同提升效率。需在市场领域、定价机制、产品结构和监督框架这些方面加强协调，全面提升市场运行效率。

（1）市场领域。电力市场、绿证市场和碳市场的发展各具特点。随着经济的持续增

长，电力市场的规模逐步扩大。在全球低碳转型的大背景下，碳市场的碳配额总量将逐步压缩；同时，可再生能源的广泛应用预计将带动绿证交易规模的持续增长。在市场领域建设中，应制定科学的碳配额总量确定机制及合理的分配方案，以平衡市场供需，推动资源优化配置。

制定科学的碳配额总量确定机制及合理的分配方案是推动碳市场高效运行和实现减排目标的关键环节。科学的碳配额总量确定机制需要综合考虑经济发展水平、能源消费结构、行业发展现状及减排技术潜力等多方面因素。总量的设定应既符合国家长期减排承诺和碳中和目标，又能兼顾经济发展与能源安全，确保减排路径的可持续性和可行性。针对这种情况，建议采用"预分配＋二次分配"的模式。在碳市场的初期，预分配机制应基于交通、建筑和工业等行业的历史排放数据，合理预测这些行业因电气化转型所带来的额外碳排放量。这部分新增的排放负担应当被纳入电力行业的碳配额总量中进行预估和二次分配。二次分配的过程应以实际数据为基础，重新核定电力行业的配额总量。如果最终核定的碳配额与初期的预分配量存在差异，调整机制应及时发挥作用，实行多退少补的方式。这样不仅可以保证配额分配的灵活性，还能确保碳市场的公平性与透明度，使各个行业在不同发展阶段的减排任务得到合理安排。

（2）定价机制。尽管现行政策相对宽松，碳市场对化石能源机组成本影响尚不显著，但随免费配额减少及碳价上升，碳排放成本将日趋关键。这将显著影响燃煤机组报价。未来，有效传导碳排放成本至终端用户，是激励节能减排的关键。

在成熟的市场环境中，健全的定价机制能将碳排放的外部成本内化为排放主体内部成本，主要体现为燃煤发电机组可变成本上升。发电企业竞价时将碳成本纳入报价，故包含碳排放成本的发电边际价格直接影响电力市场报价和出清价格，减排成本最终分摊至所有用户。目前，我国碳市场已全面覆盖发电行业，燃煤和燃气发电企业均受控，确保了市场普遍性与有效性。此外，电力市场改革持续推进，燃煤发电上网电价已完全市场化，上下浮动不超过20%。整体来看，建立科学的市场机制和合理的定价机制，将有力推动绿色转型。

（3）产品结构。产品体系的互认是不同市场体系协同发展的重要基石。鉴于绿电、绿证、CCER（国家核证自愿减排量，Chinese certified emission reduction）和碳配额在碳减排中的独特角色，可探讨核算碳排放时是否扣减绿电的相关排放。同时，应坚持"环境权益认证唯一性"原则，以避免重复激励，即已通过绿证交易获益的新能源项目，理论上不应再享受CCER收益。然而，考虑到可再生能源激励的必要性，不能完全排除对风电、光伏等进行适当重复激励的合理性。在政策设计时，应综合考虑激励的边际效应和对市场运行的影响，以平衡激励力度与市场公平性，最终推动绿色低碳目标的实现。

1）碳减排环境权益互认框架。从减排效果看，CCER和绿证均通过电能替代等手段有效促进碳减排，具有等效性，故可建立互认关系。为实现目标，每兆瓦时绿色电力减排量可利用"中国区域电网基准线排放因子"确定，该因子在不同地区存在差异，因此需针对各个区域进行具体分析。2019年生态环境部更新了此因子，为绿证交易的碳减排效果计算提供了新依据。CCER 等效碳减排量在数值上等于组合边际二氧化碳排放因子乘以绿证对应的绿电电量。

风电和太阳能发电项目的电量边际排放因子在所有计入期权重均为 0.75%，而容量边际排放因子权重为 0.25%。而其他类型发电项目，首计入期电量和容量边际排放因子均设为 0.5%；第二计入期，电量边际排放因子的权重调整为 0.25%，容量边际排放因子的权重提升至 0.75%；第三计入期权重不变。这种设置在不同计入期中对电量和容量的权重分配进行了动态调整，旨在更准确地反映各类发电项目的实际减排效益，并在政策设计中体现出对风电、太阳能等清洁能源的支持。

绿证与 CCER 互认后，高耗能行业如钢铁企业的参与将引发新的碳排放核算需求。购买绿证的用户的用电碳排核算需扣减对应绿色电力碳排，这表明绿证与碳配额可抵扣。由于 CCER 与碳配额近乎等价转换，绿证与碳配额的互认机制也能自然建立。具体流程包括：首先，按互认机制将绿证转为相应二氧化碳减排量；随后，实现绿证与碳配额的抵扣。通过这一机制，可以有效连接绿证、CCER 与碳市场，推动市场协同发展，同时增强绿证在企业碳排放管理中的实际应用价值。

2）CCER 抵消机制的必要性。在电力市场和碳市场环境中，CCER 作为一种碳抵消机制，对可再生能源发电项目的收益产生了积极促进作用。例如，开发 CCER 可以为发电企业提供额外收入来源。但若大规模核发 CCER 或无限制提高抵消比例，可能引发碳市场"淹没效应"，导致价格波动。因此，在引入 CCER 机制时需进行审慎的评估，以确保碳市场的平稳运行。

我国 CCER 主要源于可再生能源发电、生物质发电与森林碳汇等。以 2024 年上半年为例，风电太阳能发电量合计达 9007 亿 kWh，按二氧化碳减排 0.8t/MWh 计算，其潜在 CCER 供应规模可达 7 亿 t。生物质发电量约为 1030 亿 kWh，若二氧化碳减排 0.6t/MWh 计算，则其潜在 CCER 供应量约 0.62 亿 t。截至 2024 年 7 月 15 日，中国核证自愿减排量累计成交量 4.72 亿 t 二氧化碳当量，累计成交额 70.92 亿元。未来的 CCER 随着新能源项目增长，供给将继续扩大。若完全放开 CCER 抵消比例，市场供给将显著增加，冲击碳价。因此，设定 CCER 使用规则需平衡其积极作用与碳价稳定。一方面，应合理设定 CCER 的抵消比例上限，防止过度使用对市场形成负面影响；另一方面，通过完善相关政策与机制，确保其在实现碳减排目标的同时促进碳市场健康发展。

（4）监督框架。电力市场、绿证市场和碳市场在绿色低碳转型中至关重要，但其监督框架因分属不同部门，协同性需提升。气候变化涉及产业与能源结构的深度调整，因此在气候与经济、产业、能源政策间的协调对接尤为关键。

为促进市场协同，应加速建立适应能源转型需求的法律体系。通过构建以能源上位法和行业法为核心的全面法律框架，覆盖碳排放、环境保护等领域，并对政策工具进行及时修订，为低碳转型提供法律保障。这将为电力市场、绿证市场和碳市场的协调发展奠定基础，确保绿色低碳转型路径更为科学稳健。

同时，应强化组织职能间的协调与配合。借助电力市场、绿证市场和碳市场同步发展的契机，建议建立跨部门联席会议制度，形成常态化沟通模式，通过资源整合和数据共享优化市场监管，提升市场运行效率，增强政策执行的协调性。

此外，推动多方力量共同参与能源环境治理也至关重要。政府及相关部门需加强与市场主体的沟通，了解政策需求，提升政策的科学性与可操作性。通过专题研讨、合作课题等方式，搭建企业共享与合作平台，促进各方协作，增强政策执行效果，提升市场运行效率，更好地支持能源转型目标的实现。

【课程思政案例 6-3】我国在推动绿色发展中的坚定步伐

电力是经济社会发展的重要支撑，电力市场化改革和新能源消纳能力的提升，对于保障国家能源安全、优化资源配置、助推"双碳"目标实现具有重要意义。作为全国较早启动现货交易的省份之一，山西电力现货市场自 2021 年 4 月 1 日不间断运行以来，已逐步发展为国内领先的电力现货市场，在电力保供、新能源消纳、市场机制优化等方面发挥着重要作用，如图 6-31 所示。自 2023 年 12 月 22 日正式运行以来，市场交易规模持续扩大，2024 年现货交易电量已达 2798 亿 kWh，为深化电力市场化改革、提升电力系统灵活性提供了有力支撑。电力现货市场的核心是市场化价格信号机制，它能够反映实时供需状况，引导各类市场主体优化生产和用能行为，促进电力资源的合理配置。"能涨能降"的价格机制成为电力供需调节的高效指挥棒。在电力需求高峰时，现货价格上涨，每度电最高可达 1.5 元，激励发电机组增加顶峰发电，日均顶峰发电能力提升约 150 万 kW，从而增强电力系统应对负荷高峰的能力；在用电低谷时，价格走低，大工业企业根据价格信号优化生产负荷，在低价时段满负荷生产，在高价时段降低负荷，以此降低用电成本，提高企业生产效率。这种市场化调节方式有效缓解了新能源并网消纳的挑战，提高了新能源发电的利用率。通过价格信号的引导，新能源逐步从"配角"向"主力"转变，为构建新型电力系统奠定了坚实基础。

图 6-31 山西电力交易中心

山西现货市场的实践表明，通过市场机制的引导，电力资源能够更加合理配置，各类市场主体的竞争意识和创新能力也得到了提升，从而推动电力行业向更加开放、透明、高效的方向发展。电力市场化改革不仅是经济领域的重要实践，更与国家能源安全、绿色发展战略紧密相连。如何在保障能源安全的同时，实现电力系统低碳化、智能化发展，是新时代能源产业面临的重要课题。山西电力现货市场的成功实践，为我国电力市场改革和能源结构调整提供了可借鉴的经验，同时也展现了中国特色社会主义市场经济的活力，既保持了电力这一基础产业的稳定性，又释放了市场的创新动力。电力市场改革既要保障民生用电，又要推动产业升级，体现了我国社会主义市场经济的本质要求。

三个市场的协同发展，通过市场机制引导资源优化配置，推动能源结构转型，实现减污降碳协同增效，体现了"创新、协调、绿色、开放、共享"的要求。同时，电力现货市场的运行离不开先进的信息技术、智能调度系统和大数据分析等技术。虚拟电厂、独立储能、电力大数据等新技术的应用，极大提升了电力系统的智能化水平。这一变革体现了科技创新在推动能源产业升级中的核心作用，作为新时代的学生，要关注能源与科技融合的发展趋势，增强创新意识和技术应用能力，深入理解市场经济的运行规律，培养公平竞争、开放合作的市场意识，为未来投身能源行业奠定基础。

◇◇ 习题

1. 简述什么是电力市场。
2. 简述什么是绿证市场。
3. 简述什么是碳市场。
4. 简述绿证市场对电力市场的影响。
5. 简述碳市场对电力市场的影响。
6. 简述电力市场对碳市场的影响。
7. 简述目前电力市场、碳市场和绿证市场的互动障碍。
8. 简述目前电力市场、碳市场和绿证市场需在哪些方面加强协调。
9. 讨论如何通过电力市场、碳市场和绿证市场来提升公众的环保意识和社会责任感。

参 考 文 献

[1] 赵文会，王楠. 综合能源服务导论 [M]. 北京：清华大学出版社，2024.
[2] 赵文会. 综合能源服务技术框架及业务模式 [M]. 上海：上海财经大学出版社，2019.
[3] 曾鸣，等. 风能与综合能源系统 [M]. 北京：中国电力出版社有限公司，2020.
[4] 姚苏航. 计及风光火储协同的供给侧综合能源系统规划研究 [D]. 北京：华北电力大学，2023.
[5] 初壮，赵蕾，孙健浩，等. 考虑热能动态平衡的含氢储能的综合能源系统热电优化 [J]. 电力系统保护与控制，2023，51（03）：1-12.
[6] 艾芊，郝然. 多能互补、集成优化能源系统关键技术及挑战 [J]. 电力系统自动化，2018，42（4）：2-10，46.

[7]　何仲潇. 多能协同的综合能源系统协调调度方法研究 [D]. 杭州：浙江大学，2018.

[8]　陈诗一，李志青，胡时霖. 碳中和与中国能源转型 [M]. 北京：化学工业出版社：2023.

[9]　闫宏亮，王颖.“双碳”目标下全国碳市场建设现状与展望 [C]// 中国环境科学学会，中国光大国际有限公司. 中国环境科学学会 2024 年科学技术年会论文集（一）. 联合赤道环境评价股份有限公司，2024：5.

[10]　李宏伟，刘岸桐，黄丽君. 绿色电力消费认证助力绿电绿证市场发展 [J]. 质量与认证，2024，（10）：39-41.

[11]　李晓依，张剑. 全球碳市场发展趋势及启示 [J]. 中国外资，2023，（05）：34-37.

[12]　世界资源研究所. 美国绿色电力市场综述 [EB/OL].（2019-05-12）[2022-01-14].

[13]　OFweek 太阳能光伏网. 绿证自愿认购交易相关问题解析 [EB/OL].（2017-07-11）[2017-07-01].

[14]　尚楠，陈政，卢治霖，等. 电力市场、碳市场及绿证市场互动机理及协调机制 [J]. 电网技术，2023，47（01）：142-154.

[15]　唐葆君，李茹，王翔宇，等. 中国碳市场与电力市场联动机制与协同效应 [J]. 北京理工大学学报（社会科学版），2023，25（06）：25-33.

[16]　叶青，钟海旺，杨素，等. 电力现货市场导论 [M]. 北京：机械工业出版社：2021.